核史揭秘

范育茂　著

中国原子能出版社

图书在版编目(CIP)数据

核史揭秘 / 范育茂著 . —北京 :中国原子能出版社，2019.12 (2024.8 重印)

ISBN 978-7-5221-0128-6

Ⅰ.①核… Ⅱ.①范… Ⅲ.①核技术-技术史-世界-通俗读物

Ⅳ.①TL-091

中国版本图书馆 CIP 数据核字(2019)第 234717 号

核史揭秘

出版发行	中国原子能出版社(北京市海淀区阜成路 43 号　100048)
责任编辑	徐　明
装帧设计	崔　彤
责任校对	冯莲凤
责任印制	赵　明
印　　刷	北京厚诚则铭印刷科技有限公司
经　　销	全国新华书店
开　　本	787 mm×1092 mm　1/16
印　　张	19.125
字　　数	364 千字
版　　次	2019 年 12 月第 1 版　2024 年 8 月第 2 次印刷
书　　号	ISBN 978-7-5221-0128-6　　　　定　　价　　68.00 元

网址:http://www.aep.com.cn　　　　　　E-mail:atomep123@126.com

发行电话:010-68452845　　　　　　　　版权所有　侵权必究

目　录

第一部分　先　驱

一生爱好是天然

1 端倪初现

当卢瑟福发现面前站着的是一个女人时，几乎不相信自己的眼睛，惊呼："我还以为你是个男的呢！"

当时正值 1908 年年底，新西兰物理学家卢瑟福功成名就，获得诺贝尔化学奖。瑞典的颁奖典礼结束后，他绕道柏林，到昔日弟子哈恩的实验室访问。让他意外的是，哈恩的助手竟是个年轻女子。跟当时大多数科学家一样，卢瑟福以为，一个能在学术期刊上发表出色论文的作者，必定是个男的。

让这个女人有点失望的是，当两个男人讨论学术问题的时候，她的任务却是陪同卢瑟福的夫人玛丽上街购物。

这个女人，叫迈特纳。这样的误会与尴尬，对她而言，远不是第一次，更不是最后一次。

让我们把目光再往前延伸 30 年。

1878 年 11 月 7 日，在维也纳一个富裕的犹太人家庭中，一个女婴呱呱坠地。父亲给女儿取名为爱丽斯。成年后，为了淡化名字中的女性色彩，爱丽斯自作主张，把前面的 "E" 去掉，改名为丽斯（Lise）。然而，后来的事实证明，如此的尝试与举动，收效甚微。

迈特纳的童年，无疑是幸福的。作为奥地利第一批犹太人律师，父亲给全家人创造了衣食无忧的生活环境。作为一个知识分子，父亲一向开明，并不要求自己的子女严格遵守犹太教义，而是让他们接受基督教教育。作为八个孩子中的第三个，她从不缺少玩伴。只是，在其他兄弟姊妹眼中，这个姐姐（妹妹）有点特别：腼腆害羞，不爱热闹，喜欢独处一室。

8 岁的时候，迈特纳即对科学表现出强烈兴趣。父亲却比较务实，安排女儿进了维也纳的一所女子学校，希望她将来成为一名法语教师。对当时的女性而言，这是一种明智的选择。然而，毕业后，成为一名科学家的愿望却在她心底像扎了根似的，始终挥之不去。那时的她，没有认真想过，在通往一名女科学家的路上，将会遭遇何种坎坷。

1900 年前后的维也纳，对女性的歧视仍然相当严重，各种限制无处不在，高等中学不接受女生，更遑论上大学了。在父亲的默许和资助下，迈特纳一边做家教，一边接受家教，为看似不切实际的大学梦作准备。两年的时间里，她学完了四年学制的高中课程，并在 1901 年顺利通过了大学入学考试，成为维也纳大学仅有的几个女生之一。

23 岁的大龄女生，为了圆一个科学家的梦，总算迈出了关键的一步。

2 上下求索

进入大学后，迈特纳如饥似渴地学习物理、数学和哲学知识。但是，内心里一直在数学与物理之间徘徊，不知主攻什么方向。一个偶然的机会，受物理老师玻耳兹曼的启发和感染，她决定选择物理专业。从此，她正式结缘于物理，并一生矢志于此。

1906 年，在成为维也纳大学历史上第二个物理学女博士后，迈特纳决定继续留在玻耳兹曼教授的实验室里当助手。事实上，她好像也没有别的选择。当时的大学不可能雇用女性教员，她没有接到任何录用通知。更不幸的是，几个月后，物理学家和哲学家玻耳兹曼内心抑郁，在意大利的杜伊诺用一根绳子结束了自己的生命。群龙无首，整个实验室的研究人员陷入一片迷茫。迈特纳博士也不例外（如图 1-1 所示）。

图 1-1 1906 年的迈特纳

为了说服当时已名扬欧洲的物理学家普朗克接替玻耳兹曼的教职，维也纳大学邀请他过来参观实验室。普朗克最后拒绝了这个机会，但在访问期间，遇见了迈特纳，交流了有关量子物理和辐射方面的研究内容，对这位女博士在物理方面的见识颇有印象。

受此鼓舞，1907年的冬天，迈特纳告别维也纳，来到当时理论物理研究者眼中的"麦加"柏林，希望能师从偶像普朗克。迈特纳的这一举动，对她和普朗克而言都是不小的挑战。当时的柏林，人们正在激烈地讨论女孩子能否上大学的问题。

幸运的是，迈特纳的真诚和才华，最终打动了这位保守的科学家，允许她可以旁听他的课程。这在当时，可是非同寻常的举动。要知道，在此之前，物理学大师普朗克可是拒绝了不知多少想听他课的女士呢。

很快，才华横溢的迈特纳女士，成为普朗克实验室的助手，虽然没有薪水，但这对她已经足够了。眼下的她，还不用为生计发愁。远在维也纳的父亲，会定期给她一些经济补助。

在此期间，在一个小型学术研讨会上，她认识了一位名叫哈恩的先生。两人绝没有想到，这一次偶遇，让两人此后的人生和事业紧紧捆在了一起，包括成就和争议。

3　相见恨晚

1906年，年轻的化学家哈恩，结束了在物理学家卢瑟福手下的研究工作，从英国返回德国柏林大学就职。

遇见迈特纳之前，哈恩正处于郁郁寡欢之中。他所在的化学研究所，周围都是些研究有机化学的人，没人懂得他的放射化学，也没人对他的研究感兴趣。遇见迈特纳，他如同觅见了知音一般：她不但同样痴心于放射研究，而且还受过坚实的物理学训练。两人年龄相仿，一个研究放射化学的男士、一个痴心放射物理的女士，一见如故，彼此之间似乎有谈不完的话题。

很快，哈恩就积极建议迈特纳加入他的研究组。麻烦的是，1902年的诺贝尔化学奖得主，也就是他的上司费歇尔，坚决不同意化学研究所里出现一位女性研究人员。历尽周折与妥协，费歇尔最终同意，在研究所地下室的一个木工加工房里，让他们建立自己的实验室。

就这样，迈特纳以"无薪客席"的身份加入了哈恩的研究组，开始了两人此后长达三十几年的合作。在这儿，她只能呆在狭小的地下室里，不能上楼，甚至上厕所都需要跑到附近的餐馆。两人一起走在大街上的时候，同事的招呼语通常是"您好，哈恩先生"，完全忽略了她的存在（如图1-2所示）。

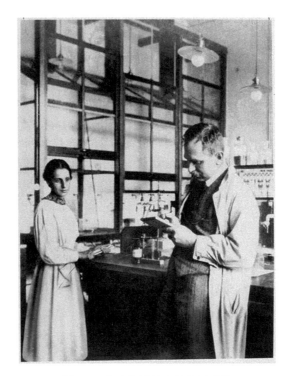

图 1-2 实验室里的哈恩和迈特纳

虽然深感委屈，但是凭着对物理学的热爱和对真理的探究欲，迈特纳想办法克服一切困难。多年来艰难求学的经历，让她坦然面对周遭的忽视和轻蔑；从小养成的温顺内向的性格，让她不在乎遭受的不公。她唯一在乎的，是她的研究。

两人的合作研究很快取得了进展。1909 年，他们一起发现了放射性衰变时原子核受到的反冲现象，在随后的几年里，发现了一系列的放射性同位素。迈特纳还在 1909 年发表了两篇关于 α 射线的论文。投稿的时候，为了不让人看出作者是女的，她一直署名 "L. Meitner"。有一次，德国《布罗克豪斯大百科全书》的一位编辑写信给迈特纳 "先生"，诚挚地向 "他" 约稿。当迈特纳承认 "他" 其实是 "她" 后，这位编辑立马翻脸，撤销了之前的邀稿之约。

1912 年，哈恩和迈特纳的研究组转移到达勒姆郊区新成立的凯撒·威廉学院，哈恩担任放射化学部的主任。直到 1913 年，35 岁的迈特纳才成为研究组里的正式成员，有了自己的薪水，境况终于有了好转。

然而，第一次世界大战的爆发，中断了两人刚刚走上正轨的合作研究。迈特纳自愿加入奥地利军队，成为一名操作 X 射线设备的护士，哈恩则加入了德国军队。1916 年返回柏林的时候，心地善良的她，充满了挣扎和内疚：前线的战士们遭受着痛苦和牺牲，迫切需要医疗救护和情感抚慰，自己却只想着继续研究工作，实在是一种羞耻。

战争结束的时候，哈恩和迈特纳一起发现了镤的同位素镤-231。这应该是他们合作以来取得的最大突破。几年以后，迈特纳分别获得了柏林科学院和奥地利科学院颁发的莱布尼茨奖，渐有声名。

1926 年，48 岁的迈特纳，成为柏林大学第一位全职女物理教授。1930 年，一名名叫王淦昌的中国学生，考取了官费留学，千里迢迢来到德国，师从于她，攻读博士学位。

4　各显神通

20 世纪 20 年代，一战结束后出现的短暂而宝贵的和平环境，以及在物理学界逐渐被接受和认可的状况，让迈特纳终于可以从容地面对生活了。每天，她喝很多的咖啡，时常散步走上十英里。空闲的时候，她会与同在柏林的外甥一起演奏钢琴二重奏。人届中年的她，对周围同事时不时投来的异样眼光，早已安之若素了。

可惜，这样的好景不长。1933 年，希特勒上台，推行种族主义政策，在德国的犹太人处境日渐艰难。诸如爱因斯坦、玻恩、哈伯等一大批杰出的犹太科学家，被迫流亡海外。

迈特纳似乎是个例外。她对政治毫无兴趣，从不评论时事，只是埋头做她的研究。如此"逆来顺受"的性格、奥地利的公民身份，加上哈恩的保护，使她免于流亡。她依然是凯撒-威廉学院放射物理部的负责人，而哈恩继续担任放射化学部的主任，两人合作依然紧密。

1932 年，英国物理学家查德威克发现了中子，顿时给核物理学带来了曙光，也让放射化学繁荣起来。科学家们普遍相信，通过质子或中子轰击实验，可以在实验室里创造出比铀更重的元素。一场科学竞赛在英国的卢瑟福、法国的伊雷娜·约里奥-居里（居里夫妇的女儿）、意大利的费米、德国的哈恩与迈特纳之间展开。当时的科学家，都认为这是一项可能获得诺贝尔奖殊荣的理论研究，没人怀疑过这项研究有朝一日会被用于核武器。"想要从原子中获得能量，一切努力和尝试，不过镜花水月而已。"1933 年的卢瑟福，甚至作如是慨叹。

当时，铀是周期表上已经发现的最后一个元素，原子序数是 92。科学家们早就想找到铀后面的元素，却一直未能如愿。费米用中子做"炮弹"，轰击各种元素，一下子就创造了许多放射性同位素。他还发现，重元素的核被中子击中以后，都不会放出 α 粒子或质子，而是生成原来元素的放射性同位素。而且，这些放射性同位素都是释放 β 射线，也就是电子。这样，衰变的结果是原子核增加一个单位正电荷，变成原子序数增加一的另一种元素。

　　受此启发，费米突发奇想：可以用人工方法合成铀后面的元素！他用中子轰击铀，果然得到了放出 β 射线的同位素，铀就应该变成原子序数 93 的元素了。用中子再轰击 93 号元素，就会生成 94 号元素。继续下去，可以生成 95 号、96 号元素……1934 年，费米宣布他们用人工方法制造出了超铀（原子序数大于铀的）元素。

　　这时，各国有名的科学家，几乎都相信费米的实验结果。只有一个例外。就在费米宣布制造出超铀元素的那年，《应用化学》杂志发表了一篇《关于 93 号元素》的论文。文章指出："用中子轰击重核，可能使重核分裂成几个大块的碎片。这些碎片肯定是已知元素的同位素，而不是被轰击的重元素相邻的元素。"

　　论文的作者，是发现铼元素的德国女科学家诺达克。她的推断，没有获得其他科学家的重视。事实上，她自己对此也不太确定，并没有做实验来验证自己的想法。

　　大名鼎鼎的放射化学专家哈恩甚至认为，诺达克的看法纯粹是谬论。谁知道，四年以后就证明，少数人的意见，并不一定就是错的。

　　作出证明的，恰恰是哈恩自己。

5　石破天惊

　　1938 年，德国吞并了奥地利。有着犹太血统的迈特纳，奥地利的公民身份，此时毫无护身符作用，在德国已经无法立足了。7 月 13 日，在哈恩及两位荷兰物理学家的支持和帮助下，已近花甲的迈特纳，出发前往荷兰避难。临行前，哈恩把从母亲那继承的钻戒给了自己的拍档，通过边境时，若需要贿赂守卫的话，可以派上用场。后来，又几经辗转，迈特纳来到斯德哥尔摩，在瑞典皇家科学院诺贝尔研究所谋得一个职位。

　　她的新上司，瑞典物理学家西格巴恩，1924 年因发现 X 射线光谱而获得诺贝尔物理学奖，历来对女性从事科学研究存有偏见和歧视。可想而知，迈特纳在研究所的日子不好过，孤身一人，无所事事，没有助手帮忙，没有实验设施支持。之前在柏林经常迸发的灵感和智慧，在这儿似乎全都冷冻起来了。好在很快她与量子物理学家玻尔建立了工作联系，与远在德国的哈恩保持频繁的书信往来，参与实验的讨论并提出改进建议。原本失落又空虚的灵魂，又热烈起来了。

　　11 月 10 日，应玻尔研究所的邀请，哈恩来到哥本哈根访学。在哥本哈根，围绕最近的实验结果，哈恩与玻尔、迈特纳及她的外甥弗里希进行了秘密的讨论。值得一提的是，弗里希也是一位物理学专家，在几年后被从英国借调到美国，参与"曼哈顿计划"，负责"小男孩"铀弹临界质量的测定工作，战后成为英国哈维尔原子能研究所核物理部的负责人。

在这之前，费米宣布了他的发现以后，迈特纳、哈恩以及他的学生兼助手斯特拉斯曼决定对费米的研究再深入一步，把元素周期表中的所有元素都进行中子轰击试验，从氢开始，一直到铀。三年多的时间里，他们做了成千上万次实验，发现了很多他们以为是超铀元素的放射性同位素。

在迈特纳的建议下，回到柏林的哈恩，对实验方法与同位素分离技术进行了改进，和助手不分昼夜地做实验。然而，12 月 16—17 日实验的结果，却让人困惑不已：产生的三种同位素，根本不是之前猜想的镭，而是钡；这几乎是难以置信的，因为钡的原子序数是 56，只是铀原子序数 92 的一半多一点。当时的物理学家和化学家都知道，具有放射性的"大"原子，会"丢掉"几个质子或中子而衰变成"小一点"的原子，但从没见过一个原子一下子"小"了 40% 左右的情况。

作为化学家的哈恩，无法解释这样的结果。"……或许你可以给我们提供一个绝妙的解释。"在 12 月 19 日写给迈特纳的信中，他忧心忡忡，"我们认识到，实际上铀不可能分裂成钡。"

收到哈恩来信的时候，迈特纳和她的外甥弗里希正在一个叫孔艾尔夫的小城过圣诞节。弗里希的第一反应是哈恩搞错了，但迈特纳深知哈恩的化学功底深厚，绝不可能犯如此低级错误。在雪中的森林里散步时，望着从房顶冰柱上滴下来的水滴，迈特纳灵感突发，"或许，原子并不是一个坚硬的粒子，而更像一滴水，在外力作用下，一分为二，变成更小的液珠了。"这个念头一闪而过。她意识到，之前由伽莫夫和玻尔提出的"液滴模型"构想，或许可以解释哈恩的实验结果。

对这个设想，迈特纳感到异常兴奋。在森林里找到的一小片纸上，她潦草地写下：在中子轰击情况下，一个铀核不再保持原先的球状，变成不规则的形状，有时候它会分裂成两个更小的部分。她催促外甥尽快返回哥本哈根的实验室，重现哈恩的实验。果然，1939 年 1 月 13 日，弗里希证实了哈恩的实验结果和迈特纳的设想：在中子的轰击下，铀原子核分裂成两个小得多的原子核钡和氪，同时还释放出三个中子（如图 1-3 所示）。

这时，新的问题又产生了：钡和氪加上三个中子的质量，并不等于分裂前的一个中子加上铀-235

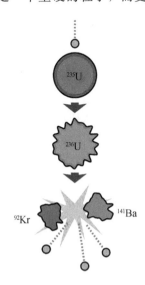

图 1-3　铀-235 裂变示意图

的质量，而是少了一点点。迈特纳忽然想起了爱因斯坦在 1905 年提出的质能转换关系式，丢失的质量会不会真转换成能量了呢？在后面的实验中，果然测得释放的能量为 200 MeV，与天才爱因斯坦的预测完全吻合（如图 1-4 所示）！即将启程前往美国的玻尔，从弗里希的口中，获知了这个了不起的发现，他惊叹道："哇，我们多么愚蠢，本应该早就预见到这一切的！"并用手指敲着自己的脑袋。

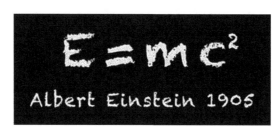

图 1-4　爱因斯坦提出的质能转换公式

踏破铁鞋无觅处，得来全不费功夫。物理学家迈特纳提出的设想，对放射化学家哈恩的实验结果作出了完美的理论解释。在 1939 年 2 月 11 日的《自然》杂志上，迈特纳与外甥弗里希以通讯的形式发表了《中子引起的铀裂变：一种新的核反应》。论文很短，只有两页纸，却具有划时代的意义。

在他们身后，一个新的时代，正徐徐开启。

6　宁静致远

命运，再一次跟她开了个玩笑。

1945 年 11 月 15 日，瑞典皇家科学院宣布，因为发现核裂变的重要贡献，1944 年的诺贝尔化学奖将授予给哈恩先生，并不包括迈特纳女士。而此时的哈恩，被英国军方扣押在一个秘密农场里，为的是希望他如实交代战时德国研制原子弹的具体情况。让人唏嘘的是，12 月 10 日的颁奖典礼，获奖的哈恩缺席了，没有获奖的迈特纳却出席了。只是，"军功章"上，却没有属于她的那一半。也许是宿命，迈特纳女士平生三次获得诺贝尔奖提名，却没有居里夫人那样幸运，始终与之无缘（如图 1-5 所示）。

独享诺奖的哈恩，在战后饱受非议和指责，更有甚者称其为"可耻的叛徒"。对此，迈特纳始终坦然处之，既不解释，也不争辩。唯一一次，在 1945 年写给朋友的一封信中，她对老搭档和自己作了一句评价："毫无疑问，哈恩完全配得上诺贝尔化学奖。不过，我相信，在铀裂变的发生和能量的释放机制上，我和弗里希做了一点贡献。"

图 1-5 迈特纳和核裂变的邮票封面

好在结果还不算糟。这个哈恩背后的女人，爱因斯坦口中的"德国的居里夫人"，晚年的时候，各种承认与荣誉纷至沓来：1947 年获维也纳科学荣誉奖，1949 年获普朗克奖章，1955 年获哈恩化学和物理学奖，1966 年获费米奖，还获得多个大学的荣誉博士学位。在德国和奥地利建有多所以其命名的研究所和中学。1994 年，元素周期表上第 109 号元素被命名为"Meitnerium"，以纪念核物理学家迈特纳。如此殊荣，足以聊慰平生，也足以弥补五十年前与诺贝尔奖失之交臂的遗憾吧。

迈特纳的个人生活，与其在科学上的探索一样传奇。她终身未婚，私生活纯净得如同一张白纸，从没传出过绯闻。或者说，她早早地把自己嫁给了心爱的物理学，一生忠贞不渝。"我爱物理，很难想象，我的生活中没有物理会怎样。这是一种非常亲密的爱，就好像爱一个对我帮助很多的人一样。"这个自白，可能是她对自己一生作出的最恰当的概括。

1968 年 10 月 27 日，在英国的剑桥，90 岁高龄的迈特纳，在睡梦中安然离去。三个月以前，那个她生命中最重要的男人，小她四个月的哈恩，在她不知情的情况下，已然离去。或许，在天堂里，再也没有什么人间的偏见、迫害，可以把这一对"生死冤家"离间、分开了。

在迈特纳的墓碑上，她的外甥弗里希写道："一个从未失去自己人性的物理学家。"这个墓志铭，或许是对她坎坷而传奇的一生最好的褒扬。此种人生与境界，正是：矢志科学克偏见，一生爱好是天然。千回百转纯本色，灵机在心诠裂变。

阴影里的天才

1 一封不寻常的信

1939 年 10 月 11 日，一封信放在美国总统的办公桌上，信末有科学泰斗爱因斯坦的亲笔签名，罗斯福不能不重视。信中，爱因斯坦说，释放出巨大能量的链式核裂变反应可能很快实现，并可能根据这种原理制造出破坏力惊人的武器；鉴于德国已经停止占领地捷克斯洛伐克所产铀的销售，呼吁美国加快实验工作，开展核武器研究。在罗斯福的批示下，美国实施了庞大的"曼哈顿计划"，在二战结束前造出并投放了原子弹，大大加速了日本军国主义的覆灭。

上述情形，大约是中外媒体报道美国研制原子弹背景的最常见版本。事实上，真实的情况远比这复杂，也更富有戏剧性。而且，整个事件的第一主角，并不是爱因斯坦，而是一个叫兹拉尔德的物理学家。

1939 年 1 月，第五届国际理论物理学讨论会在乔治·华盛顿大学召开。会上，来自丹麦的量子物理学家玻尔向同行们宣布了一条重要消息：德国的哈恩和斯特拉斯曼成功地发现了铀裂变，该裂变可释放出约 200 MeV 的能量，而且迈特纳给出了正确的理论解释。这个重磅消息可谓石破天惊，在会议上掀起了轩然大波，一下子成为热议的主题。随后，这个消息就像长了翅膀一样，在物理学圈子里口耳相传。

一天，在美国呆了快一年的德国公民兹拉尔德，去普林斯顿大学探访好友魏格纳，从他那里得知德国人发现铀裂变的消息。敏感又敏锐的兹拉尔德立刻意识到，铀很可能是一种能够保持核裂变链式反应的元素。从下文的交代中，我们会明白，他的这一想法，并不是天马行空和一时脑热。

转眼到了夏天，美国的报纸和杂志已经公开讨论原子能的话题。然而，大多数的物理学家，对利用原子能制造超级武器的现实可行性，都持悲观态度。兹拉尔德对此感到不安，决定行动起来打破这个僵局。事实上，早在 1934 年在英国的时候，他就提出了反应堆的概念并申请了专利，还提醒过同事们关于它的危险性。他觉得必须立刻行动起来，否则德国在占了先机的情况下，很有可能率先制造出一种破坏力惊人的武器。那样的话，犹太人甚至整个人类，都将遭殃。

兹拉尔德找来老朋友魏格纳和泰勒，一起商量怎么办。他们都是出生在布达佩斯的犹太人物理学家，很早就相识如图 1-6 所示。魏格纳和泰勒在随后的

"曼哈顿计划"中都担当过重要角色，魏格纳还获得了 1963 年诺贝尔物理学奖，而泰勒则被誉为"氢弹之父"。当然，这是后话了。

(a)　　　　　　(b)　　　　　　(c)

图 1-6　匈牙利物理学"三剑客"

(a) 兹拉尔德；(b) 泰勒；(c) 魏格纳

当时，有传言说德国正试图从比利时的一家公司购买天然铀，因为后者在比属刚果恰好有一座铀矿。为了避免大量的天然铀落入纳粹德国之手，"匈牙利三剑客"决定向比利时女王写信。不巧的是，三人都不认识比利时皇室成员。兹拉尔德想起，老朋友爱因斯坦和比利时女王是笔友，两人常有书信往来。

7 月 16 日，星期天，魏格纳当司机，载着兹拉尔德从纽约的曼哈顿前往长岛，爱因斯坦正在那度假。爱因斯坦对两人的到访非常高兴。听了来由后，他坦言从未想到过用大规模能量来实施摧毁性的破坏，但同意写封信，并建议不必打扰女王，给比利时驻美大使就好了。他们忙碌了大半天，由爱因斯坦用德语口述，魏格纳记录，写了一封漂亮的信（如图 1-7 所示）。

图 1-7　爱因斯坦和兹拉尔德讨论、起草信件

返回住所后，兹拉尔德收到了一封来自萨克斯的来信。兹拉尔德擅长交际，来美国没多久，便结交了不少新朋友，三教九流都有，萨克斯就是其中的一位。萨克斯是一名经济学家、退休的银行家，还是美国总统的私人顾问和朋友。在回信中，兹拉尔德跟他说了给比利时驻美大使写信的事。萨克斯得知后，说他有一个更好的计划，不应该给比利时写信，而是直接给美国总统写信。如果爱因斯坦愿意写这封信的话，他主动提出可以把信交给罗斯福。

于是，兹拉尔德重新起草了一封信，并在 19 日寄给爱因斯坦过目。电话中，爱因斯坦要求他过来面谈。随后，7 月底的一天，泰勒当司机，兹拉尔德再次来到长岛。在阴暗的门廊上，他们一边喝着茶，一边讨论新方案。爱因斯坦觉得兹拉尔德起草的信太长了，而且有些拗口，提出信最好短一点，列出要点即可。这次，照样由爱因斯坦用德语口述，兹拉尔德记录，写完了信。

接下来的几天，兹拉尔德对信件做了润色，并准备了长短两个版本，在 8 月 2 日寄给了爱因斯坦。爱因斯坦在两封信上都签了名（如图 1-8 所示），但倾向于那个较长的版本。8 月 15 日，兹拉尔德把这封信交给了萨克斯。

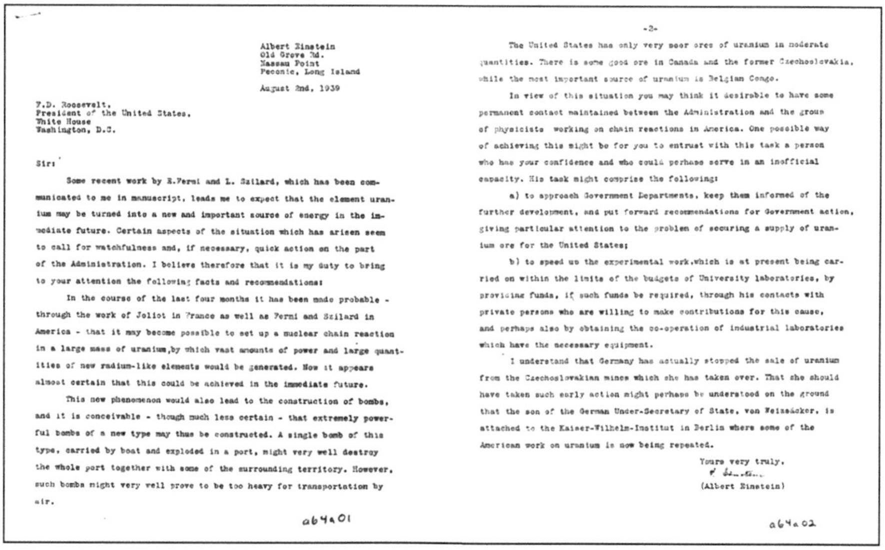
Albert Einstein
Old Grove Rd.
Nassau Point
Peconic, Long Island

August 2nd, 1939

F.D. Roosevelt,
President of the United States,
White House
Washington, D.C.

Sir:

Some recent work by E.Fermi and L. Szilard, which has been communicated to me in manuscript, leads me to expect that the element uranium may be turned into a new and important source of energy in the immediate future. Certain aspects of the situation which has arisen seem to call for watchfulness and, if necessary, quick action on the part of the Administration. I believe therefore that it is my duty to bring to your attention the following facts and recommendations:

In the course of the last four months it has been made probable - through the work of Joliot in France as well as Fermi and Szilard in America - that it may become possible to set up a nuclear chain reaction in a large mass of uranium, by which vast amounts of power and large quantities of new radium-like elements would be generated. Now it appears almost certain that this could be achieved in the immediate future.

This new phenomenon would also lead to the construction of bombs, and it is conceivable - though much less certain - that extremely powerful bombs of a new type may thus be constructed. A single bomb of this type, carried by boat and exploded in a port, might very well destroy the whole port together with some of the surrounding territory. However, such bombs might very well prove to be too heavy for transportation by air.

a64a01

-2-

The United States has only very poor ores of uranium in moderate quantities. There is some good ore in Canada and the former Czechoslovakia, while the most important source of uranium is Belgian Congo.

In view of this situation you may think it desirable to have some permanent contact maintained between the Administration and the group of physicists working on chain reactions in America. One possible way of achieving this might be for you to entrust with this task a person who has your confidence and who could perhaps serve in an inofficial capacity. His task might comprise the following:

a) to approach Government Departments, keep them informed of the further development, and put forward recommendations for Government action, giving particular attention to the problem of securing a supply of uranium ore for the United States;

b) to speed up the experimental work, which is at present being carried on within the limits of the budgets of University laboratories, by providing funds, if such funds be required, through his contacts with private persons who are willing to make contributions for this cause, and perhaps also by obtaining the co-operation of industrial laboratories which have the necessary equipment.

I understand that Germany has actually stopped the sale of uranium from the Czechoslovakian mines which she has taken over. That she should have taken such early action might perhaps be understood on the ground that the son of the German Under-Secretary of State, von Weizsäcker, is attached to the Kaiser-Wilhelm-Institut in Berlin where some of the American work on uranium is now being repeated.

Yours very truly,

(Albert Einstein)

a64a02

图 1-8 爱因斯坦的署名信

然而，萨克斯一直没有找到合适的机会面见罗斯福。直到 10 月 11 日，他才在白宫椭圆形办公室见到了总统。一番交谈后，罗斯福把信件给了他的军事顾问并交代说："这事需要行动！"

2 一颗不安分的灵魂

大家可能会纳闷，一个德国公民，何以会成为美国"曼哈顿计划"的第一发起人。这一切，恐怕还得从兹拉尔德的早年经历讲起（如图1-9所示）。

兹拉尔德1898年2月11日出生于布达佩斯的一个犹太人家庭，父亲是一名土木工程师。和大多数中上层犹太人父母一样，犹太信仰与其说是教义，不如说是一种传统，这使他从小得以接受到良好的教育。中学的时候，他对物理表现出浓厚的兴趣，数学方面能力出众，在1916年还获得了国家数学奖。

高中毕业后，兹拉尔德子承父业，成为布达佩斯技术大学里一名土木工程专业的大学生。一年后，也就是1917年，第一次世界大战激战正酣，他被应征入伍，成为奥匈帝国军队的一员。然而，就在上前线的前夕，他生病了。因为患有严重的西班牙流行性感冒，他被允许返回布达佩斯就医。幸运的是，这场病救了他的命。后来得知，他所在的那个团几乎全军覆没。

1918年11月，从军队光荣退伍后，兹拉尔德重返校园。此时的匈牙利，正处于社会秩序混乱无序的时期。先是奥匈帝国解体，1919年3月匈牙利苏维埃共和国建立，同年8月就被军队推翻，又恢复了君主立宪的匈牙利王国。

图 1-9　大学时代的兹拉尔德

大学里，兹拉尔德特别活跃，积极参加各种实践活动，和弟弟一起创立了学生社团，撰写并散发有关税收和财政改革的小册子。

1919年，注定是他人生的分水岭，几乎彻底改变了他，包括信仰和思想。为了应付沉渣泛起的反犹太主义思潮，兄弟俩改变信仰，从犹太教徒转变为加尔文信徒。但是，无济于事，由于改变不了的犹太人出身，大学里的民族主义分子甚至拒绝给他们注册。这一年，整个国家政治剧烈动荡，他也遭遇了前所未有的身份危机，留下的阴影伴随了他的一生。

对前途感到无望后，兹拉尔德在当年的12月25日离开祖国，来到德国。他先是进入柏林夏洛滕堡的技术学院，很快就对工程专业失去兴趣，注意力转向了物理。为了学习物理，他转学到柏林大学，那儿有一帮物理学大师，如爱因斯坦、普朗克、冯·劳厄等。学校里经常举办物理学系列研讨会，头排座位通常都是给大牌物理学家留着的，可是学生兹拉尔德偏要坐到第一排去，他总有一些想法要跟爱因斯坦聊一聊。爱因斯坦对这个小伙子留有深刻的印象。后来，两人成为好朋友和合作伙伴。

在柏林大学，兹拉尔德的博士论文工作是研究麦克斯韦"精灵"，一个有关热物理和统计物理哲学上的未解之谜。在1912年诺贝尔物理学奖得主劳厄的悉心指导下，他完成了高质量的博士论文，获得了爱因斯坦的褒奖。1922年博士毕业后，他留校成为劳厄的助手，1927年成为一名物理学大学教师（如图1-10所示）。

图 1-10　兹拉尔德在柏林大学的教师证

1930年，兹拉尔德成为一名德国公民，平常也主要说德语。1919年的痛苦经历，就像一剂预防针一样，他对欧洲的政治形势感到不安。尤其在1933年希特勒上台后，随后发生的国会纵火案及一系列事件，让他有种山雨欲来风满楼的恐惧。于是，他强烈敦促家人和朋友在他们还能走的时候离开欧洲。

感受到危险的来临后，他动身离开柏林前往维也纳，并在1934年抵达伦敦。后来，谈起这段经历，他说："有一天，临近1933年4月1日，我乘火车从柏林去维也纳，火车上空荡荡的。第二天，同一班火车却超员了，火车在边境上停下来，人们必须走下车，每个人都受到纳粹的盘问。这正好证明，假如你要想在这个世界取得成功，你不需要比别人更聪明，你只要比别人早一天就行了。"

其实，正是由于比别人更聪明，他才经常走在别人的前面。

3　各式花样的发明

在柏林和伦敦期间，兹拉尔德博士的物理研究并不囿于实验室，而是更贴合于实际，他变成了一名高产的发明家。

　　1920 年代后期，在柏林大学和爱因斯坦共事期间，他们合作紧密，申请了不少发明专利。其中，1928 年他俩共同申请并获得了一项电冰箱专利。事情的缘起，是他们从报端读到一条消息，说柏林有家人，因新买的电冰箱冷却剂泄漏，导致全家被毒死的惨剧。仰望星空的物理学天才很受触动，决定解决一下民生问题，设计一种效率更高、危险性更小的新型冰箱。在他们的设计方案中，一种金属微粒的悬浮液替代了以往的有毒制冷剂，并用一种爱因斯坦-兹拉尔德电磁泵来驱动。后来，一家德国公司根据这项专利进行了原型机试制（如图 1-11 所示），无奈由于噪声太大和经济大萧条而作罢。晚年的时候，一个朋友问他为什么没有最终把电冰箱推向市场，兹拉尔德说："噢，这个事嘛，那个时候我们已经去研究原子弹了。"

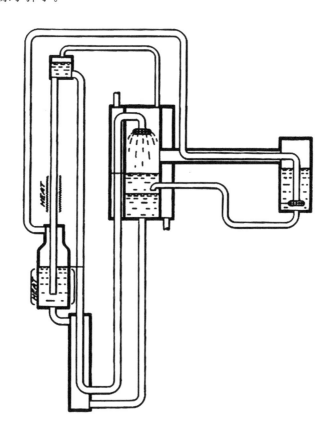

图 1-11　爱因斯坦和兹拉尔德设计的电冰箱专利图

　　工作闲暇之余，兹拉尔德喜欢看科幻小说。事实上，他自己后来也写了两本科幻小说。1932 年，也就是查德威克宣布发现中子的那一年，当他看到英国小说家威尔斯写于 1914 年的小说《世界解放了》中的场景，深受震动。小说中大胆预言，未来将出现一种以链式反应为原理的杀伤力极强的武器。

1933 年 9 月 12 日，一个潮湿而沉闷的午后，兹拉尔德一个人走在伦敦的街头。在十字路口等红绿灯的时候，他想起《世界解放了》描述的链式反应情节，突发奇想：如果能够找到一种元素，用一个中子引起一个原子分裂，释放出两个中子，这两个中子又能使两个原子分裂，如此继续下去就形成了连锁反应。为此，1934 年他以半保密的形式在英国申请了一项反应堆专利（如图 1-12 所示）。当然，今天我们很清楚，他的专利只是一个非常粗糙的雏形，不可能维持链式反应，既不是反应堆，更不可能造成原子弹。阅读至此，你就能理解，当兹拉尔德在 1939 年听闻哈恩发现铀裂变的消息后，内心会涌起多大的波澜了。

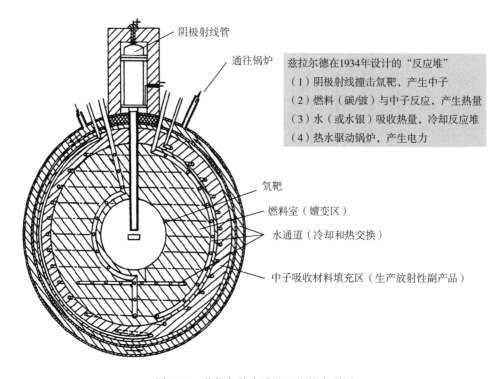

图 1-12　兹拉尔德申请的反应堆专利图

除电冰箱和反应堆之外，兹拉尔德分别在 1928 年和 1929 年提交了直线加速器和回旋加速器的专利申请。他还提出了电子显微镜的构想。这些专利和构想，他没有想过建造实际装置，或者在科学期刊上发表论文。否则的话，1939 年和 1986 年的诺贝尔物理学奖得主，可能就不是美国的劳伦斯和德国的鲁斯卡，而是兹拉尔德了。

早在柏林大学当老师期间，除了研究物理外，兹拉尔德还研究了信息理论。可惜，他没有深入下去。1950 年代，美国数学家香农创立信息论的时候，明确承认是在兹拉尔德的基础上前进的。

1934 年，兹拉尔德在伦敦的圣巴塞洛缪医院工作。他和年轻的物理学家查尔默斯一道，研究医用放射性同位素。当用中子轰击碘乙烷时，他们发现，放射性同位素碘从混合物中分离出来了，从而找到了一种同位素分离的新方法。这种方法，后来被称为兹拉尔德-查尔默斯效应，被广泛用于医用同位素分离。

神秘莫测的兹拉尔德博士，就像一个科学上的吉普赛人一样，不停地寻找，又不断地放下，从一个领域跨到另一个领域，从一个专业换到另一个专业。或许是性格使然，他只负责想法，如何实现，不是他的任务。

4 一只讨厌的牛虻

1938 年 1 月，兹拉尔德乘坐远洋邮轮，抵达纽约。接下来的几个月里，他居无定所，从一个地方到另一地方，最终在 11 月住进了哥伦比亚大学旁的一家旅馆里。事实上，此后很多年里，他都是住在旅馆，随身携带两个手提箱，里面装着他的重要论文和其他物件，随时准备转移。1919 年在匈牙利和 1933 年在德国的经历，让他患上了弗洛伊德所说的焦虑型神经症。对周围的一切，他时刻保持着警惕，对未知的不安，始终在心里留有浓重的阴影。

兹拉尔德天生是一个行动派。得知德国人发现铀裂变现象后，他立刻找到刚逃亡到哥伦比亚大学任教的意大利人费米，鼓动他一起开展研究。费米天生是个谨慎派，当时尚未意识到核裂变消息的重要性，所以婉言拒绝了。

无奈之下，兹拉尔德撸起袖子自己干。凭着一张巧舌如簧的嘴，哥伦比亚大学物理系主任很爽快地同意他借用实验室三个月。从一个朋友那借了 2000 美元并购置了一些实验设备和材料后，他和另外几个同事一起，使用镭-铍中子源产生的中子来轰击铀，寻找核裂变产生能量的正确模式。几次实验过后，他们就发现了令人兴奋的结果：经过中子轰击的天然铀中，存在着大量的中子增殖，证明一个链式反应是可行的。"那天晚上，我隐隐感到，世界将走向悲伤。"后来，兹拉尔德回想起当时的情形，不无悲伤地说。

随后，凭借着强大的雄辩能力，兹拉尔德说服费米利用 230 kg 的天然铀，做一个更大的实验。为了提高裂变的概率，他们需要中子慢化剂。中子慢化剂，最早由美国理论物理学家惠勒提出，又叫中子减速剂，即用于降低中子飞行速度的材料，对中子有较高的散射截面和较低的吸收截面，轻水、重水和石墨等是常用的慢化剂材料。他们先想到水，因水中含氢。但是氢不但慢化中子，同时也会吸收中子，结果不成功。兹拉尔德建议用碳，也就是石墨。他和费米去美国国家碳材料公司，发现他们制造的石墨不够纯，含有硼等杂质，而硼是一种中子吸收剂，更不利于核裂变反应。在兹拉尔德的建议下，碳材料公司改进了工艺，才得以生产出纯度足够的石墨。后来，这些高纯度的石墨被用在他和费米设计建造的世界第一座反应堆上。

美国总统罗斯福收到爱因斯坦署名的信后，随即在国家标准局下设立了一个专门研究军事利用核裂变可能性的铀咨询委员会。1939 年 10 月 21 日，委员会召开了第一次会议，"匈牙利三剑客"都参加了。他们说服陆军和海军拨款 6000 美元给兹拉尔德，让他负责购买实验材料，主要是石墨。

1941 年 12 月 6 日，也就是日本袭击美国珍珠港太平洋海军基地的前一天，美国政府决定加快原子弹的研制进程，并指派芝加哥大学的物理学家康普顿负责研制工作。与兹拉尔德愿望相悖的是，康普顿把研究团队的力量全部集中于芝加哥大学冶金实验室的反应堆和钚材料研究上。

1942 年 1 月，兹拉尔德只好加入冶金实验室，后来成为其中的一名首席物理学家（如图 1-13 所示）。在冶金实验室，他扮演着一只"牛虻"的角色，提出各种难以回答的问题，提出各种类型的反应堆设计方案，让人招架不住。"如果铀裂变项目只是单纯地在创意层面实施的话"，魏格纳后来说，"那么，整个项目只需要兹拉尔德一个人就够了。"

图 1-13　在冶金实验室工作的兹拉尔德

当时，在设计反应堆过程中，一个令人恼火的问题，是生产核武器原料钚的反应堆冷却剂选择问题。为了最大程度地减少中子的吸收，大多数人的意见倾向于利用氦气冷却。兹拉尔德则提出，铋是一种更好的选择。但实验的结果并不理想，操作液态铋的难度太大，最后魏格纳提出的普通水方案胜出。

正当大家为冷却剂问题的解决而激动时，"曼哈顿计划"的总管格罗夫斯将军和康普顿却要开除兹拉尔德，理由是他还是一名德国公民。格罗夫斯是一名典型的军人，行事霸道，说一不二，一直受不了兹拉尔德自由散漫和浑身"刺猬"的作派。在战争部长的严词拒绝下，兹拉尔德得以留在冶金实验室，在 1942 年 12 月 2 日，他亲眼见证了自己参与设计的世界第一个人工核裂变链式反应的诞生。反应堆达到临界后，他紧紧地握住了费米的手。1955 年，他俩一起申请并获得了美国专利局的第一座反应堆专利（如图 1-14 所示）。

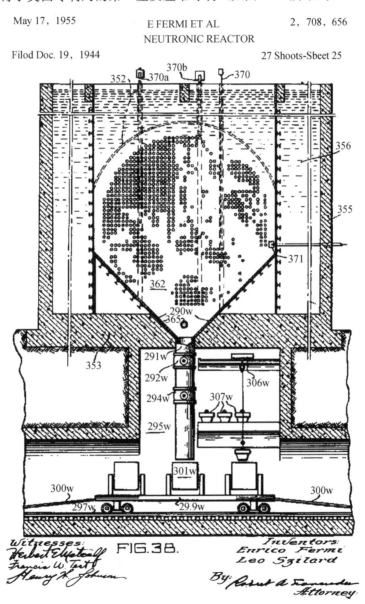

图 1-14　费米和兹拉尔德的反应堆专利图

1943 年 3 月,兹拉尔德成为一名美国公民,继续和费米、魏格纳一起开展反应堆设计研究。在 1944 年春举行的一个新堆型委员会会议上,兹拉尔德和费米简要介绍了快中子反应堆的概念。这种反应堆在产生能量的同时,会不断地将铀-238 变成易裂变材料钚-239,而且裂变材料的再生速度高于消耗速度。第二天,当大家在讨论给这种新型反应堆起名时,兹拉尔德思索片刻之后说:"就叫增殖堆吧。"

从此,"增殖堆"一词一直沿用至今。

5 一种鲜见的博爱

到 1944 年,原子弹研制已进入实地验证阶段。在洛斯·阿拉莫斯基地,奥本海默组织了一批优秀的核物理学家来帮助他解决问题,"曼哈顿计划"的发起人兹拉尔德不在其列。他明白,兹拉尔德博士可适应不了新墨西哥州的乡村和沙漠营地的枯燥生活,更喜欢在宾馆大厅里阅读报纸和大街上散步。重要的是,他不好合作,更不容易被领导。

美国研制原子弹,本来是计划"伺候"纳粹德国的,没成想德国在 1945 年 5 月初便投降了。于是,美国军方便考虑把它用在日本人身上。1945 年 7 月 16 日凌晨 5:24,在新墨西哥州阿拉莫戈多的"三一"试验场,在一个 30 m 高的铁塔上,人类有史以来第一次核试验成功完成,其产生的威力超乎科学家的想象。

令诸多同行百思不得其解的是,当初那个积极呼吁开展核武器研制的兹拉尔德博士,此时的态度却发生了 180 度的大转弯,坚决反对向日本使用原子弹。在他的积极奔走下,由 1925 年诺贝尔物理学奖得主弗兰克牵头一帮科学家,在 6 月 11 日向战争部长提交了一份《弗兰克报告》,反对向日本实施核武器突袭,吁请向日本进行公开的警告,说明原子弹的威力。他们认为,参与"曼哈顿计划"的科学家意识到:核武器所具有的毁灭人类的能力,远远超过以往的任何武器,科学家是少数拥有制造这种武器知识且深知其危险程度的人,因此有责任让决策者认识到控制核武器使用在政治和道义上的必要性。

同时,在"三一"核试验的第二天,兹拉尔德和另外 69 名科学家联名向时任总统杜鲁门提交请愿书(如图 1-15 所示),希望考虑道义上的责任,不向日本投放原子弹。他建议,美国与日本在历史上并没有深仇大恨,应该先向日本示威,可以在太平洋某个没有归属的岛屿上引爆原子弹,甚至可以邀请日本代表团来就近观看炸弹的威力。如果日本能够了解美国可以用什么样的武器攻击他们,必定会停止所有的战事。

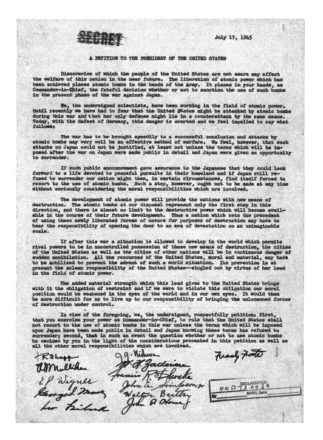

图 1-15 兹拉尔德等科学家的联名请愿书

　　兹拉尔德的所为，让格罗夫斯和康普顿感到愤怒和沮丧。尤其是格罗夫斯，心里恨得牙痒痒，恨不能找个机会逮捕他，甚至杀了他。在接到《弗兰克报告》后，战争部长将之交由一个由奥本海默领衔的科学咨询小组讨论，结果未获得多数通过。"的确，在过去几年中，我们是那些能够有机会针对这些问题详加考虑的少数公民之一，但是我们并没有特别的能力，去解决因原子弹的到来而产生的政治、社会及军事问题。"在提交给军方的报告中，科学咨询小组作如是结论。

　　结果，就如大家所熟知的那样，1945 年 7 月 26 日美、英、中三国发表《波茨坦公告》后，日本仍负隅顽抗，美国便于 8 月 6 日和 9 日在日本广岛和长崎的上空扔下了两颗原子弹。

　　两颗原子弹的实际投放，让兹拉尔德受到良心和道德的谴责，久久不能释怀。1949 年 8 月，他在《芝加哥大学法律评论》杂志上发表了一篇短篇小说，名为《一名战犯的审判》。小说虚构了在第三次世界大战爆发后，苏联使用一种新型生物武器，把美国打败了。结果，他和美国总统、战争部长和国务卿等人一起，接受法庭所提出的反人道罪行审判。对他的罪名指控，主要有两项：一是极力鼓动美国发展核武器，二是对在广岛扔下原子弹负有罪责。

"我刚锁上宾馆的门，正准备上床睡觉，这时房间门响了，门口站着一名俄罗斯官员和一名年轻的俄罗斯平民。终于来了。自从总统签署无条件投降书，俄罗斯人接管纽约以后，我就在等待这一刻的到来。那名官员向我出示了批捕书，向我宣布由于犯下原子弹有关的罪行而被捕。车在外面等着，他们将把我押送到长岛的布鲁克海文国家实验室。显而易见，俄国人把所有在原子能领域工作过的科学家，都圈在那儿了。"

6 一份光辉的人性

二战结束后，兹拉尔德受聘芝加哥大学，成为一名研究教授，开始涉足生物和社会科学领域（如图 1-16 所示）。1957 年，他帮助创立了加州萨尔克生物研究所，在那里度过了余生。

图 1-16 1954 年在芝加哥大学的兹拉尔德

同时，秉承着一如既往的人道主义精神和对人类未来的担忧，他不停息地为原子能和平应用和国际核军控而奔走。1946 年，他积极说服国会颁布《原子能法案》，奠定了美国核能民用的法律基础。1947 年和 1960 年，他甚至分别给斯大林和赫鲁晓夫写信，呼吁美苏控制冷战后果。所有这些显示他的一生，都在为拯救人类而奔走。

1960 年，兹拉尔德被确诊为膀胱癌。在纽约的纪念斯隆-凯特林医院，他利用自己设计的钴-60 治疗方案进行放射治疗。1962 年，在进行第二轮治疗过程中，他增加了辐射剂量。负责的医生告诉他，增加剂量会害死他。他却坚持说，低于这个剂量才会害死他。结果，这一轮高剂量的治疗居然凑效了，癌症再未复发。这个身材不高、长着一副圆脸、看起来像蒙古人的物理学家、社会活动家，永远要把命运攥在自己的手里。后来，他设计的钴-60 治疗法成为许多癌症治疗的标准，至今仍在使用。

1964 年 5 月 30 日的晚上，76 岁的兹拉尔德在睡梦里心脏病突发，再也没有醒过来。

在各个领域富有创见却又浅尝辄止，有点古怪的个性，以及对原子能摧毁性力量的担忧，使得这个原子弹背后的人，作为一名科学家的贡献，在后人眼中有些晦暗，更与诺贝尔奖无缘。虽然，他在 1959 年获原子能和平利用奖，1960 年获爱因斯坦奖，1961 年当选为美国国家科学院院士。

确实，很难对兹拉尔德一生作出准确的评价。他是一个矛盾的复合体：在一群耀眼的科学家里，他是一名政治家；在一群冷酷的政治家中，他是一名科学家。他富有远见，爱好和平，却又捉摸不透，饱受争议。他极度自信，却又永远感到不安。他始终担忧和警惕强权，有时却又不得不亲近权力寻求支持……

面对这个极其复杂的人，他的老朋友魏格纳曾经说道："他的想象力和创造力超群，思想和观点超级独立。作为一个才华横溢、矛盾、自大、孤独的人，他的领域在宇宙。"

相比同时代释放出耀眼光芒的物理学大师，诸如爱因斯坦、费米、奥本海默等人，兹拉尔德的光芒要黯淡许多。但是，这名隐藏在阴影里的天才，身上展现的人性光辉，一点也不黯淡。

毫无疑问，兹拉尔德不只是一名科学家，也是一名人道主义者、一名人文主义者，还是一名思想家。他的一生，都在寻找，寻找世界，也寻找自己。

清晨、午后、黄昏，兹拉尔德走在大街上。他行走的唯一目的，只是为了思考。此种人生与境界，分明是：行止由己仁慈心，核武制废奔走勤。才思横溢多创见，是非功罪但悲悯。

群星辉耀曼哈顿

1　快中子与慢中子

为了便于大家阅读下文中提及的诸多人物和活动，先简单交代一下故事背景：

1939 年 10 月，在那封爱因斯坦署名信的促动下，美国在国家标准局下成立了一个铀咨询委员会，由国家标准局局长布里格斯担任主任。11 月初，铀咨询委员会建议政府出资购买石墨和二氧化铀，开展核裂变研究。

1940 年 6 月，铀咨询委员会被调整到布什领导的国防研究委员会。一年后，美国成立科学研究与开发办公室，由布什担任一把手，统领战时的军事研发工作。国防研究委员会成为其下属咨询机构，布什原担任的职务由哈佛大学校长、化学家科南特接任。当年底，出于保密考虑，铀咨询委员会更名为S-1执行委员会。

1942年8月，美国决定由军方全权主导核武器研究项目。陆军工程兵在纽约曼哈顿百老汇大街270号成立了临时总部，取名为曼哈顿工兵特区。后来，整个核武器研制项目，就简称为"曼哈顿计划"（如图1-17所示）。9月17日，作为军方负责人，正在全程监造五角大楼的陆军工程兵上校格罗夫斯，被任命为"曼哈顿计划"的一把手，6天后被提升为准将。

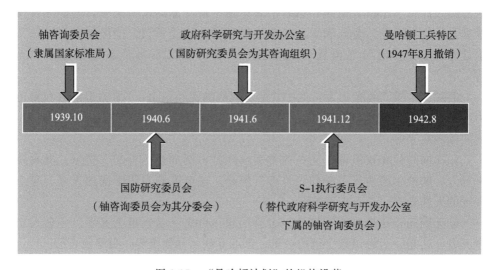

图1-17   "曼哈顿计划"的机构沿革

整个"曼哈顿计划"，主要在美国的四大基地进行：芝加哥大学的冶金实验室、华盛顿州的汉福特基地、田纳西州的橡树岭基地、新墨西哥州的洛斯·阿拉莫斯基地（如图1-18所示）。

下面要讲述的故事，就分别发生在这四个地方。先从芝加哥大学讲起。

起初，费米并不情愿搬到芝加哥。在此之前，身为罗马大学教授的费米，已经名扬天下，因为中子辐照产生新的放射性元素及慢中子引起核反应的惊人发现，1938年获得诺贝尔物理学奖。当年的年底，借着前往斯德哥尔摩领奖的良机，37岁的费米在颁奖典礼结束后，携妻带女直接登上了前往纽约的轮船，成功逃离了法西斯独裁统治下的意大利，并在1939年1月成为哥伦比亚大学的一名教授。

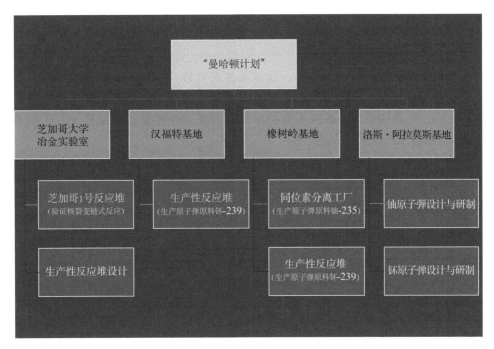

图 1-18　"曼哈顿计划"四大研发基地

当丹麦物理学家玻尔把哈恩和迈特纳发现核裂变的消息带到美国后，费米感到非常难堪，因为这证明了原先他利用中子轰击天然铀产生的并不是超铀元素——他获诺贝尔奖的部分原因，而是核裂变后的裂变产物。后来，他在自己的诺奖颁奖典礼上的讲话稿上加了一个脚注。

1939 年 3 月 17 日，兹拉尔德说服费米一起访问海军部，谈论了核能军事利用的潜在可能性问题。结果，这次会谈没有收到预期成效，虽然海军方面同意为其在哥伦比亚大学的研究提供 1500 美元资助。在铀咨询委员会成立后，情况获得了好转，提供资金让他购买石墨进行研究。到 1941 年 8 月，费米在哥伦比亚大学的实验室里，已经有 6 t 二氧化铀和 30 t 的石墨，他准备建造一个更大的堆来验证核裂变链式反应的可能性。

1940 年 3 月，费米在哥伦比亚大学的同事邓宁通过实验证实了玻尔的猜测：天然铀中非常稀缺的铀-235 同位素，而不是占 99% 以上的铀-238，更容易引发核裂变反应。为便于大家理解，在此简要概括一下核裂变链式反应的理论：

在亚原子量子力学层面，物质与物质之间，所有反应都是有可能的。用中子撞击铀原子核，可能什么也不会发生，但是总存在发生某种反应的概率。如果撞击的原子核，碰巧是铀-235 这种同位素，那么中子就非常有可能被俘获；铀-235 原子核俘获中子后，非常有可能变得不稳定而裂开，同时释放能量和更多的快中子，这就是裂变。如果让产生的快中子（能量为 2MeV）减速，即成为慢中子。当中子能量变为 0.025 eV 时，即为热中子，就可以增加其与铀核的接触时间，那么热中子与铀-235 原子核反应的概率会增大 1000 倍左右。这样，裂变反应就可以持续不断进行下去，这就是核裂变链式反应。需要指出的是，在经典物理学中，中子动能越大，更容易引起铀核的分裂。但是，在这种能量状态，中子主要表现为波动性而不是粒子性，而波动特性更适合用量子力学而非经典力学来表述（如图 1-19 所示）。

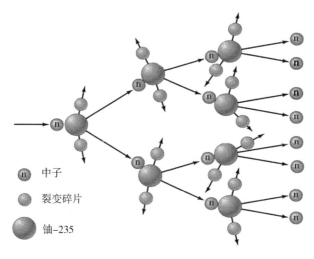

图 1-19　核裂变示意图

在天然铀中，铀-235 和铀-238 两种同位素都可以与快中子发生裂变反应，但只有铀-235 可以被热中子裂变。在天然铀块中，不可能建立一种原子核裂变及中子数量均随时间呈指数增长的链式反应。因为，快中子与铀-238 原子核碰撞时，其能量会衰减到一个"共振能量区"，处于这种能量的中子会被铀-238 俘获吸收，而不参与裂变反应过程，但铀-238 吸收中子后可以转变成镎-239。因此，要在天然铀中产生核裂变链式反应（如图 1-20 所示），至少需要创造三个条件：

第一，使得裂变产生的快中子减速到热中子水平，热中子与铀-235 产生裂变的概率很高。让中子减速的物质，必须是原子量小而且俘获中子概率（专业术语叫中子俘获截面）很低的物质，比如石墨、重水、铍等。这种减速材料，费米起初称之为"慢速镇定剂"，后来采用了美国理论物理学家惠勒的叫法，称之为"慢化剂"。

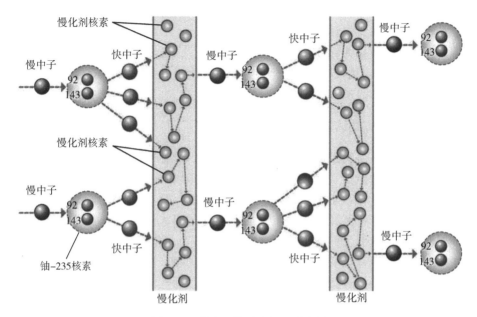

图 1-20 热中子堆反应原理示意图

第二，需要将天然铀材料恰当地布置在慢化剂中，使得快中子在铀块外能够被慢化。否则，中子能量衰减至共振能量区时，就立即被铀-238 共振吸收了。费米和兹拉尔德通过研究发现，必须将铀制成块状，布置成点阵分散嵌入慢化剂中，就像一个石墨大蛋糕里放入大粒的铀葡萄干一样。

第三，布置在石墨中的铀块数量要足够多，使得从裂变链式反应中产生的剩余中子数，正好抵消反应系统中被吸收和逃逸的中子数。此时的系统，正好处于临界状态，裂变反应就可以自己控制，连续不断地进行下去。

与此同时，国防研究委员会的一把手布什，请芝加哥大学的物理教授康普顿牵头，主持铀研究项目。康普顿更是大名鼎鼎，因为发现"康普顿效应"，35岁就获得诺贝尔物理学奖。之前，玻尔和惠勒提出了具有奇数质量数的重元素——比如钚-239——可以裂变的理论。1941 年 2 月至 5 月，加州大学的化学家西博格及其同事发现了钚元素，并从 60 in（1 in＝2.54 cm）的回旋加速器中制造出 28 μg 的钚。更重要的是，他们发现钚-239 的热中子俘获截面是铀-235 的 1.7 倍，更有利于发生核裂变反应。

康普顿获知这个消息后，非常兴奋，认为利用钚-239 来制造核武器是一种更可行的方案。当时，通过回旋加速器只能产生极少量的钚-239。于是，康普顿分别找到普林斯顿大学的魏格纳和伊利偌伊大学的塞伯尔商量，如何从一个核反应堆里制造及分离钚。他觉得分布在各大学的研究力量过于分散，不利于研究的突破，便于 1942 年 2 月在芝加哥大学成立了冶金实验室，整合各有关研究组，主攻新发现的元素钚。当务之急，需要建造一个可以大量产生中子的核反应堆，将铀-238 转化为钚-239。

作为当时的中子学权威，集理论与实验天才于一身的费米，自然就成了主持建造这个反应堆的最佳人选。

2　意大利人抵达新大陆

起初，第一座核反应堆，并不是计划建在人员集中的芝加哥大学校园里。

康普顿成立冶金实验室之后，准备在红门森林附近新建研究基地。但是，发生的劳资纠纷，延迟了建设的进度。时间紧迫，费米决定把反应堆建在芝加哥大学斯塔格体育馆西看台下。自从 1939 年芝加哥大学足球队大败于密歇根队后，加上经济危机引发的财政困难，球队解散了，体育馆便一直闲置着。费米对自己的反应堆设计信心满满，认为安全没有问题。在此之前，他已经进行过许多次的指数实验。当康普顿把这个决定分别告诉他的上司科南特和格罗夫斯时，科南特脸都吓白了。格罗夫斯对此也深表疑虑，但由于核武器研制工作刻不容缓，加上康普顿对费米充满信心，最后也就同意了这个决定。

在冶金实验室主任康普顿的协调下，费米找来了一帮顶尖的物理学家帮忙，包括之前在哥伦比亚大学的同事津恩、安德森、韦尔及兹拉尔德，从普林斯顿过来的魏格纳和惠勒，从华盛顿过来的泰勒等。

1942 年 11 月 16 日，费米和他的研究小组，在体育馆西看台下干净的木地板上开始工作。地上垒砌了大约 40 000 块石墨、19 000 个金属铀块，一层层交替而成，四周用木材支撑，底部是正方形，顶部接近于球形。由吸收中子能力非常强的材料镉制成的控制棒插在石墨块中，由三氟化硼材料制成的中子探测仪被安放在石墨堆的一侧。科学家们还没有想到更好的名字，所以将这一堆石墨和铀块组成的东西，直接称之为"堆"，即芝加哥 1 号堆（Chicago Pil-1），简称为 CP-1。"核反应堆"这个术语，是到 1946 年末美国原子能委员会（简称原委会）接管"曼哈顿计划"后，才被采用的。

为了确保核裂变反应能够安全进行，费米及同事们设计了三根含镉的控制棒：一根自动控制棒，由阳台上的电机自动驱动；一根手动控制棒，水平插在石墨块中，可以人工调节插入深度；一根紧急控制棒，利用绳子和滑轮悬挂在阳台上方，紧急情况下砍断绳索，控制棒可以依靠重力垂直插入石墨块中。另外，在阳台上，还准备了装有镉盐溶液的大玻璃瓶，一旦所有机械操作的控制棒都失灵，可以将镉盐溶液倒入"堆"中，终止核反应。

12 月 1 日下午，安装工作全部完成，所有的系统都进行了检验，一切准备就绪。2 日上午，包括费米在内的 49 名科学家来到楼厅，有幸目睹这一历史性的时刻（如图 1-21 所示）。伍兹是当天见证实验的人中年纪最小的、唯一一名女科学家，她将实验的每一步细节，详细记录在笔记本上。

图 1-21　CP-1 首次临界当日的情景再现

9：45，实验正式开始。费米命令将插在石墨块中的自动控制棒提起，伴随着轰鸣的电机声，镉棒从石墨块中缓缓升起。钢笔绘图记录仪记录着反应堆内中子的活动情况，在连续的一卷纸上进行记录。

刚过 10 点，费米命令提起紧急控制棒。津恩拽出了那根镉棒，把它拴在楼厅上。希伯里手里拿着斧头，警觉地站在那里。一旦出现意外，他就砍断绳子。据说，当时的同事们戏称希伯里为 "Mr. SCRAM"，SCRAM 是英语 Safety Control Rod Axe Man（安全控制棒斧头人）的缩写。此后，"SCRAM" 这个缩写成为一个正式名词，专用于反应堆紧急停堆，并沿用至今。1946 年，冶金实验室正式改名为阿贡国家实验室，津恩和希伯里分别成为该著名实验室的首任和第二任主任。

中子计数迅速上升，10：37，费米一边盯着中子记录仪表，一边对韦尔说："把手动控制棒调到 4 米。"韦尔照做，中子计数继续上升。人群开始躁动，纷纷用计算尺和笔进行计算。

"还没有结束，"指着记录图上的一个空白点，费米断言道："指针将一直升到这一点，然后趋于平衡。"指针果然缓缓上升，然后平延，如他所预测的一样。

之后，在费米的指挥下，韦尔把手动控制棒一点点往外拔。中子在探测仪里噼啪作响的声音，通过扬声器传了出来。似乎是为了确信不会发生意外，费米命令将自动控制棒放下。结果，自动棒插入堆芯后，中子数量骤然下降，与预测的完全一致。

费米感到满意。镉棒被重新提了起来，中子稳步增长。"咔嚓"一声响，大家吓了一跳。很快，他们意识到是自动控制棒的作用，因为重力的作用，狠狠地掉进了石墨块当中。原来,出于安全考虑因素,控制棒的安全阈值设置太低了。于是,对其进行了调整。

这时,费米突然说:"我觉得饿了,大家去吃饭吧。"所有的镉棒又被插入堆芯,一群人朝餐厅走去。午餐时,没有人提中子、石墨和铀,只是谈了些无关紧要的话题。

14:00 实验重新开始。用了 20 min 时间预热设备后,控制棒被恢复到之前的位置。在费米的指挥下,手动控制棒一点点地往外拔出。从记录纸上看,中子的读数还是没有呈现指数增长。15:30,费米转过身,非常自信地对康普顿说:"马上就要成功了,中子读数将要不断上升,不会再平延。"随后,扬声器里传出连续的嗡嗡声,已经很难根据声音判断中子的数量了。

在此过程中,费米一直很平静,不时打开计算尺开始计算。突然,停下了计算,微笑着说:"现在,中子的曲线已经是指数曲线,这个堆已经自持了。"

反应堆自持的时间,为 1942 年 12 月 2 日 15:52。反应堆产生的功率太小,只有 0.5 W,但足以改变世界(如图 1-22 所示)。当时在场的物理学家埃里森,在当天的日记里写道:"随着这一刻的到来,我们都知道,世界再也不会一样了。"

图 1-22　1946 年 CP-1 四周年部分团队成员合影

魏格纳打开从普林斯顿大学带来的一瓶意大利葡萄酒,大家用纸杯盛酒,庆祝这一具有里程碑意义的时刻。康普顿兴奋不已,急着要告诉上司这个好消息。他拨通了科南特的长途电话,使用暗语报告:

"吉姆，意大利航海家已经抵达新大陆。"

"当地人怎么样?"

"非常友好。"

3　三管齐下分离铀

CP-1 的成功，证明了核裂变链式反应是可以实现的，但距离一个能够释放巨大破坏性能量的核武器，还有很长的路要走。CP-1 使用的是天然铀，使用大量石墨作为慢化剂，才极大地增加了裂变的可能性。这种情况对于一个不断运转、控制良好的反应堆来说，没有问题；但对于一个爆炸装置，却行不通。使用慢化剂将快中子慢化成热中子的过程，会浪费大量的时间，反应也过于冗长，只能造成很小的破坏。铀-238 可以与快中子发生裂变反应，但却不能维持链式反应。这时，关键的问题就是铀-235 或钚-239 是否可与快中子发生裂变链式反应了。

为了增加成功的概率，"曼哈顿计划"采用了两套互相独立的方案：

第一套方案是研制铀原子弹。这需要大量的铀-235，而天然铀中的铀-235 含量只占 0.72%，少得可怜。没有什么化学方法，可以分离开同一种元素的两种同位素。铀-238 和铀-235 之间除了裂变特性不同外，最主要的差别是原子量不同，但差别很小，质量相差不到 1%。可以使用物理方法来分离铀同位素，但困难可想而知，也极其昂贵。要想制造铀弹，必须以重工业的规模大量分离同位素。分离铀同位素的任务，主要由橡树岭的工厂承担。

第二套方案是研制钚原子弹。这种方案不需要进行同位素的分离，钚-239 是钚的人造易裂变同位素，可以利用 CP-1 的升级版进行工业化生产。反应堆燃料中的铀-238 俘获中子后，转变成镎-239，它会进一步衰变成钚-239。设计和建造一批能够产出钚-239 的生产性反应堆，成了冶金实验室和杜邦公司的任务。

在格罗夫斯晋升准将一个礼拜后，他的先遣队就在田纳西州的乡村买下了 5.2 万英亩（1 英亩=4046.9 平方米）土地，作为分离铀同位素的场所，将其命名为 X 基地。这片区域位于两条山脉之间，名叫橡树岭。此处地广人稀，少人问津。而且，田纳西流域管理局的电力供应充沛，这里算得上首选之地了。1943 年夏天，他将"曼哈顿计划"总部也迁到了这里。当地人被疏散，大量的临时活动房屋被建造，以安置短时涌入的科学家、工程师和工人们。1945 年 5 月高峰时期，橡树岭地区人员高达 75 000 人。

在铀同位素分离的任务中，有三个研究组开展平行研究：一是加州大学伯克利分校的劳伦斯领衔的电磁分离法，二是哥伦比亚大学的默弗里负责的气体扩散法，三是华盛顿卡内基研究所的阿伯尔森负责的热扩散法。另外，默弗里也负责研究离心分离法，但当时未取得成功突破。

劳伦斯是美国教育自己培养的杰出人才，他既是一位难得的核物理学家，又是一流的实验家，口才很好，长着一头金发，有加州人典型的黝黑肌肤。在担任正教授的第一年，他就发明了回旋加速器（或者叫核粒子加速器），一种能够使带电粒子高速飞旋的笨重的实验设备。藉此贡献，他获得 1939 年的诺贝尔物理学奖。

劳伦斯设计的电磁同位素分离器，建在 Y-12 工厂（如图 1-23 所示）。这种机器，因外形为椭圆形而被称为"跑道"。每个"跑道"长 37 m、宽 23.5 m，共用一个磁场。磁场是通过电来产生的，为了满足大量用电需求，当地的发电能力已达到极限。Y-12 工厂于 1943 年 2 月开建，1944 年 2 月生产出铀-235 约 200 克，作为样本送往洛斯·阿拉莫斯。1945 年 9 月，工厂被关闭。

图 1-23　Y-12 工厂里的电磁同位素分离器

车间里满是操作员，大部分都是年轻女性（如图 1-24 所示）。她们坐在高脚凳上，监视着电压表，并调整旋钮以保证指针指在正上方。那些从当地村庄招募来的操作员，根本不知道自己到底在做什么，也不知道为什么要这么做。

气体扩散法，最早由剑桥大学的尤里提出并研发。它的原理，说起来很简单，较轻的气体分子在渗透膜中穿行的速度，会比重一些的分子速度稍快些。然而，原理虽简单，但效果并不明显，要想得到满意的量，必须在长达 1 英里的扩散室重复几千次。而且，扩散只对气体起作用。但天然铀是一种固体金属，在常温下呈现气态的唯一化合物是六氟化铀。因此，需要先将从铀矿中开采、冶炼、提纯的铀金属，转化成六氟化铀，待通过气体扩散将其中的铀-235 浓度提高后，再还原成铀金属。

图 1-24 Y-12 工厂的女工

气体扩散厂建在 K-25 工厂，1943 年 9 月开建，1945 年 3 月开始生产，后来成为分离铀同位素的生产主力（如图 1-25 所示）。整个工厂就在一个厂房里、厂房 800 m 长、300 m 宽，一眼望不到头，在当时是世界上最大的建筑了。耗费的电力惊人，几乎跟整个纽约市用电一样多。

图 1-25 K-25 工厂全景

热扩散法，建在 S-50 工厂。热扩散法效率非常低。在原子弹制造前的几周时间里，因为缺少足够的浓缩铀，格罗夫斯几乎疯狂。他下令将三种方法联合使用：S-50 工厂首先处理铀原料，将铀-235 提纯到 0.85%；然后将产品交给 K-25 工厂，将其提纯到 20%；最后交给 Y-12 工厂。如此，才在 1945 年 7 月生产出 50 kg 纯度为 80% 的铀-235。

在橡树岭，还建成了世界上第二座核反应堆——X-10 反应堆（如图 1-26 所示）。一开始，决策者计划在这儿建造三座反应堆。但承建者杜邦公司提出反对意见，理由是狭窄的场地布置不了众多反应堆，且附近的克林奇河也不能提供足够的冷却水。这样，生产钚的反应堆就迁址到华盛顿州的汉福特，即 W 基地。不过，格罗夫斯和康普顿仍然决定在橡树岭建造一座原型反应堆，用来生产以克计的少量钚，以便进行小规模实验，为 W 基地建造的大型化学后处理厂积累经验。

为了赶时间，设计者魏格纳采用了最简单的冷却剂，用高速流动的空气去冷却铝包覆的铀棒，石墨充当慢化剂。当时，最困难的技术，是如何将金属铀棒密封在包壳之中。每根铀棒直径 1 英寸，长约 4 英寸。铀棒装在薄壁铝管内，然后焊接密封。但当时焊接技术不过关，成品率极低。1943 年 10 月，在通用电气公司的帮助下，冶金实验室开发了新的焊接工艺，才解决了这个问题。

图 1-26　X-10 反应堆

X-10 反应堆在 9 个月内就建成了。1943 年 11 月 4 日，反应堆首次达临界，费米为此从芝加哥到场亲临指导。当月底，反应堆产出了约 500 mg 的钚。

4　反应堆"中毒"了

汉福特的 W 基地，位于华盛顿州沙漠腹地，远离人烟，主要用作生产钚的反应堆基地。格罗夫斯决定由建造运营化工厂经验丰富的杜邦公司来建设，1943 年 4 月开建，高峰时期来往接送人员的公交车就达 900 辆。很快，就建成了 500 多座专门的建筑，还建有一座提供临时住所的城市。

　　反应堆的设计，则交给了冶金实验室的魏格纳研究组。费米和魏格纳之间的研究组合作很好，费米的实验为魏格纳研究组设计大型高功率反应堆提供了基本数据。尽管反应堆工程所涉及的都是众所周知的原理，如热传导、流体力学和机械设计，但在当时情况下，要设计一座功率高达 250 MW 的反应堆，似乎是不敢想象的。然而，魏格纳在四个月内就完成了整个反应堆的设计，而且是依靠机械计算器和计算尺完成的。

　　从一开始，魏格纳就坚信，利用普通水冷却的石墨反应堆，也能产生链式反应。采用水冷却，具有巨大的优势：甚至在未沸腾时，水就可以将反应堆内的热量带走，因此反应堆能在较低的温度下运行，从而避免高温运行所要解决的许多头痛问题。更重要的是，正如人们日常生活中习惯用铝壶烧开水一样，可以在石墨砌体中装上许多铝管，将薄铝壳包覆的铀棒插在铝管中，再用流动的水进行冷却。

　　杜邦公司的工程师们，非常赞成魏格纳的水冷却方案，认为它更简单、经济，建造时间更短。作为原计划建造 6 个反应堆中的第一个，汉福特 B 反应堆（如图 1-27 所示）于 1943 年 10 月开建，1944 年 9 月初就建造完成，可谓神速。

图 1-27　生产中的汉福特 B 反应堆

　　9 月 26 日星期二，反应堆开始临界。作为反应堆技术权威，费米在现场往里面添加了第一根燃料。到午夜时分，反应堆达到了临界状态，并维持着可控的裂变链式反应，一切都正常。然而，几个小时后，反应堆无故“熄火”了。费米很紧张，尽量保持镇定，反复研究发生的情况。格罗夫斯从电话里得知情况后，暴跳如雷。

　　一开始，他们排查冷却水是否发生泄漏造成了污染。排除之后，第二天重新启堆，成功了。反应堆"熄火"的原因仍然没有找到，但可以确定是有一种半衰期非常短的裂变产物衰变成了其他物质，而这种物质能够大量吸收中子，使得自持裂变反应无法进行下去。惠勒当时也在现场。他猜想这种物质是碘-135，半衰期为 6.57 h，它会衰变成氙-135。氙-135 就像长着一张血盆大嘴一样，会大量"吞噬"中子。他马上和费米等同事一起，计算氙-135 的中子俘获截面。果不其然，它比铀的俘获截面高出 30 000 倍，"吞噬"中子的威力比反应堆控制棒所使用到的镉还要高出 150 倍。反应堆"熄火"的"罪魁祸首"，原来是氙-135。

在低能量级别的时候，这种情况没有出现，因为氙-135 是一种放射性气体，不会附着在任何物质上，可以从反应堆溢出到周围空气中。所以在之前已经投运的低功率 X-10 反应堆上，没有人注意到它。但是在高功率反应堆中，裂变产物产生的速度要快得多，氙-135 累积得越来越多，最终就终止了整个反应。

所幸的是，为了保守起见，杜邦公司的工程师一开始建造反应堆时，就坚持在反应堆外围多加了 504 个燃料元件孔道。当时，设计的科学家认为，这样做纯粹是浪费时间和金钱。工程师的坚持派上用场了，通过在反应堆中额外增加燃料元件，就克服了氙-135 的"中毒"效应，反应堆得以继续运行。

之后，在汉福特基地，杜邦公司于 1944 年 12 月和 1945 年 2 月陆续建成投运了 D 反应堆、F 反应堆，并建设了配套的化学分离工厂。从反应堆中辐照过的铀棒，定期被卸出反应堆。这些铀棒被装进屏蔽桶里，通过远程控制的火车运至 5 英里外的化学分离工厂，送入有厚混凝土墙作屏蔽的热室内溶解，然后从中提取出钚来。1945 年 4 月，汉福特基地产出了钚，后者被运往洛斯·阿拉莫斯。

5 "瘦子"与"胖子"

作为一个地道的军人，格罗夫斯接管"曼哈顿计划"后不久，就打算找一名合适的科学家，帮助他管理一群毫无纪律约束的诺贝尔奖得主、外国科学家和专家，来完成原子弹的设计和制造。康普顿和劳伦斯当然是最佳人选，但他们一个掌管着冶金实验室，一个负责电磁分离同位素项目，分身乏术。康普顿向格罗夫斯推荐了奥本海默。

之前，康普顿就指派加州大学伯克利分校的物理学教授奥本海默进行原子弹设计，对其卓越的理论才华非常赞赏。美中不足的是，奥本海默几乎没有行政管理经验，也没得过诺贝尔奖，格罗夫斯担心他威望不够，难以服众。

1942 年 10 月，在一辆火车上，格罗夫斯和奥本海默进行了一次长谈。两人彼此敬佩，都渴望成功，很快成了朋友。格罗夫斯发现，奥本海默对原子弹的设计似乎了然于胸，而且完全明白要制造出一个原子弹需要进行哪些工作。于是，格罗夫斯独断专行，任命奥本海默为原子弹设计研制的"总管"，即使 FBI 干预，在阻挡不了他的决定。这个决定，当时让很多人感到意外。后来的事实证明，他选对人了，他俩组成一对绝妙的组合，在二战结束前成功制造出了原子弹。

关于原子弹的秘密试验地点，格罗夫斯原打算就放在橡树岭。但奥本海默不同意，认为应该选在更偏远的西部，建议放在新墨西哥州的洛斯·阿拉莫斯。小的时候，奥本海默曾在那里短暂度过夏日时光。

经过实地踏勘后，1942 年底，核武器研制场所就建立在洛斯·阿拉莫斯的农场学校，命名为 Y 基地。周围都是联邦所有的土地，安全上很好保证。某种程度上而言，洛斯·阿拉莫斯基地几乎是在一夜之间建成的，实验室、商店、办公室、住宅等建筑和设施，一下子从沙漠里冒了出来。

除了邀请一批优秀的核物理学家来 Y 基地帮他解决问题外，奥本海默还邀请了化学、爆炸、冶金、数学、电子、精密机器制造等方面的知名专家。1944 年 8 月，费米也把家搬到了洛斯·阿拉莫斯。作为奥本海默的副手，他负责实验物理部分，开展一些中子截面测量实验。

在原子弹理论设计中，一个关键的问题，是如何把裂变物质从次临界物质快速变成超临界物质。要快到什么程度呢？这些物质必须迅速聚集，以确保裂变物质在到达完全爆炸能力状态之前，不会被失控反应引爆而四分五裂。

第一种方案，叫作枪型设计方案（如图 1-28 所示），使用枪管把裂变物质的两个次临界物质，聚合成为一个爆炸物质。这种设计简单，备受大家青睐。在枪管尾部的常规炸药引爆，引起钚或铀在枪管内高速行进。当中空的装有铀的次临界物质抵达枪管末端时，速度可以达到 914 m/s。中空的铀丸与圆柱形的铀靶相遇，两种物质瞬时构成超临界物质。为了让铀丸获得足够的速度，枪管需要 5.5 m 长，就像电话杆一样，当时的科学家称之为"瘦子"。

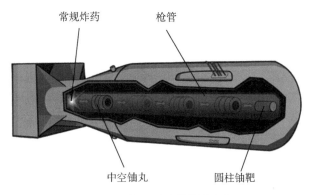

常规炸药　　枪管

中空铀丸　　圆柱铀靶

图 1-28　枪型原子弹设计方案

　　然而，1944 年夏天，实验分析人员就发现，从橡树岭 X-10 反应堆送来的钚-239 中，含有钚-240。随后，从汉福特反应堆生产的钚中，也发现钚-239 不纯，被钚-240"污染"了。原来，在生产钚的反应堆中，由铀-238 转化而成的钚-239，吸收一个中子后，有时会简单地转化为钚-240，而不是发生裂变。因此，在反应堆中生成的钚，总是钚-239 和钚-240 两种同位素的混合物，钚在反应堆内滞留的时间越长，转变成的钚-240 就越多。

　　最糟糕的是，钚-240 是一种一触即发的自发裂变同位素。在原先的设计中，利用常规炸药把两块分开的钚原料压缩到一起的速度较慢，在达到最大爆炸效果的压缩状态之前，原子弹就可能被钚-240 自发裂变产生的中子引爆了。

　　幸运的是，对于铀-235 的测试表明，铀的预爆炸性能比他们之前想的要低。使用铀-235，可以把"瘦子"炸弹缩短到 3 m。后来，大家把缩小后的炸弹，重新命名为"小男孩"。

　　将铀-235 和铀-238 分离开，已经是浩大无比的工程。要将钚-239 和钚-240 分离开，几乎是不可能完成的任务，两种同位素的质量太接近了。看起来，花费在钚弹研制方案上的数百万美元及大量宝贵的时间都要浪费了，费了九牛二虎之力生产出来的钚，似乎都成废物了。这个时候，来自加州理工学院的内德梅耶的想法，引起了奥本海默的注意。当聚集钚或者铀的超临界物质时，通常的思路，是把两个次临界物质结合在一起。如果突然把次临界状态的物质密度增加，使其变成超临界物质呢？理论上是可行的，但如何增加不可压缩的重金属铀的密度呢？

　　所有人都很清楚，爆炸在快速燃烧的化学物质中央引起，放射状的冲击波向外扩散，随着冲击波扩散越来越广，能量逐渐消散。而内德梅耶的想法，把这个过程逆转了：爆炸不是从物质的中心开始，而是在物质的表面的多个点同时开始。这样，冲击波就会朝向中心向内扩散，冲击波不是扩散并消散能量，而是向内压缩并聚集能量。当冲击波聚集到中央时，已经具备了足够的能量，可以改变金属的分子结构，使得中央的钚球达到超临界状态。他把这个过程，叫作内爆。

　　内德梅耶的内爆设计思想，在当时来看，实在太激进，史无前例，没有人看好。2014 年上映了一部美剧，叫做《曼哈顿计划》，整个第一季的剧情，就是围绕以内德梅耶作为原型的弗兰克博士带领的内爆研究组，在没有资源支持的情况下如何艰难开展工作的。

　　奥本海默及时重组了原子弹研究组，加大了对内爆方案——第二种原子弹设计方案的支持力度。而且，他从哈佛大学请来了来自乌克兰的炸弹专家基斯嘉科夫斯基，担任内爆研究组的负责人。另一位来自匈牙利的天才——冯·纽曼，也被从普林斯顿大学调来作顾问，一起研究控制内爆的复杂的数学公式。纽曼有许多特殊才能，是一位核物理学家、统计学家、经济学家，最重要的莫过于他是一位数学天才，后来被尊为"计算机之父"。他在内爆设计中的炸药流体力学和钚裂变过程的时控序列方面，做了大量卓有成效的工作。

这样，关于内爆的研究进展迅速。钚弹方案进行了重新设计（如图 1-29 所示），不是细长的，而是球形，尾部加上垂直尾翼，以便能够俯冲降落。这种炸弹看起来非常笨重，但是性能比单纯的铀弹好，他们将之命名为"胖子"。

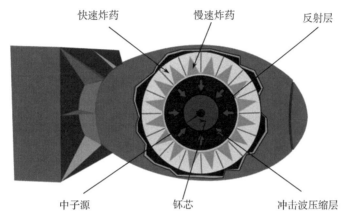

快速炸药　　慢速炸药　　反射层

中子源　　钚芯　　冲击波压缩层

图 1-29　内爆型原子弹设计方案

6　"死神"降临

铀弹的设计简单，已经没有什么不确定的因素了。不过，还剩下一个大问题：到底需要多少铀-235 才能让炸弹爆炸呢？稍微估计不足，连锁反应就可能中断；稍微估计过高，最后一块铀插进弹壳就会立刻爆炸。这是个很重要的问题，因为当时几乎没有使用纯铀-235 的经验。

测定"小男孩"铀弹临界质量的工作，交给了从英国借调过来的一位中子物理学家——弗里希，也就是迈特纳的外甥。他很幸运，测试过程虽然危险，最后成功了。在"小男孩"铀弹中，铀-235 质量最终确定为 64.14 kg，铀-235 浓度为 82.68%。

测定"胖子"钚弹临界质量的工作，则交给了 24 岁的物理学家戴格连恩。不幸的是，在测试过程中，发生事故，他受到大剂量的辐射照射，因辐射烧伤和中毒在洛斯·阿拉莫斯基地医院去世，成为第一个因为近距离接触核裂变死亡的人。

根据内爆理论设计的"胖子"钚弹非常复杂，研制过程涉及太多新技术和变量，还有很多未知因素。因此，奥本海默决定在正式使用前，对炸弹性能进行实地测试。他把试验地点选在阿拉莫戈多沙漠里的"三一"试验场，并指派物理学家布拉德伯里牵头负责组装钚弹。

1945年7月16日，在"三一"试验场，绰号为"小玩意"的钚弹（如图1-30所示），被放置于30 m高的铁塔上，有史以来的第一次核试验准备就绪。在距离爆炸点16 km的核爆观测站里，工程兵为奥本海默、费米等科学家们挖了掩体。格罗夫斯和他的军队观察员们，为了安全起见，在27.3 km外观看爆炸。为了保护眼睛，大家戴着焊工护目镜。每个人都提前得到警告，躺在沙子里，不要面向瞄准点，把脸埋在胳膊里，但似乎没有人听从建议。距离测试时间越来越近，奥本海默心神不宁，在掩体里一根接一根地吸烟。

图1-30　正在组装中的"小玩意"原子弹和物理学家布拉德伯里

5：29，漆黑的沙漠，就在一瞬间，宛如白昼。那亮光，无比耀眼，先是白色，随后变成红色，又转为紫色，200 km外的地平线上都能看见。接着是震耳欲聋的冲击波，以声速向外传播，160 km外的窗子都震得作响，整个大地都在颤动。爆炸产生上千万度的高温和数百亿大气压的压力，将铁塔瞬间熔化为气体，周围的沙土变成了一层层的玻璃渣，并在地面捣出一个33 m宽的大坑。巨大的火球上升，一团破碎的残骸，在空中涌起12 km高的蘑菇云，直达天际。

炸弹的威力，超乎所有人的想象。当漫天的亮光慢慢消失，"曼哈顿计划"的副指挥费雷尔转向格罗夫斯，说道："战争结束了。"第一朵蘑菇云的形成，标志着人类掌握了一种空前强大，也是空前危险的力量。后来，为了向公众解释这个大爆炸，他们编造了一个故事，说是一个超级弹药库发生意外爆炸。

面对巨大的爆炸，核爆观测站里的奥本海默十分震惊（如图1-31所示）。他想起了早年读过的一首印度古诗："漫天奇光异彩，有如圣灵逞威，只有一千个太阳，才能与其争辉。我是死神，我是世界的毁灭者。"他的余生，饱受矛盾和煎熬，既为其成就感到骄傲，又为人类担忧不已。

图1-31　1945年9月9日重返核试验现场的格罗夫斯和奥本海默

7　余音未了

紧接着，1945年8月6日和9日，美国把"小男孩"铀弹和"胖子"钚弹实验性地扔在日本广岛和长崎的上空，两座城市被从地球上摧毁了，一共十几万人在爆炸中立刻死亡。世界进入了一个崭新的时代，一个震撼的原子时代。此后，在原子弹轰炸中人群瞬间蒸发的形象，以及死于辐射危害的人们的痛苦形状，成为人们长久的梦魇。冷战时期，核武器成为始终悬在人们头顶的一把达摩克利斯剑。在大多数普罗大众的眼里，核变成了恐怖甚至死亡的代名词，即使在核能已经和平应用60年后的今天。

在美军投放完最后一枚炸弹后，洛斯·阿拉莫斯基地以及所有相关研究生产基地的人们，感到一种莫大的失落，近乎疯狂的工作，突然间结束了。技术工人们，领取了最后一笔薪水，纷纷回到自己的家乡。科学家们也陆续离开，重返大学或研究所，继续教书。

整个"曼哈顿计划"，耗时 6 年，耗资超过 20 亿美元，在当时可是个天文数字。超过 13 万人直接参与到工程中来，而物理学家在其中扮演了至为关键的角色。某种意义上而言，"曼哈顿计划"就是一场物理学家的秘密战争。

为了赢得这场秘密战争，美国采取了史无前例的保密和审查制度（如图1-32所示）。核物理学成为一种军事秘密，所有的期刊报道都停止了，一切含有类似"铀""中子""原子武器"等字眼的文章，均被撤回。讽刺的是，对于情报人员而言，这种不寻常的迹象，恰恰表明美国正在秘密研制核武器。1942 年 4 月，一名苏联物理学家发现了这个异常现象，随即给斯大林写信，苏联于是开始建立自己的核武器研究项目。

科学家随便在一张纸上写出的公式，都被当作机密文件（如图 1-33 所示）。外国科学家，更是经常接受 FBI 的跟踪与盘问。所有的参与者，都必须签署严格的保密协议，甚至当地人也被告知，此地发生的一切禁止外传。直到战争结束后，费米的夫人才搞清楚，自己的丈夫靠什么养家糊口。即使是杜鲁门，直到罗斯福 1945 年 4 月 12 日突然去世，他以副总统身份继任总统宣誓就职后，才得以了解真实情况。

图 1-32　洛斯·阿拉莫斯基地的安全检查

巨大的实验基地急速建成，只取名为"X 基地"或"Y 基地"。承包商和建筑工人不知道他们建的是什么，彼此之间不能够讨论，更不能同外面的人提及此事。一切都有代码，比如铀-235 叫作"橙色合金"，天然铀叫作"管子合金"。实验室和生产设备外围，都围着铁丝网，有瞭望塔，还有雷区。不能邮寄信件，更不能拍照。

图 1-33 橡树岭的保密宣传牌

下面这张照片，是当年 Y-12 电磁分离同位素工厂的控制室（如图 1-34 所示）。照片中右下方名叫欧文斯的"电磁分离姑娘"，直到 59 年后重返故地时，才知晓自己当年干的是什么工作。只不过，早已物是人非了，当年那个青春靓丽的姑娘已变成步履蹒跚的老太太。说起来，像欧文斯这样的情况，在当年还有十几万人之多。他们，就像鼹鼠一样，一直工作在黑暗中。

图 1-34 Y-12 工厂的控制室和女操作工

在这场秘密战争中，有幸知晓核心机密的费米，在 1946 年重返芝加哥大学，继续从事物理研究和讲学，1954 年 11 月 28 日死于胃癌。就在他死前几天，美国原子能委员会专门设立了一个费米奖，表彰他作出的杰出贡献。此后，在核能领域工作的科学家们，包括他曾经的同事和朋友，比如纽曼、劳伦斯、魏格纳、西博格、泰勒、惠勒、津恩、布拉德伯里、内德梅耶等，都以获得费米奖为毕生荣耀。

战后，作为原子弹研制项目主管的奥本海默，一下子成了家喻户晓的公众人物，成了《时代》和《生活》杂志的封面人物，被誉为美国的"原子弹之父"。1945 年底，奥本海默把洛斯·阿拉莫斯实验室主任的位置传给自己选定的接班人布拉德伯里后，返回加州理工学院。很快，他发现自己再也不能安心于教学了，于是在 1947 年搬到新泽西州，担任普林斯顿高等研究院院长一职，一直到 1966 年。

也是在 1947 年，奥本海默担任美国原子能委员会顾问委员会主席。在这个位子上，他和爱因斯坦等科学名流一起，认为研制氢弹会引起大国间军备竞赛，威胁世界和平，为此大力反对。此举，让他在 1949 年至 1953 年陷入政治纷争的泥沼。尤其是泰勒，奥本海默在洛斯·阿拉莫斯时的前同事和手下，早先在"曼哈顿计划"期间，就因为自己提出的氢弹方案未被采纳而一直耿耿于怀，现在更是对之积怨甚深了。

暴风雨终于来临。在麦卡锡主义的推波助澜下，1953 年 12 月，美国政府以奥本海默早年参加的左倾活动和延误政府发展氢弹的战略决策为罪状，甚至怀疑他为苏联的代理人和间谍，对他进行安全审查，并吊销了其安全特许权。在1954 年 4 月 12 日至 5 月 6 日，举行了长达 4 周的秘密听证会，这就是轰动一时的"奥本海默案件"。

在氢弹研制问题上，奥本海默与泰勒、劳伦斯和纽曼等曾有过分歧甚至矛盾。劳伦斯借故没有出庭，纽曼则认为科学争论本属正常，出庭为其忠诚进行辩护。唯独是后来被誉为美国"氢弹之父"的泰勒，在听证会出庭作证中，提供了对"原子弹之父"奥本海默极其不利的证词，上演了"奥本海默案件"中最不幸的一出戏。

结果，在"曼哈顿计划"中立下汗马功劳的奥本海默，背上了"安全问题不清白"的黑锅，被迫离开了美国政府的高级职位。直到 1963 年，肯尼迪政府接受了美国科学家联合会长期提出的抗议，相信他是麦卡锡主义的牺牲品，在11 月 23 日以颁发费米奖的方式为他平反。

在那个特殊的年代，那群被时代潮流裹挟而进入风暴中心的科学家们，尽情展现自己的天才，释放出耀眼的光芒。事后，他们中的大多数，免不了与自己的良心和道德做抗争。或许，奥本海默在 1946 年的一次讲话，部分地道出了他们的心声："原子弹，使战争变得可怕起来……原子弹施加了一种压力，使未来战争的前景让人无法忍受。人们本来期望利用原子弹得到和平，一种持久的和平。可悲的是，原子弹的品质被人错误地利用了。我们失去了一个机会。不过，有一点必须坚信，原子弹品质的价值——革命性，是不会永远任人错用的。"他们的光芒与抗争，正是：群星咸聚曼哈顿，横空升腾蘑菇云。威力逆天不世出，心忧和平淡功勋。

里科夫的遗产

1　缘起与设想

今天，在核能界，只要一谈起压水反应堆，大家就会想到美国西屋公司，如同一谈起汽车和计算机，就分别绕不开福特公司和 IBM 公司一样。根据国际原子能机构的统计数据，截止到 2018 年 11 月 9 日，全球核电市场共有 454 台反应堆机组在运转，压水堆就占了 301 台，绝对是一枝独秀（如图 1-35 所示）。毋庸置疑，绝大部分的压水堆，都跟西屋公司有或多或少的联系。若再追根溯源的话，关于压水堆的故事，就要从美国的海军核推进项目以及项目的灵魂人物里科夫讲起了。

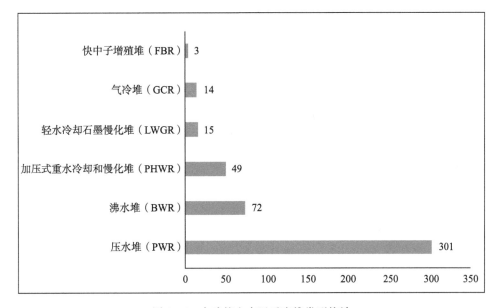

图 1-35　全球核电在运反应堆类型统计

第二次世界大战期间，通过美国的"曼哈顿计划"，核裂变反应释放的爆炸性能量，得到成功的验证，加速了战争的结束进程。随后，科学家的研究重点，转移到如何有效、可控地利用核裂变能量上来。在这方面，海军工程兵出身的里科夫上校尤其积极，四处奔走呼吁开展海军核推进技术研究。

早年在常规潜艇上痛苦不堪的服役经历，让他做梦都想着有朝一日制造一艘新型潜艇，一种有充足电源，既不需要空气注入又无需排出废气，可在水下安全生活长达半年的潜艇。常规的潜艇，动力装置主要由柴油机、蓄电池和电动机等构成；由于柴油机工作时需要大量氧气，经常要浮起或在半潜状态下给蓄电池充电，不管是隐蔽性、机动性，还是续航力、攻击力，都不尽如人意。如果能将一个反应堆"塞"进潜艇里，以核裂变能量作为动力源，潜艇就可以在水下作长时间的高速航行，而不必频繁地露出水面了。

1946 年的春天，里科夫（如图 1-36 所示）主动请缨，带着几个海军军官和工程师，来到橡树岭反应堆技术学校，一边学习神秘的核技术，一边调研核能用于舰船动力的可能性。在橡树岭的半年时间里，里科夫对核动力技术十分着迷，很快把自己从一名技术军官变成核工程专家。

图 1-36　里科夫

在 1940 年代末的美国核能界，关于建设反应堆的主流观念，集中于两个方向：一个是石墨慢化天然铀反应堆，比如 CP-1 和汉福特的钚-239 生产堆，因为石墨的中子慢化能力强，天然铀无需浓缩即可作为核燃料；另一个是液态钠冷却快中子增殖堆，比如 1949 年末开建的 1 号实验增殖堆（EBR-I），因为当时探明的铀资源储量有限，只有开发燃料增殖堆，才能解决核原料的长期供应问题。

然而，里科夫对这两种反应堆类型，似乎都不"感冒"。石墨反应堆，由于使用天然铀燃料，堆芯尺寸很大，潜艇里"捉襟见肘"的紧凑空间，根本容不下。钠冷快堆，虽然具有很高的热效率，可以大大减少设备占用的空间，但钠与水接触会发生剧烈反应导致爆炸，遇到空气会失火。在他看来，对于战时状态下本来就危机四伏的潜艇和军舰，钠的致命缺陷，无疑给舰船和士兵增加了额外的风险。

就在橡树岭的日子里，另一种反应堆的设计概念，引起了里科夫的强烈兴趣。早先在芝加哥大学的冶金实验室里，在费米和魏格纳的指导下，核物理学家温伯格从事过铀-水栅格指数实验（如图 1-37 所示），发现由天然铀棒和普通水组成的栅格，所能达到的增殖系数非常接近于 1；如果对天然铀棒稍微进行浓缩，和普通水组成的栅格就能达到临界，可以用来建造动力反应堆。在 1944 年9 月 18 日写给同事的一封信中，温伯格说："采用普通水作慢化剂的反应堆，优点是很明显的，这样的系统，本身就包括了冷却剂。由于金属铀在铀水体系内的重量比（体系内铀的重量与水的重量之比），大大高于它在任何其他体系内的重量比，铀水系统可以产生很高的比功率。这样的系统，若能成功运行的话，将会比现有的几种反应堆体积小得多，因而更容易建造。最后，如果燃料的包壳问题能够解决的话，这种反应堆有可能在高压下运行，从而获得高压蒸汽用于发电。"

图 1-37 温伯格

随后，温伯格跟随魏格纳来到橡树岭国家实验室，从 1955 年起他担任该实验室主任长达18年。1946年10月，温伯格和实验室的一位数学专家合作发表了一篇《用高压水作为核电厂的载热剂》的论文，成为历史上关于压水堆描述的第一篇文章。

2　核动力航行

温伯格的压水堆设想，正中里科夫的下怀：使用浓缩铀作燃料，意味着潜艇可以在海里全速巡航几年，而无需中途添加燃料，也去除了中途排出燃料废物的危险步骤；也意味着没有必要使用石墨或重水等高效的慢化剂，利用普通水中的氢，就可以减缓快中子的速度。冷却剂在高压下运行，不会沸腾，不需要在顶部安装蒸汽分离装置，反应堆舱尺寸不会太大。利用普通水充当慢化剂兼冷却剂，本身就具有内在安全性，不必采取过度的安全措施；因为如果失去了冷却剂，同时也失去了慢化剂，反应堆会自动停闭，只需要把剩余的热量安全地导出来即可。

于是，里科夫直接给海军舰队司令尼米兹写信，要求正式上马核潜艇项目。获得首肯后，1948年8月，里科夫从橡树岭召集了一批工程师，组建了海军舰船局核动力分部。同年，在美国原子能委员会的协调下，压水堆的设计工作，由橡树岭转到阿贡国家实验室。为了加快项目推进，在匹兹堡的城郊，原子能委员会建立了贝蒂斯原子能实验室，专司海军动力反应堆设计，并选中西屋公司作为承包商负责管理运营。

在阿贡国家实验室完成压水堆及系统的初步设计后，西屋公司接手负责详细设计。在此过程中，遇到的最大难题，是核燃料元件类型及包壳材料的选择问题。在一个高温、高压和强辐射环境中，单纯的金属铀，既不耐腐蚀，也难以保持几何稳定性。在调查了几种不同铀合金特性后，贝蒂斯实验室的首选是铀钼合金；不幸的是，在对一个实验堆中铀钼合金辐照样品分析后，发现存在腐蚀问题，而且难以在短期内解决。最后，里科夫拍板选择了替代方案，即二氧化铀燃料。理论上，腐蚀就是氧化，而二氧化铀作为一种氧化物，相当于事先完成了"腐蚀"；即使在跟高温水接触时，二氧化铀也能保持几何尺寸的稳定性。

对燃料元件包壳材料的要求，则更为苛刻。良好的传热性能、耐腐蚀、耐高温、耐高压，以及极低的中子吸收性能等，几个条件缺一不可。研究人员发现锆是一种理想材料，可以同时满足上述条件。但是，锆非常稀罕，比铂还贵重，当时的价格高达每克1000美元；一个反应堆，若使用锆作燃料包壳，需要几卡车的使用量，这是天价的预算。在里科夫的呵斥和咆哮声中，西屋公司的冶金学家几乎快被逼疯了，终于在1952年解决了批量开采、研磨、制造锆材料的难题。这一选择及其难题的攻克，给后来的核电反应堆造成了深远的影响，二氧化铀燃料芯块配上锆合金包壳，几乎成了核电厂燃料元件的标准配备。

　　万事俱备，只欠东风了。1953 年 3 月 30 日，西屋公司设计的核潜艇陆上模式堆 S1W（S 代表潜艇，1 代表第一个产品，W 代表设计商西屋公司）在爱达荷的国家反应堆试验站建成并达到临界，成为世界上第一个压水堆。后来美国几乎所有的核动力潜艇和水面舰船反应堆，都在此基础上设计修改而成，也被其他国家的海军核动力项目广泛采用。6 月底，反应堆达到设计满功率，随即成功进行了 96 h 的连续运行试验；1955 年，反应堆取得了连续满功率运行 66 天的佳绩。在其 36 年的运行历史中，超过 12 500 名的海军和文官学员在 S1W 上学习培训过（如图 1-38 所示）。

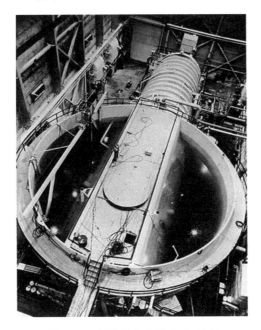

图 1-38　核潜艇陆上模式堆 S1W

　　真正的核潜艇，同步开建。1952 年 6 月 14 日，在康涅狄格州的格罗顿，美国总统杜鲁门携三军首长和各级官员出席了开工典礼，公开展示了船身标号 SSN-571 的"鹦鹉螺"龙骨（如图 1-39 所示）。"鹦鹉螺"，出自法国小说家凡尔纳《海底两万里》中尼莫船长的船名，里科夫用它为自己的梦想之船命名。铀-235 富集度为 50％的二氧化铀芯块，配上锆合金包壳，被装进了 S2W 反应堆里，反应堆再被装进潜艇里。1954 年 1 月 21 日，"鹦鹉螺"正式下水。1955 年 1 月 17 日，核潜艇在大海中首次航行；通过无线电，艾森豪威尔总统接收到核潜艇发出的第一条信息：核动力航行中。

图 1-39 "鹦鹉螺"号核潜艇（SSN-571）

在接下来的测试中，"鹦鹉螺"打破了所有的纪录，并于 1958 年成功穿越北极冰层，总体表现超出了人们的期望。到 1980 年正式退役为止，"鹦鹉螺"保持了绝佳的运行业绩，没有发生过一次核事故。"鹦鹉螺"的成功，让海军见识了压水堆的优势，随后将许多舰队改为核动力驱动，并陆续打造核动力航空母舰、驱逐舰等水面舰艇。

3 独占鳌头

不过，历史不会如此简单。

事实上，为了保险起见，美国海军在 1950 年代实施了两个平行的核潜艇推进项目。除了里科夫的"鹦鹉螺"号，另一个是"海狼"号（SSN-575）（如图 1-40 所示），采用通用电气公司设计的液态钠冷却增殖反应堆驱动，在 1955 年建成下水，成为美国第二艘核潜艇。和"鹦鹉螺"相比较，"海狼"的反应堆热效率更高，占用空间更少，噪声更小。但是，在里科夫的眼中，"海狼"号制造昂贵、操作复杂、维修困难，很小的故障即可能导致长时间停堆，更麻烦的是安全上的忧虑。从 1958 年 12 月到 1960 年 12 月，"海狼"的钠冷快堆被拆除，装进了一个"鹦鹉螺"制造时作为备用的 S2Wa 压水堆。海军的钠冷快堆项目，没有成功迈出第一步，便寿终正寝。

图 1-40　"海狼"号核潜艇（SSN-575）

　　作为原子能委员会的全权代表，里科夫还主导了美国第一座压水堆核电厂的建造。在推进军、民用核动力项目上的卓越贡献，让他功成名就，曾经的海军上校，摇身变成四星上将，获得了无数奖章和荣誉，包括 1964 年的费米奖。时至今日，以他命名的荣耀仍有许多，比如"里科夫"号"洛杉矶"级核潜艇（SSN-709）、里科夫海军学院、麻省理工学院里科夫奖学金等。执拗的性格、强势的做派、政治上紧跟形势、工作狂，以及深厚的核工程技术背景，让他成为美国海军历史上服役时间最长的军官，也是那个时代最伟大又最具争议的将军。

　　里科夫力排众议采用的压水堆技术方案（如图 1-41 所示），在当时既不是造价最便宜的，也不是制造、建造技术最简单的。在当时的反应堆设计中，压水堆是最复杂的一个：昂贵的核燃料、特殊的建筑材料，成千上万个部件，以及数不清的焊接点……但是，里科夫对质量和安全近乎苛刻的要求，比如采用纵深防御的设计理念，全面的设备监造过程，严格遵守规章程序，对运行人员进行心理测试并开展全面培训等，造就了压水堆最初的成功，留下的安全遗产甚至影响至今。

　　压水堆之所以能在后来的核电市场竞争中独占鳌头，除了得益于早期在海军核动力项目上的成功实践外，还有多方面的原因。或许，我们可以从"美国海军核动力之父"里科夫曾经说过的一席话中，找到些许端倪："任何一个项目要取得成功，都必须坚持整体的观点，各个因素或要素都重要，彼此关联，单独把某个因素作为关键，无法凑效。动力反应堆的设计，其实就是 95％工程学和 5％核物理的结合，有时候必须作出妥协，均衡性至关重要……"换句话说，正是每个方面都不是最佳，但又不存在明显的短板，决定了压水堆技术的成功。

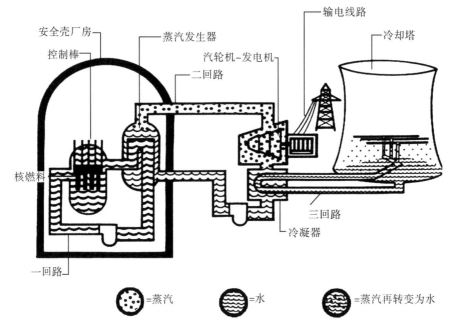

图 1-41   压水堆核电厂示意图

以"鹦鹉螺"号核潜艇为起点，美国西屋公司设计开发了商用压水堆，在20世纪60年代的世界核电发展浪潮中，取得了骄人的业绩。后来市场上出现的其他压水堆核电厂核蒸汽系统供应商，比如美国的巴布科克·威尔科克斯公司和燃烧工程公司、德国的西门子公司、法国的法马通公司以及日本的三菱公司等，都是在引进、消化西屋公司压水堆技术的基础上进行再开发、创新的。从这种意义上而言，称西屋公司为压水堆技术的"鼻祖"，是恰如其分的。

创新从破坏开始

1   反应堆里的气泡

如前文所述，美国海军在发展潜艇核动力反应堆时，里科夫力排众议选择了轻水反应堆方案。当时，核物理圈子里的传统观点，既作慢化剂又作冷却剂的水，若在反应堆运行过程中沸腾，产生的气泡可能会影响中子的行为，难以预测反应堆的临界，并导致运行不稳定，甚至过热。

为了避免高温的水在反应堆中沸腾，西屋公司不得不采用一回路高压设计的方案，也就是大家熟知的压水反应堆。自然地，为了满足耐受高温高压的要求，压水堆方案给关键材料和重要设备带来了不小挑战，压力容器、蒸汽发生器、给水泵、燃料元件包壳等的研制，在当时就遇到很大的困难。

不过，一位来自阿贡国家实验室的核科学家，安特梅耶二世却提出了一个相当出格的观点：恰恰相反，沸腾的水会增加反应堆的稳定性，继而使得反应堆更容易控制（如图 1-42 所示）。

图 1-42　安特梅耶二世

他提出，反应堆设计可以省略一个回路，不用保持高压运行状态，水在反应堆中加热、沸腾，变成高温蒸汽，直接推动汽轮发电机组工作。这种反应堆，机械设计将大大简化，管道和泵的数量大大减少，而且干脆去掉了压水堆中造价昂贵的蒸汽发生器和稳压器，将来更适合商业用途。可想而知，安特梅耶的设想，在当时不啻于天方夜谭了。

其实，安特梅耶的观点，并不全然异想天开，而是出自于一次真实事故的思考。1952 年 6 月 2 日，在芝加哥城郊的红门森林地区，为了测试将来用在潜艇核动力反应堆上控制棒的特性，阿贡国家实验室在一个临界装置上，进行了许多次实验。这个临界装置，是"鹦鹉螺"号核潜艇反应堆的复制品，但是功率极低。在一次实验过程中，由于运行人员操作失误，导致反应堆瞬发临界，发生蒸汽爆炸。结果，临界装置被损毁，4 个在场的工作人员受到超剂量辐射照射。让安特梅耶惊讶的是，事故后果并没有自己想象的那么严重，他想搞清楚核裂变反应是依靠什么机制瞬间自行停止的。

受此启发，他提出一个大胆的设想：水在反应堆中加热、沸腾，产生气泡后，作为慢化剂的水的数量（浓度）减少，中子的慢化效应降低，反应性将减小，功率也随之降低；反应性减小，裂变速度变缓，水的温度继而降低，过一会儿水也就不再沸腾了。水不沸腾，不产生气泡了，中子的慢化效应又增加了，反应性也将增加，水温继而升高，水再次沸腾。如此，循环往复。也就是说，不需要调节控制棒，而通过调节堆芯冷却剂的流量或状态，就可以调节反应堆的功率。在事故情况下，比如控制棒失控抽出或管道破裂，堆芯过热，水温瞬时升高乃至全部汽化，反应堆将因为慢化剂的丧失而自动停堆。

安特梅耶的理论，看起来不仅能够自圆其说，简直完美。不过，绝大部分物理学家，对此持怀疑态度。好在他的老板，阿贡国家实验室的主任津恩，支持他。

唯一的办法，就是设计一个真正的反应堆，进行实验验证了。

2 "失控"的反应堆

在津恩的大力支持下，安特梅耶在 1953 年获得了原子能委员会的合同项目，代号 BORAX（Boiling Reactor Experiment），即沸水堆实验项目，调查论证沸水堆的概念是否可行。考虑到项目的风险，他们把反应堆建在沙漠腹地的国家反应堆试验站地盘上，项目的场址，紧挨着 1 号实验增殖堆（EBR-I），并共用了相关的辅助设施和运行人员。

整个 BORAX 项目，为期 10 年，一共建了 5 个反应堆，依次从 BORAX-I 到 BORAX-V。1953 年 5 月，简易的 BORAX-I 反应堆在沙漠里仓促建成（如图1-43 所示）。反应堆"坐"在一个直径 10 英尺、高 4 m 的屏蔽桶里，地上地下各占一半，直接敞开在空气中，如同一个小型的游泳池一样。反应堆甚至没有厂房，因此只能在夏季抓紧进行实验。

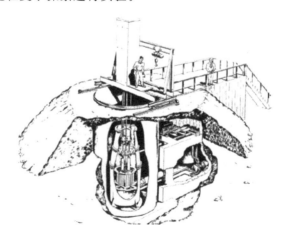

图 1-43　BORAX-I 示意图

在 BORAX-I 上，安特梅耶和同事们进行了 70 多次苛刻的实验，模拟冷却管道破裂、阀门断开、控制棒错误操作等恶劣条件。为此，在当地媒体报道中，干脆称 BORAX-I 为"失控"的反应堆。

　　实验中，屏蔽桶里的水，沸腾变成气泡，发出"嘶吼"声，巨大的压力将滚烫的水和蒸汽抛向空中，高达 150 英尺；接着，反应堆自己停下来，喷发逐渐变小，最后回归于平静。从附近的 20 号或 26 号公路上经过的游人，便经常能看到像间歇喷泉一样的壮观景象（如图 1-44 所示）。

图 1-44　BORAX-I 实验期间热水喷发的情景

　　研究小组变换着花样进行实验，尝试不同的燃料类型和各种古怪的"错误"，并逐步提高功率，来测试反应堆的响应。实验的结果，让安特梅耶自己都感到吃惊，反应堆运转非常"顺利"，完美地验证了最初的设想。

　　每一种模拟事故情况下，在燃料板变热导致熔化前，核裂变反应都自行停止；堆芯里的沸腾过程，可以足够快地抑制裂变速度的增长，冷却剂的沸腾不会导致核链式反应不稳定。

　　一系列实验证明，沸水反应堆具有内在的固有安全性，也就是今天大家熟知的负反应性空泡系数，这种安全性本身就存在，不需要依靠外部的自动控制、机械作用、人为操作来达成。

　　安特梅耶仍不罢休。1954 年 7 月 22 日，在 BORAX-I 上进行了最后一个实验（如图 1-45 所示），直接将反应堆摧毁了。通过远程操作，控制棒从堆芯完全抽出，堆桶里的水瞬间变成蒸汽，一股汽柱直冲上天。事后，在 60 m 远的地方，都发现了炸裂的燃料碎片。

图 1-45 BORAX-I 的破坏性实验

1954 年底，研究小组在 BORAX-I 旁边新建了 BORAX-II，继续进行实验，主要模拟一个沸水堆核电厂的各种真实运行工况，包括瞬态事故乃至破坏性实验。

BORAX-III 的设计（如图 1-46 所示），原本没考虑过实际发电，建设的时候并没有安装汽轮发电机组。美苏的冷战对抗，蔓延至原子能民用领域。1954 年秋天的时候，苏联就高调对外宣布，将在来年的第一届原子能和平利用国际会议上，介绍一个民用电力研究动力反应堆的情况。彼时，希平港核电厂正在紧张的建造过程中，但由于核电厂反应堆脱胎于海军核潜艇，担心苏联在此问题上做文章，美国政府便决定另辟蹊径，临时找一个跟军用项目完全没有瓜葛的反应堆。

图 1-46 电力系统安装前的 BORAX-III 运行情景

　　他们选中了 BORAX-III，要求在反应堆速成一个发电系统。当时火电厂用的汽轮机，都是设计运行在过热蒸汽状态下，而 BORAX-III 出来的是饱和蒸汽。几经周折，承包商从新墨西哥州的一个木材厂里，找到了一套西屋公司设计制造于 1925 年的汽轮发电机组，并把它紧急运到爱达荷州的沙漠里。

　　1955 年 7 月 17 日，经过几个昼夜的安装、调试后，BORAX-III 向附近的阿科市输电成功（如图 1-47 所示），成为世界上第一座向一整座城市供电的"核电厂"。阿贡国家实验室邀请了几个国际访问者现场见证了供电的过程，还拍了一部电影纪录片，在 8 月的原子能和平利用国际会议上播放。当地的媒体也对此进行了新闻报道，如图 1-48 所示。

图 1-47　连接 BORAX-III 与地方供电网之间的临时变压器

图 1-48　当地的新闻报道

3　原型与示范

基于 BORAX 项目的实验结果，阿贡国家实验室随后在位于伊利诺伊州的分部，设计、建造了一个沸水堆原型电厂，即实验沸水堆（Experimental Boiling Water Reactor，EBWR）。反应堆从 1956 年开始运行，原设计热功率为 20 MW，后来逐步提升功率至 100 MW，一直运行到 1967 年（如图 1-49 所示）。

图 1-49　EBWR

随着 BORAX 一系列实验的成功，通用电气（GE）公司看到了沸水堆的潜在商机，遂与爱达荷国家实验室合作，正式将沸水堆核电厂推向市场。很快，GE 公司便与芝加哥的电力企业联邦爱迪生公司，签订了第一座商业化核电厂，也就是德累斯登核电厂反应堆的供应合同。不过，双方都比较谨慎，一致决定有必要先建造一座小型的示范电厂，以确保"德累斯登项目"的成功。

这个示范电厂，便是位于加利福尼亚州的瓦列西托斯沸水堆核电厂。反应堆由安特梅耶担纲设计，采用富集铀燃料和不锈钢包壳的板型燃料元件方案，热功率为 20 MW、电功率为 5 MW，1956 年 6 月开建，一年后即建成发电，一直运行到 1963 年，成为原子能委员会颁发动力反应堆许可证的第一座核电厂（如图 1-50 所示）。

在此基础上，德累斯登核电厂 1 号机组随后开建（如图 1-51 所示），并于 1960 年正式投入商运，一直运行到 1978 年。它和希平港核电厂，以及英国的卡德霍尔石墨气冷堆核电厂等，共同构成了我们今天常说的第一代反应堆核电厂。

图 1-50　瓦列西托斯沸水堆核电厂

图 1-51　德累斯登核电厂 1 号机组

　　作为压水堆的"同胞兄弟",沸水堆系统比压水堆简单,运行压力低得多,因此在压力容器、管道、泵、阀等系统设备耐压方面的要求,也要低得多。由于省略了一个回路,以及取消了蒸汽发生器和稳压器,沸水堆核电厂整体的造价要低。

　　相比于压水堆,由于系统简单,以及更少的管道和焊缝等原因,理论上沸水堆发生管道破裂的概率要低得多,发生严重事故导致堆芯熔化的概率也要低得多。不过,沸水堆功率密度较低,同样功率的核电厂,沸水堆堆芯尺寸更大;而且,堆芯产生的带放射性的蒸汽,被直接引入蒸汽轮机,导致汽轮机厂房的辐射防护要复杂得多(如图 1-52 所示)。

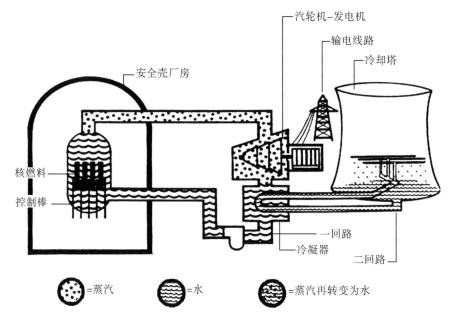

图 1-52　沸水堆核电厂示意图

　　沸水堆的显著特点，坚定了 GE 公司大力推广沸水堆核电厂的信心。沸水堆在后来的世界核电市场竞争中，同样取得了不俗的业绩，成为占比仅次于压水堆的核电厂反应堆堆型。

　　不过，风光的背后，20 世纪 60 年代初发生的一起相当于 BORAX-I 极端实验再现的严重事故，给沸水堆的安全性敲响了警钟，也给后来反应堆安全控制的改进提供了镜鉴。

第二部分　探　索

1号实验增殖堆

1 产出多于消耗

第二次世界大战接近尾声的时候，美国芝加哥大学冶金实验室的物理学家们，在完成汉福特军用钚生产反应堆的设计任务后，便开始着手研究原子能和平利用的可能性。众所周知，在天然铀中，易裂变同位素铀-235只占0.72%，而且当时已探明可加工品位的铀矿储量，只有区区几千吨。为了满足核武器研制的需要，橡树岭的同位素分离工厂和汉福特的钚生产堆，开足马力夜以继日地生产战略稀缺品——铀-235和钚-239。在原料供应如此紧张的情况下，要将这种紧俏的易裂变材料大量用于民用目的，似乎是不可能的事情。只有另辟蹊径解决核原料的供应问题，核能的大规模应用，才有现实的可能性。

在1944年春的一个新堆型委员会会议上，核物理泰斗费米大胆地提出了一种设想：设计一种动力反应堆，在产生能量为城市提供热能或照明的同时，将布置在堆芯外围的铀-238转化成钚-239，而且钚-239生成的速度高于铀-235消耗的速度。换句话说，反应堆在消耗核燃料的同时，也在源源不断地再生核燃料，核原料的供应就不成问题了。参会的科学家们，听了费米的介绍，兴奋不已。第二天，物理学家、社会活动积极分子兹拉尔德，给这种新型反应堆命名为"增殖堆"。

当时的科学家都确信，如果核裂变能要成为将来的主要能源的话，必须发展增殖堆。在费米、魏格纳和兹拉尔德等聪明人的头脑中，增殖堆在理论上是完全可行的。事实上，在之前的芝加哥1号堆设计过程中，他们就认识到：在每个反应堆里，通过俘获裂变反应释放的中子，部分铀-238会转化成钚-239；随着反应的进行，生成的钚-239又参与裂变而消耗。也就是说，在铀-235作燃料反应堆的运行中，有一部分来自于钚-239裂变的贡献。如果通过合理的设计，在尽可能多地生成钚-239的同时，又使得参与裂变的钚-239消耗量最少，核燃料的再生就可能实现。

在实现核燃料的增殖方面，快中子比热中子效率更高。在前面的文章里，已经介绍过，快中子与铀-238原子核碰撞时，中子能量会衰减到一个"共振能量区"，很容易被后者俘获吸收，并转变成钚-239；而且，相比于热中子，钚-239在快中子作用下发生裂变的可能性大为降低。另外，相比于铀-235，钚-239与快中子发生裂变产生的中子数，要多出25%左右。这样，利用钚-239作快中子反应堆的燃料，不但有利于维持链式反应，而且利于快中子与铀-238反应生成额外的钚-239。

这也就是为什么几乎所有的增殖堆，都是快中子反应堆，而且通常都使用钚或铀钚混合作核燃料的原因了。至于为什么是"几乎所有"，而不是"所有"，会在后续的文章中解释。

2　灯泡点亮了

在费米提出增殖堆的构想后，他在芝加哥大学的同事津恩，也就是随后在冶金实验室基础上成立的阿贡国家实验室的首任主任，便积极投入到增殖理论的验证当中。到 1945 年末的时候，津恩已经放弃了由钍-232 转化铀-233 的设想，一门心思攻关铀-238 转化钚-239 的快中子增殖反应堆（简称快堆）方案。

在他的说服下，刚成立不久的原子能委员会，同意拨款建立一个小型的实验快堆。这个快堆项目，一开始叫"芝加哥 4 号堆"，后来改成了世人皆知的"1 号实验增殖堆"。事实上，在此之前，世界上第一座快堆实验装置"克列曼汀"，利用钚作燃料、液态汞冷却、最大热功率为 25 kW，已经在洛斯·阿拉莫斯核武器研制基地建成，并于 1946 年首次达到临界。只不过，这个反应堆的首要任务，是确定核武器材料的核特性，而非验证燃料增殖原理（如图 2-1 所示）。

在津恩团队设计的快中子增殖堆方案中，反应堆中央的堆芯利用富集的铀-235 作燃料，周围辅以铀-238 材料作为增殖转换区，堆芯活性区只有一个标准的足球场大小，最大热功率为 1.2 MW。关于冷却剂的选择，他们重点考虑了液态金属钠。显然，最易获取的水不能作为快堆的冷却剂，因为水同时也是一种慢化剂，其中的氢核与快中子发生碰撞后，会快速转移快中子的绝大部分动能而变成热中子。液态钠，是一种高效的热传输介质，沸点很高，反应堆可以在常压或低压环境下运行，减轻了主要系统和设备的制造难度。而且，液态钠几乎不与中子发生反应，可以最大程度地减少中子的损失。

最后，津恩选择了钠钾合金作冷却剂。在常温下，钠钾合金呈液态，吸收和慢化中子的能力都极弱。但由于当时对这种合金与反应堆材料的效应知之甚少，还担心控制棒可能卡住或腐蚀，他们决定利用空气来冷却反应堆的转换区部分。一个反应堆中，同时运行两种独立的冷却系统，给设计带来很大的挑战性。因为，作为冷却剂，钠的优点很突出，劣势也很明显。钠与水或水蒸气接触，将发生激烈的化学反应，释放大量的热量；遇到空气，钠与氧迅速反应发生燃烧，存在钠火事故的风险。这意味着，利用钠或钠钾合金作冷却剂，需要千方百计确保冷却系统相互独立且不发生泄漏。

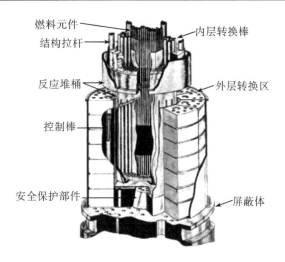

燃料元件

内层转换棒

结构拉杆

反应堆桶

外层转换区

控制棒

安全保护部件

屏蔽体

图 2-1 1 号实验增殖堆的本体结构

出于安全的考虑，津恩把反应堆选址在爱达荷州的沙漠腹地，一个距离阿尔科东南 30 km 的地方。这个地方，随后成为美国的国家反应堆实验站，也就是爱达荷国家实验室的前身。在这个地方，先后建造、运行了近 50 座研究性反应堆，成为名符其实的"堆谷"。

1949 年 11 月，1 号实验增殖堆正式开建（如图 2-2 所示）。1951 年 8 月，反应堆首次达临界。临界后，为了掌握反应堆特性，在低功率状态下运行了 4 个月。12 月 20 日 13：50 左右，反应堆裂变产生的能量，第一次被转化成电能，点亮了涡轮机房 4 个 200 W 的灯泡。第二天，实验再次进行，只不过输出的电功率更大，达到 100 kW，可以满足整个厂房的电力需要了。

图 2-2 1 号实验增殖堆首次产生电力

当灯泡被点亮的那一刻来临时，现场的科学家和工程师们以一种难得的默契，克制住各自内心的激动。"哦，就是这个样子。"一个科学家，用简单的一句话，打破了现场的沉默。然后，没有高声叫喊，甚至没有掌声。第二天，在场的科学家把自己的名字，写在后面的一块黑板墙上，纪念这一具有里程碑意义的历史时刻（如图 2-3 所示）。

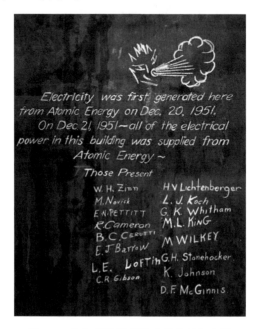

图 2-3　参与实验的现场人员名单纪念墙

后来，世人一谈及 1 号实验增殖堆，记住的往往是世界上第一个生产出电能的反应堆。然而，这本不是它的真实使命，它的首要任务是要验证费米等科学家的燃料增殖理论是否能够变成现实。直到 1953 年 6 月 4 日，通过对反应堆内取出的铀块进行详细的化学分析后，美国原子能委员会主席对外宣布，反应堆中产出的钚-239 至少等于消耗的铀-235。

由此，1 号实验增殖堆在历史上成就了三个"第一"：建在国家反应堆试验站的第一个反应堆，第一个产出电力的反应堆，第一个成功验证增殖理论的反应堆。

3　希望在未来

1955 年 9 月 25 日，在进行一个冷却剂流量试验时，1 号实验增殖堆发生堆芯部分熔化事故。将熔化的堆芯拆除后，实验人员给反应堆安装了新的钚燃料堆芯如图 2-4 所示。1962 年 11 月，利用钚作燃料的反应堆运行表明，燃料的增

殖比达到了 1.27，即裂变反应每消耗一个钚-239 核，将同时产出 1.27 个钚-239
核。由此，这个反应堆成为第一个"消耗钚又产出更多钚"的真正意义上的增
殖反应堆，为后续的钚燃料快堆积累了宝贵的经验。

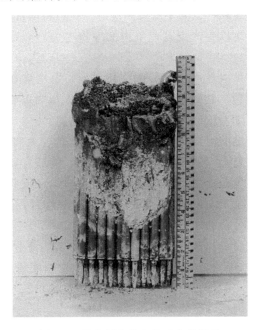

图 2-4　发生部分熔化的反应堆堆芯

　　1 号实验增殖堆陆续运行了 12 年，直至 1963 年 12 月正式停闭，步入退役
阶段。1966 年 8 月 26 日，美国总统约翰逊在现场宣布 1 号实验增殖堆被选为美
国国家历史遗址（如图 2-5 所示）。面对着台下近 15 000 名的各方代表，他高度
评价了它的历史意义，"今天，我们站在一个希望诞生的地方。在这个地方，人
类证明了，相比于原子裂变释放的摧毁性力量，我们可以做得更多。"

图 2-5　1 号实验增殖堆遗址

令人感慨的是，在核能发展早期受到各国推崇的快中子增殖堆，并没有在后来的世界核电版图中占据重要的位置。个中原因概括起来，不外乎：

其一，1960 年代后，世界各地探明的可开采品位的铀矿储量大大增加，铀浓缩技术大幅提升，核燃料供需矛盾得到缓解，核燃料增殖的现实压力不大。

其二，快堆还不足以生产出有竞争力的廉价电力，导致商业应用及推广的内生动力不足。

其三，由于美国核电技术路线的调整和主导，压水堆和沸水堆两种轻水堆型占据了绝对统治地位。相对来说，人们对水作冷却剂更熟悉，轻水堆技术更简单、成熟，某种程度上压缩了其他堆型的生存空间。

其四，诚然，快堆的固有安全性非常高，尤其是较大的负反应性温度系数，使得它在失去冷却流量乃至丧失冷却剂的情况下，能够自动降低堆芯温度和功率，实现安全停堆。但是，由冷却剂钠泄漏引起的钠水反应及钠火现象，始终是一个严峻的挑战。虽然，以现有技术的掌握程度而言，这种挑战是可控的，但仍然给核电行业和公众带来安全上的忧虑。

上述种种因素的交织，造成了各国在快中子增殖堆商业应用上的严重受挫。原计划于 20 世纪 70 年代推进实施的美国 3 号实验增殖堆和克林奇河百万千瓦快堆核电厂项目，先后"胎死腹中"。其他研究、开发快堆技术较早的国家，如苏联、英国、法国、德国等，在快堆上遭遇的"不幸"，与美国基本类似。

21 世纪初，美国牵头其他 8 个国家成立了第四代核能国际论坛，致力于合作开发下一代核能系统，并于 2002 年 12 月提出了《第四代核能系统技术路线图》，以可持续性、经济性、安全与可靠性、核不扩散与实物保护为技术目标，选定了 6 种概念堆型，作为未来核能的发展方向。在这 6 种堆型中，就包括气冷快堆、铅冷快堆、钠冷快堆，快中子反应堆占据了半壁江山，可见其发展潜力。

不过，路漫漫其修远兮，要将这些堆型付诸实践，真正贡献于人类的生产生活，尚存许多有待突破的技术难题，需要我们的科学家和工程师，一起上下求索。

奥布宁斯克核电站

1 和平原子能 1 号

"这个发电站已工作了一年多，供电已达 15 GWh 以上，从来没有发生过任何事故。电站厂房排出的废水和气体的放射强度极低，不足以危害工作人员和周围居民。

"我们在苏联的原子能发电站里看到了极其精密的各种机件和仪表，这显示出一个原子能发电站远比一个普通原子堆复杂，更不必说很多特殊材料的制造上的巨大困难，要想跨过从普通原子堆到原子能发电站之间的一大段距离，实在并不是一件简单的事。"

这两段话，摘自《科学通报》1955年9月号文章《参加苏联科学院讨论和平利用原子能会议纪要》，作者是我国核科学事业奠基人之一、著名核物理学家王淦昌先生。文中提及的原子能发电站，指的是奥布宁斯克核电站，世界上第一个连接输电网的核电站。1954年投产运营的奥布宁斯克核电站，当时在世界上尤其社会主义阵营的国家里，引起了巨大的轰动，给实地参观的科学家们留下了极其深刻的印象。

2002年，奥布宁斯克核电站正式退役，随后更名为奥布宁斯克科学城，转型为一座核能博物馆（如图2-6所示），为公众了解核能发挥余热。

图2-6 奥布宁斯克核电站建筑外景

今天，让我们把目光返回到70年前，一起回顾这座承载了民用核能光荣与梦想的核电站的"前世"。

在《群星辉耀曼哈顿》中讲到，一名苏联核物理学家通过物理科学期刊上的异常现象，觉察到西方盟国正在研制核武器，于1942年4月写信给斯大林，这成为苏联投身核武器研究的转折点。在著名核物理学家库尔恰托夫的领导下，经过7年的秘密研发，苏联在1949年8月成功试爆了原子弹，成为世界上第二个核武国家。

早在1946年2月，"苏联原子弹之父"库尔恰托夫就曾专门致信斯大林，建议由科学院组织对原子能和放射性物质在工业、化学、生物和医学领域的应用开展研究。试爆原子弹成功后，在几个科学院院士的联合提议下，苏联在1950年5月决策正式开展利用核能进行电力生产的论证和设计工作。

苏联的第一座核电站，选址于莫斯科东南110 km的奥布宁斯克，1946年成立的苏联物理与动力工程研究院所在地。奥布宁斯克核电站（见图 2-7），设计有一个反应堆，称为"和平原子能 1 号"反应堆。反应堆在原先的军用钚生产堆基础上设计修改而成，设计热功率为 30 MW，是一种压力管式石墨慢化、水冷却反应堆。反应堆呈圆柱形，直径 3 m、高 4.6 m，布置有 157 根垂直的压力管，铀-235 富集度为 5％的二氧化铀燃料元件置于压力管中，冷却剂通过压力管流经堆芯，带走堆芯热量。值得一提的是，后来因发生切尔诺贝利核事故而"恶名在外"的 RBMK 型反应堆，其设计原型便是这个反应堆。

图 2-7 奥布宁斯克核电站主控室

奥布宁斯克核电站的建设，在当时属于高度机密，即使是身处建设工地的工人，也不知道自己究竟建造的什么。为了转移外界的注意力，核电站的厂房和实验室，外表被刻意设计成典型的苏联民用建筑风格（如图 2-8 所示）。

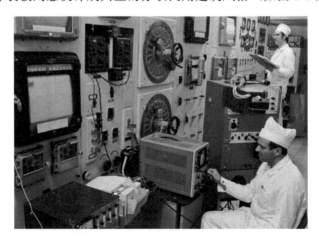

图 2-8 实验人员在核电站里进行实验

在库尔恰托夫的主持下，在数千名科学家和工程师的日夜奋战下，奥布宁斯克核电站于 1951 年 1 月 1 日开建，1954 年 5 月 6 日首次临界，从项目策划到建造完毕，仅用了 4 年不到的时间，创下了世界核电站建设史上最短记录。1954 年 6 月 27 日，核电站成功连上地方电网并发电。虽然反应堆输出的电功率仅有 5 MW，只能满足大约 2000 户家庭的电力需求，但历史意义巨大，标志着核能发电时代的正式到来。

奥布宁斯克核电站，给地方供电至 1959 年为止。随后，核电站主要作为实验研究和同位素生产工厂，一直运行到 2002 年。在 48 年的运行过程中，反应堆保持了良好的安全记录，没有发生导致人员受照过量甚至伤亡的重大事件，向环境的放射性释放始终保持在允许限值以内。

2 科技形象大使

奥布宁斯克核电站，虽名为"和平原子能 1 号"，但在当时美苏对抗的背景下，不可避免地需要承担起政治工具的角色。冷战已经全面升级，延伸到社会生产生活的各个领域，作为尖端的核科学技术，自然不能置身事外。在这样冷峻的形势下，不但科学家有国界，连科学也披上了浓重的国界色彩。

1954 年底，在美国的主导下，联合国决定次年 8 月召开第一届原子能和平利用国际大会。奥布宁斯克核电站的投运，可谓"生逢其时"，给了社会主义阵营"老大哥"苏联绝好的机会，在国际会议召开前给"兄弟们"吃上一颗"定心丸"。于是，苏联决定由科学院主办，1955 年 7 月初召开原子能和平利用科学会议，通过正式的外交渠道，向各国知名的科学研究机构和享誉世界的科学家个人广发邀请函，比如英国皇家学会、法国科学院、德国马克斯·普朗克研究所、中国科学院和大名鼎鼎的玻尔、奥本海默、海森堡等。由于会议通知过于仓促，收到邀请的著名科学家几乎没有时间准备，少有成行。

尽管如此，苏联科学院原子能和平利用会议还是于 7 月 1 日至 5 日如期在莫斯科召开，2000 多名科学家和工程师参加了会议，包括主要来自社会主义阵营的 23 个国家的 41 名代表。会上，苏联科学院充分展示了在核能研究方面的瞩目成就，引得与会外国代表啧啧称叹。会议闭幕的第二天，苏联组织外国代表实地参观了奥布宁斯克核电站，将会议的热烈气氛推向了高潮。

在次月 8 日至 20 日的日内瓦第一届原子能和平利用国际大会上，苏联代表团播放了反映奥布宁斯克核电站建设运行的纪录片，获得了各国代表团雷鸣般的掌声。事后，苏联科学院主席团在给苏共中央的报告中总结："这次会议，尤其是通过对外宣传奥布宁斯克核电站，在国际上极大地提高了苏联的威望，有力地彰显了苏联的实力。"有意思的是，在与苏联代表讨论过程中，参会的美国科学家却对奥布宁斯克核电站保持了克制甚至冷淡，声称由于美国充足而廉价的煤炭资源，发展核电站并不是核能民用的优先选择。

后来，仅仅在投运后的 10 年间，奥布宁斯克核电站就迎接了约 39 000 名访客，包括来自 65 个国家大约 7200 名的政要和科学家，比如印度第一位总理尼赫鲁、印尼第一任总统苏加诺、越南共产党创始人胡志明、朝鲜劳动党总书记金日成、美国原子能委员会主席西博格等。

迄今为止，在西方文献中，却很少将奥布宁斯克核电站尊为世界上第一座原子能和平利用的核电站。究其原因，一方面，在西方专家的眼里，奥布宁斯克核电站的石墨慢化水冷堆，一旦在需要时便可以转变成军用钚生产堆；另一方面，或许是因为核电站的输出功率不够大，运行发电的时间不够长，在世界核电史上还不能称为一座真正意义上的大型核电站。

卡德霍尔核电厂

1 两条腿走路

说起来，英国投身核武器研究的时间，比美国还早。早在 1939 年底，英国便成立研究小组，启动了代号"合金管"的绝密计划，着手研究原子弹理论和制造的可行性。随着德国法西斯在欧洲战场上势如破竹般的推进，纳粹战机的持续空袭，让英国面临的压力与日俱增。英国政府担心，狭小的国土面积，已经难以找到更为隐蔽的地方研制原子弹了，便决定与自己的盟国美国合作，将自己掌握的研究成果和人才拱手相让，并入美国的"曼哈顿计划"，为其在短短几年内研制成功原子弹做出了重要贡献。

没想到，第二次世界大战一结束，美国成了西方阵营的老大，"翻脸不认人"了，1946 年通过《麦克马洪法案》，禁止向任何国家和个人提供核技术和核材料了。英国人愤怒异常，决定争口气，自力更生搞核武器。英国科学家深知，铀浓缩工程耗资巨大，技术复杂，短期内难以突破和掌握，便主攻天然铀作燃料的石墨气冷堆（石墨的中子慢化性能极佳，即使是天然铀，在恰当而合理的设计下，反应堆也可以达到临界），来生产核武器原材料钚-239。

1947 年 8 月 15 日，英国在哈维尔原子能研究基地建成投运了西欧第一座低功率石墨实验堆：以天然铀作燃料，石墨作慢化剂，利用流动的空气进行冷却，实际运行最大功率为 3 kW。由于前期良好的理论和技术基础，加上不少核科学家实际参与过"曼哈顿计划"，英国仿照美国汉福特 B 反应堆的设计，随后在温茨凯尔建成了两座石墨慢化空气冷却反应堆，开足马力生产钚-239。功夫不负有心人，1952 年 10 月 3 日，英国在太平洋上空成功试爆原子弹，成为美苏之后第三个拥有核武器的国家。

英国是个岛国，能源对外依存度历来比较高。自掌握核武器技术"扬眉吐气"后，英国政府便决定核能军用与民用"两条腿走路"。1953 年，在丘吉尔的命令下，英国政府正式启动民用核能项目，在温茨凯尔附近的卡德霍尔，也就是今天坎布里亚郡的塞拉菲尔德地区，建设一座核电厂（如图 2-9 所示），用作产钚和发电。

图 2-9 卡德豪尔核电厂

卡德霍尔核电厂包括四座反应堆，均在温茨凯尔生产堆基础上设计修改而成，纯化的天然铀金属作燃料，石墨作慢化剂，加压的二氧化碳气体作冷却剂。由于要兼顾发电需求，反应堆的运行温度要尽可能高；在高温下，作为慢化剂的石墨，在空气中着火的风险进一步提高，故弃用空气而改用惰性的二氧化碳作冷却剂。为了在高温下保持天然铀元件的稳定性，他们设计了一种镁铝合金材料，作为燃料元件的包壳，并在壳内利用氦气充压。后来，利用镁铝合金作为元件包壳材料的石墨气冷堆，便统称为镁诺克斯反应堆（如图 2-10 所示）。

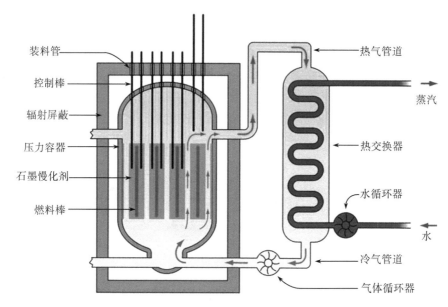

装料管

控制棒

辐射屏蔽

压力容器

石墨慢化剂

燃料棒

热气管道

蒸汽

热交换器

水循环器

水

冷气管道

气体循环器

图 2-10　镁诺克斯反应堆示意图

由于使用天然铀作燃料元件，为了维持链式反应，需要持续向堆芯添加新燃料，以弥补反应堆的燃耗。镁诺克斯反应堆的上部，被设计成"开放"状态，可以在运行状态下向堆芯添加新燃料和卸出燃料罐（如图 2-11 所示）。反应堆的尺寸很大，直径超过 11 m，总共有 1696 个燃料通道，整个厂房更是高达 200 m 以上。

图 2-11　卡德豪尔核电厂堆芯上部的换料空间

1956 年，卡德霍尔核电厂 1 号机组建成投运，并在 8 月 27 日成功连上地方供电网，设计电功率为 60 MW（实际运行功率为 50 MW），成为世界上第一个达到工业规模供电的核电厂。随后的 1957 年至 1959 年，同等规模的 2 号、3 号、4 号机组，依次投入商运。在运行的早期，核电厂主要用来生产武器级钚材料，其次才是发电；1964 年后，核电厂主要用作商业核燃料循环，并在 1995 年 4 月停止生产钚；2003 年 3 月，四座反应堆同时停运，步入退役阶段。

2 帝国余晖

为了向世界宣示英国在核能民用方面取得的突破性成就，英国政府决定，在卡德豪尔核电厂搞一个声势浩大的庆典。1956 年 10 月 17 日，在内阁大臣的簇拥下，英国女王伊丽莎白二世乘坐火车抵达庆典现场时人山人海。人们夹道欢迎女王（如图 2-12 所示）。在致辞中，伊丽莎白说道："之前，这种新的力量作为令人恐怖的毁灭性武器，已经证明了自己。今天，这种新的力量，作为整个社会的福祉，第一次被人类驾驭。"

图 2-12　英国女王出席卡德豪尔核电厂投产庆典

随后，在当地时间中午 12：16，伊丽莎白女王拉动了一个特意设置的操作杆，核电厂发出的电，第一次进入国家电网。在场的英国媒体宣称，一个开创新纪元的原子能时代正式来临。在参加庆典的很多人眼中，这一时刻预示着新的工业革命的到来，一种不用化石燃料没有空气污染的电力生产方式，一种快捷、便宜、安全发电的工业生产模式，刚刚拉开帷幕。

只是，当时参加庆典的人们想不到，在伊丽莎白女王造访卡德豪尔核电厂不到一年后，这个核电厂反应堆的设计原型，也就是温茨凯尔反应堆 1 号，发生了英国史上最严重的核事故，石墨燃起的熊熊大火，足足烧了三天三夜。

在接下来的 20 世纪 60 年代，英国以卡德豪尔核电厂为原型，一共建成了 11 座核电厂，共 26 台镁诺克斯反应堆机组，构成了英国的第一代核电厂。2 台镁诺克斯反应堆还分别出口到意大利和日本，日本的第一座核电厂——东海核电厂的 1 号机组，便是镁诺克斯反应堆。另外，因朝核危机而屡屡登上世界各大媒体头条的朝鲜宁边核反应堆，据说就是根据公开的卡德豪尔镁诺克斯反应堆设计蓝图而修建的。

早期的镁诺克斯反应堆，由于产钚和发电双重功能的定位，导致设计上不得不采用诸多妥协和折中，很大程度上牺牲了经济性。为此，英国在镁诺克斯反应堆基础上发展了先进气冷堆技术。两者的主要差别，在于先进气冷堆大幅提高了堆芯温度，使用低浓铀而非天然铀作燃料，使用不锈钢而非镁铝合金作燃料元件包壳。从 1976 年至 1988 年，英国建成了 7 座先进气冷堆核电厂，共 14 台机组，单机装机容量 600 MW 左右。它们构成了英国的第二代核电厂。

一言以蔽之，在世界民用核能的起步和发展阶段，甚至在整个核燃料循环和技术研发上，英国一直走在世界的前列。令人唏嘘的是，曾经的日不落帝国，老牌的核电强国，如今却沦落到既没有自主核电技术可用，又没有国内企业能主导核电投资的不堪境地。其间的历史反转，给核电后起之秀国家，提供了不少镜鉴：

其一，由于经济成本等原因，英国认为先进气冷堆无法发展成一种有出口竞争力的核电技术，1978 年决定放弃气冷堆而引进美国西屋公司压水堆技术，最后在 1995 年建成投运了英国迄今为止唯一的压水堆核电厂，赛兹韦尔 B 核电厂（只有 1 台机组）。

其二，20 世纪 80 年代开启的几轮电力市场改革与能源公司的私有化浪潮，使得英国的能源投资决策被分散到了几个能源寡头手中，政府能够施加的影响越来越小，最后导致法国电力公司成了英国绝大部分在运核电厂的业主，国外投资则主导了未来新建核电项目的开发。

其三，20 世纪八九十年代，由于不再开发新的核电项目，英国核能领域的人才数量锐减，一系列核能相关的实验室被关闭，导致英国在重启核能发展之路时，却发现无人可用，不得不求助于外人了。

希平港核电厂

1 拓荒

在第二次世界大战结束前，核科学家就开始关注和研究利用核裂变反应获得巨大动力的可能性。海军方面尤其感兴趣，积极推动核推进技术研究，尤其是核动力潜艇，成为美国核动力发展的滥觞。

1953 年 1 月 20 日，共和党人艾森豪威尔宣誓就任新一届总统，结束了民主党长达 20 年的执政。此时美国参众两院也由共和党把持，使其有机会改变政策，寻求核能在民用方面的突破。在原子能委员会建议下，艾森豪威尔否决了海军方面建造核动力航母陆上模式堆的提议，代之以一个民用核电厂项目，为即将在联合国大会上提出"原子能和平利用"倡议提供民意支持。

原先的核动力航母反应堆方案，由西屋公司设计。为此，原子能委员会在1953 年 10 月 9 日与西屋公司签订合同，要求后者负责设计、制造、安装一套新的民用反应堆及主蒸汽供应系统。随后向工业界广发邀请，希望私营电力公司积极参与到核电厂的融资、建造和后期运营当中来。

然而，由于核能在民用领域还是个新鲜事物，电力公司对核技术缺乏必要的认识和了解，出于经济成本和风险的考虑，大部分公司对联邦政府伸出的"橄榄枝"持观望态度，应者寥寥。最后，来自宾夕法尼亚州匹兹堡的杜肯电灯公司被选中，代价是提供建造核电厂所需要的土地、涡轮发电机组、配电系统及 500 万美元的研发投资，回报是拥有建成后的核电厂。在 1954 年初签署合作协议的时候，杜肯电灯公司的高层们都有点忐忑，作为第一个吃螃蟹的人，不确定几年后究竟会成为核电的先驱还是先烈。

核电厂的厂址，选在杜肯电灯公司和西屋公司的大本营，位于匹兹堡西北方 40 km 俄亥俄河边上的希平港（如图 2-13 所示）。

图 2-13　希平港核电厂

1954 年 9 月 6 日,美国的劳动节,希平港核电厂破土动工。为了吸引大众的眼球和各国的注意,联邦政府设计了一个隆重而别出心裁的开工典礼:包括各国政要代表在内的 1400 人,聚集在希平港的建造工地,艾森豪威尔则在科罗拉多州丹佛市夏令白宫前出席典礼。现场的人们,通过 20 个闭路电视远程观看了美国总统的致辞。随后,艾森豪威尔拿起一个"魔术棒",棒的顶端是个圆球,里面装有微型中子源,靠近一个三氟化硼中子探测器。中子探测器发出脉冲信号,联通电路,并通过专用电话线将信号传播到 1400 km 外的建造现场(如图 2-14 所示)。信号激活了工地上一辆无人驾驶的推土机,随即挖掘了第一铲土。

图 2-14　艾森豪威尔启动希平港核电厂开工信号

希平港核电厂由联邦政府主导和出资,所以政府委派核潜艇项目工程负责人兼原子能委员会海军反应堆部主任里科夫,全程监造整个建造过程。海军工程兵出身的里科夫一向以严厉著称,把核潜艇监造过程中那一套苛刻的要求和作风带到了希平港,时常在建造工地爬上爬下,对发现的任何缺陷和疏忽从不通融,为高质量地建造电厂立下了汗马功劳。

希平港核电厂的建造,也给第一次承接大型核电设备制造任务的企业带来相当大的挑战。大尺寸的压力容器和管道、大功率的水泵和热交换器等关键设备(如图 2-15 所示),当时都是在没有专门标准的条件下,第一次设计、制造、检验和安装。

作为艾森豪威尔推动"原子能和平利用"项目的重头戏,联邦政府对希平港核电厂寄予厚望。核电厂开建之日,在一众媒体面前,原子能委员会主席斯特劳斯评论道:"这一项目的拓荒意义,可与美国铁路第一次穿越西部,或者飞机首次跨越大洋相媲美。"

图 2-15 燃烧工程公司制造的反应堆压力容器装车准备启运

2 增殖

1957 年 12 月 2 日 4∶30，历时 32 个月建造、耗资 7200 万美元的希平港核电厂首次临界，距离人类第一个反应堆成功临界正好 15 周年。12 月 18 日 12∶30，反应堆成功并网发电，并在 5 天后以 60 MW 满功率运行。

在前后 25 年的运行过程中，希平港核电厂共经历了三次不同的堆芯装载设计。首个堆芯装载，从 1957 年运行到 1964 年，基本照搬原初核动力航母反应堆的点火区-转换区堆芯布置：点火区的燃料板里，是铀-235 富集度为 93% 的浓缩铀，锆合金作燃料包壳；堆芯外围的转换区里，则是中空的锆合金管里填充天然的二氧化铀芯块；利用金属铪制成的控制棒，作为中子吸收体，实施反应堆停闭和功率调节。

第二个堆芯装载设计，从 1965 年运行到 1974 年初，与第一个基本类似，但点火区更大、燃料更多，输出电功率提高到 100 MW，另外还能同时生产 50 MW 的热能。

1960 年代初的时候，美国为了进一步促进民用核电的发展，启动了一波核电厂示范项目，其中就包括点火-转换增殖动力堆项目。1962 年 11 月底，原子能委员会向总统提交研究报告，提出铀-238—钚-239 和钍-232—铀-233 两种增殖方案，并建议重点放在铀-238—钚-239 的快中子增殖堆方案上。1963 年 3 月，西屋公司论证得出结论，在一个轻水冷却和慢化的热中子反应堆上，进行钍-232—铀-233 的转换增殖是可行的。希平港核电厂的反应堆，正好就是一个轻水冷却和慢化的压水堆。于是，原子能委员会决定在这个核电厂上实地验证钍增殖方案。

经过技术改造后，希平港核电厂的第三个堆芯装载设计，也就是轻水增殖反应堆，在1977年8月26日首次达到临界。12月2日，在希平港核电厂首次临界20周年的时候，时任总统卡特在白宫椭圆形办公室宣布反应堆以60 MW满功率运行，并特意在黑板上的"增殖"一词下画了横线（如图2-16所示）。这个堆芯布置，一直运行到1982年10月反应堆正式停闭为止。通过对从堆芯卸出的辐照燃料进行检验，表明钍增殖方案确实可行，反应堆里的燃料实现了自给自足。

图2-16 卡特总统出席希平港核电厂轻水增殖堆满功率运行仪式

1980年5月，美国机械工程师协会将希平港核电厂选为"国家工程历史地标"。在60年的核电发展历程中，它创下了多个世界第一：第一座完全用于民用目的的大型核电厂，第一座压水堆原型核电厂，第一座热中子增殖堆核电厂。

在世界民用核能的起步阶段，若以艾森豪威尔在1953年末"原子能和平利用"倡议为起点的话，美国是"起了个大早，赶了个晚集"。在希平港核电厂建成投运之前，苏联和英国的民用核电厂已经相继运行。但是，希平港核电厂的商业运营，为压水堆技术提供了成功的技术验证和工程示范。尤其锆合金作为二氧化铀燃料元件包壳材料的成功运用，成为核电工程技术中的一个重要里程碑，为压水堆技术后来在世界核电"版图"中占据"半壁江山"，奠定了重要基础。

第三部分　追　寻

天然反应堆

1　失踪的铀-235

看到样品的分析结果时，布兹格满脑子都是疑惑。

事情发生在 1972 年 5 月的一天。作为法国德龙省皮埃尔拉特铀富集厂的一名分析测试人员，布兹格像往常一样，使用质谱仪，对进厂原料——六氟化铀——中的铀-235 同位素丰度进行测试。同位素指的是在元素周期表中占同一位置，化学性质几乎相同，但原子质量或质量数不同的核素，比如铀-235 和铀-238，互称为铀的同位素。同位素丰度，指某一元素的各种同位素的相对含量，以原子百分比计，比如天然铀中的铀-235 丰度为 0.7202%。质谱仪，则是一种根据原子质量差异来分离和检测物质组成的精密仪器。

布兹格的检测结果显示，这批六氟化铀样品中的铀-235 丰度为 0.7171%，比正常值低了 0.0031%。这种情况，以前从来没有发生过。他的第一反应，是检测过程出现差错，或者样品被污染了。他反复回忆检测过程，确认没有问题后，另取了一批样品进行测试，结果仍然不是预期的 0.7202%。布兹格无法淡定了，赶紧向厂领导报告，最后层层上报，消息抵达法国原子能委员会。

如此蹊跷的事情需要解释清楚，法国高层随即组织专家调查。皮埃尔拉特铀富集厂对 1970 年来进厂的六氟化铀原料进行大规模排查，对各批次样品进行了追溯性检测。结果更是惊人：在大约 700 t 的铀中，铀-235 丰度的平均值只有 0.62%，个别批次样品的丰度甚至低至 0.44%。换句话说，相当于 200 kg 左右的铀-235 失踪了，如果用作核武器原料，足以制造好几颗原子弹了。倘若失踪的铀-235 被恐怖分子盗窃用于制造核武器，麻烦可就大了。

几个星期以来，调查组的专家们对六氟化铀的转化、转运和储存过程进行了反复排查，确认铀原料没有被人为"稀释"或其他物质污染。无奈之下，只好把调查的注意力转移到铀原料的源头上。

皮埃尔拉特铀富集厂用到的铀原料，是从非洲加蓬共和国的一个铀矿进口船运来的。加蓬，曾经是法属殖民地，位于西非海岸赤道附近。有个名叫奥克洛的铀矿，靠近加蓬东南方弗朗斯维尔附近，铀的品位很高，长年向法国供应铀矿石。

远赴奥克洛现场调查的专家们，一开始仍然摸不着头脑：千百年来埋在地壳中的天然铀，好好地怎么就贫化了呢？消失的铀-235，又到哪里去了呢？

就在大家一筹莫展的时候，一名专家想起了 16 年前一个美国化学家发表的一篇论文，才使得似乎走入死胡同的调查拨云见日。

2 奥克洛的秘密

这个化学家，叫黑田精工，1949 年从日本移民到美国，一直在阿肯色州立大学教书、研究。1956 年，他在《化学物理期刊》上发表了论文《铀矿物的核物理稳定性》。在这篇论文中，他首次预测自然界可能存在着自我控制的核裂变反应堆。他认为，自持裂变反应能够发生，至少需要满足三个重要条件：一是铀矿脉的大小必须超过中子在矿石中穿行的平均距离，也就是 0.67 m 左右，这样的话，核裂变释放的中子在逃离矿脉之前，就能被其他铀原子核吸收。二是铀-235 必须足够丰富。三是必须存在某种中子"慢化剂"，以便促进核裂变反应，同时不能出现硼、锂或其他"中子毒物"。不够幸运的是，黑田精工当时没有考虑到多孔岩石可以承担起天然的水慢化剂的可能性，此次未能识别、验证的奥克洛铀矿恰好就满足他提出的条件。

我们知道，不管是在核能发电，还是用于科学研究的反应堆中，作为核燃料的铀-235 的丰度，随着运行时间的推移，将逐渐降低。所以为了维持链式反应，需要定期往反应堆堆芯里添加核燃料。如果真存在一种天然反应堆的话，就可以解释奥克洛铀矿的矿石中铀-235 丰度降低的异常现象了。

要论证奥克洛铀矿曾经是个反应堆，最好的办法就是调查矿区的物质组成中是否存在着裂变产物。钕，作为地球上一种稀有金属，自然界共存在 7 种稳定的同位素如下表所列。但在核裂变反应产生的裂变产物中，钕同位素只有其中的 6 种。它被广泛地用于核保障和核不扩散领域，通过分析其同位素的分布，来探测秘密的核反应堆、后处理和核试验活动。

表　不同环境下钕同位素的丰度比较

钕同位素	天然同位素丰度/%	铀-235 的裂变产物丰度/%	经过修正后的奥克洛样品同位素丰度/%
钕-142	27.11	0	0
钕-143	12.17	28.8	22.6
钕-144	23.85	26.5	32.4
钕-145	8.30	18.9	18.05
钕-146	17.22	14.4	15.55
钕-148	5.73	8.26	8.13
钕-150	5.62	3.12	3.28

通过对奥克洛铀矿样品中钕元素的详细调查和分析，专家们发现了惊人的结果。从表中可以明显看出，经过天然本底和中子俘获修正后，奥克洛铀矿样品中钕同位素的分布，与一个人工裂变反应的情况高度吻合，而与天然同位素的分布相去甚远。

对于另一种稀有的金属元素钌，专家们通过调查，也得出了相似的结论。钌-99 的天然丰度是 12.7%，而奥克洛样品中的丰度却高达 30%。如此高的丰度，只可能通过铀-235 的裂变产物锝-99 衰变得到。也就是说，在奥克洛铀矿地区，裂变产物的元素特征非常明显，它们的同位素组成跟自然元素中很不相同，而与核裂变反应中的情况非常类似。

种种迹象表明，在遥远的过去，奥克洛铀矿确实是一个天然反应堆，皮埃尔拉特铀富集厂中失踪的铀-235，不是失窃，而是在源地被慢慢消耗了！经过三个月的调查与研究，法国原子能委员会在 1972 年 9 月 25 日正式对外宣布：自然，而不是人类，制造了世界上第一个核裂变反应堆。后来，更深入的调查发现，在奥克洛地区不止存在一个天然反应堆，而是 16 个！这些反应堆，后来统称为奥克洛化石反应堆。

所以，当谈及 1942 年费米等科学家在芝加哥大学建成了第一座核反应堆时，为了严谨起见，应该加上"人工"这个定语。

3　鬼斧神工的大自然

借助于科学家的研究发现，来简单推演一下这个隐藏了 20 亿年的秘密：

按照星云假说，大约在 46 亿年前，由于超新星爆炸产生的冲击波压力，尘埃和气体聚集，导致一个巨大的分子云坍缩，太阳系诞生。作为人类赖以生存的地球，与此同步形成。作为地球上最重的元素之一，铀被牢牢地封在地壳中，从地球形成时就如此。

在天然铀中，存在着铀-238、铀-235 和铀-234 三种放射性同位素。在今天，三种同位素的丰度分别为 99.2745%、0.7200%、0.0055%。铀-234 的含量极低，可以忽略不计。铀-238 和铀-235 的半衰期分别为 45 亿年和 7 亿年。也就是说，每过 45 亿年，铀-238 的原子核就要衰变掉一半。

而且，在自然界存在着三个互不相关的放射系，每个系列都有一个半衰期极长的始祖核素，经过层层衰变，最后到达一种稳定的核素。一个是铀系：从始祖核素铀-238 开始，经过 14 次连续衰变，包括 8 次 α 粒子衰变和 6 次 β 粒子衰变，最后变成稳定的核素铅-206。另一个是锕系，从始祖核素铀-235 开始，经过 11 次连续衰变，包括 7 次 α 粒子衰变和 4 次 β 粒子衰变，最后变成稳定的核素铅-207。还有一个是钍系，从始祖核素钍-232 开始，经过连续衰变最后变成稳定的核素铅-208（如图 3-1 所示）。

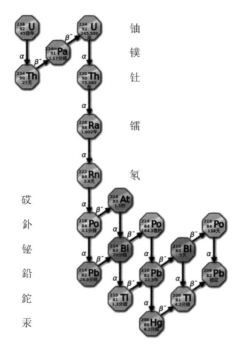

图 3-1　铀-238 的衰变链

　　由于这三个放射系的始祖核素寿命和地球的年龄相近，所以这些核素到现在还没有完全衰变掉。也就是说，随着时间的流逝，地球上的铀在逐渐减少，铅在逐渐增加。在地球的寿命过了 40 亿年后，绝大多数的铀都变成了铅，但是就剩下的来说，无论地球上哪个地方的铀矿，甚至是月球上的岩石和陨石，铀-235 的丰度都可以精确到 0.7200％。

　　但是，由于铀-238 半衰期比铀-235 的长 6 倍多，可以想见在远古时期的天然铀中，铀-235 的成分要比现在高得多。经过推算，在 46 亿年前地球刚形成时，铀-235 丰度大约 17％；而在 20 亿年前，也就是奥克洛矿床形成的时期，铀-235 丰度大约为 3％，正好相当于现在大多数核电厂所用核燃料中的铀-235 丰度。

　　从化学角度而言，在缺氧的环境下，铀不可溶于水。在元古代时期，产生了足够的氧，光合作用使得地下水发生氧化，岩石中的铀开始溶解。由此，二氧化铀离子成为溪流中存在的众多微量元素之一。而奥克洛矿区，形成于海湿地环境，富含水藻，能够吸附重金属。正是在这种得天独厚的条件下，溪流流入饱含藻群的环境，溶解的铀在这儿被吸附、聚集。长久以往，足够多的低浓铀氧化物迁移、沉积在这个地方，直至超过它的临界质量，在地下水这种天然慢化剂的作用下，一个反应堆诞生了（如图 3-2 所示）。

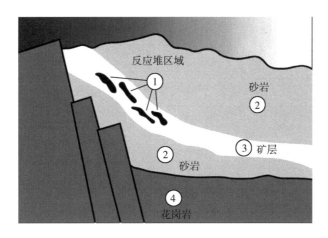

图 3-2　奥克洛反应堆地质构造示意图

科学家利用质谱仪，对铀矿石样品中氙的各种同位素丰度进行详细分析，继而还原了奥克洛反应堆的运行方式：在水的慢化效应下，铀-235 发生裂变反应并达到临界状态，释放的能量，把周围的水加热；水被煮沸蒸发，使得水的慢化效应减弱，大约运行 30 min 后，裂变反应自动停止；经过大约 2.5 h 的冷却，足够的地下水再次渗入，反应堆周围的水量得到补充，裂变反应重新开始。如此，运行、停堆、冷却，运行、停堆、冷却……以大约 3 h 的循环周而复始地进行下去。

如同一个间歇喷发的温泉一样，奥克洛反应堆就以这种神奇的方式，日复一日、年复一年地运行。也正是这种间歇性的运行机制，保证了反应堆产生的热量能够及时导出，而不致发生"堆芯"熔化或爆炸。最少到迄今 10 多亿年前，裂变反应消耗了铀-235 的量，同时地球上铀-235 的丰度降低到不满足一个水冷却和慢化反应堆的条件时，奥克洛反应堆便永久停歇了。

当然，在今天的地球上，再也不可能存在这样的天然反应堆了。

4　尚未揭晓的神奇

在大约 100 kW 的低功率状态下，奥克洛反应堆间歇性地运行了几十万年，共产生了大约 5.4 t 的裂变产物。

更神奇的是，这些高放射性的废料，居然在铀矿中安全、稳定地"躺"了10 亿年之久。奥克洛铀矿就像一个优良的地质储藏室一样，在如此漫长的时间里，裂变产物一直被妥善地保存在那儿，慢慢地衰变，最后变成稳定的核素（如图 3-3 所示）。有毒的物质没有污染地下水，也没有破坏生物圈的迹象。这种能力，实在令人叹为观止。

图 3-3　奥克洛反应堆现状

　　奥克洛铀矿中含水量很高的砂岩、页岩，是存放核废料的理想场所。自从核能发电问世以来，产生的大量放射性氙-135、氪-85 和其他惰性气体，经过过滤都被释放到大气中。然而，天然反应堆令人惊叹的表现表明，磷酸铝矿物似乎拥有一种独一无二的能力，能够俘获和储存这些放射性气体废物达十几亿年之久。所有这些为今天的科学家研究解决高放废物的长期处置难题，提供了有益的借鉴和全新的思路。

　　在人类的母亲大自然面前，人类的智慧似乎还在小学生阶段。曾经，人们认为核能是人类的发明，涉及非常复杂的科学和工程技术问题，甚至有人认为它逆转了自然的法则。然而，在远古时期，大自然就已经建立了反应堆，有着良好的自我调节机制，能够长时间运转，不会造成危害。似乎，在今天占据全球核能主流堆型的轻水反应堆设计上，人类不过在无意间，扮演了一个精致的模仿者而已。事实上，核能本身就是一个自然出现的现象，没有它，生活便不复存在。因为，太阳本身就是一个规模庞大的核聚变反应堆，通过核反应的方式，给地球源源不断地提供能量。

　　非洲加蓬的这些矿石反应堆，是核能的早期成功范例，但绝不会是唯一的，虽然到目前为止，人类尚未在这个星球上发现其他的天然反应堆。或许，有朝一日当人类的智慧增长，或者足够幸运，能够发现自然界存在比它更神奇的反应堆。个中神奇，正所谓：远古沧海俱桑田，裂变反应久天然。安全悠远展神功，人类探索犹道远。

滥觞

1 天生的秘密

"我可以操作一下你美丽的反应堆吗？"老人彬彬有礼。

"当然可以。"操纵员说，"但是，你了解它的原理吗？"

"应该了解，我发现了核裂变。"老人面带微笑地回答。

"对不起，我不认识所有从事原子能研究的人。"望着眼前的人，来自大洋彼岸的美国人，一脸的难以置信。

有趣的这一幕，发生在 1955 年 8 月的一天，瑞士的日内瓦。那位老人正是哈恩，核裂变现象的发现者。

为了展示自家和平利用原子能的决心和形象，美国人做足了文章，在短短的几个月内，在他乡异国复制了一个真的研究性反应堆，供各国参会的代表团领导和专家观摩。

当时，冷战的硝烟已燃起，作为高度敏感的核技术，美国却大力兜售和平利用与开放合作的理念，这背后的深层次动机，只有重返二战后的美国国内外环境，才能看清楚。

在二战接近尾声的时候，参与"曼哈顿计划"的几个领导人和著名科学家，就曾提议立法控制原子能的应用。1945 年 5 月，美国总统杜鲁门设立一个临时委员会，负责管理和控制原子能。在国会参议员兼参议院原子能特别委员会主席麦克马洪的倡议下，临时委员会在 1945 年 6 月正式着手原子能立法事宜。经过几个版本的起草、讨论和修改，麦克马洪领衔提出的法律草案获得了各方的基本认同。

就在美国参、众两院即将通过草案之时，发生了一件意外的事情。1946 年 2 月 16 日，媒体爆出了苏联驻加拿大使馆密码员古琴科叛国的消息。1945 年 9 月 5 日，二战结束才过三天，古琴科携带着 109 份绝密文件，向加拿大政府叛变，披露了大量苏联政府偷窥美国核技术秘密以及安插、潜伏间谍的内幕。后来，不少历史学家和媒体，将"古琴科事件"视作冷战的开端。

在这个爆炸性新闻的发酵下，国会中的保守派占据了上风。草案的第十章，原名为信息的扩散，变成了信息的控制，并对内容进行了大幅的修改。所有涉及核武器设计、研发和制造的信息，不论来自哪里、如何获得，均属于保密的范畴。后来，学术界将这种严苛的保密要求，称之为"天生的秘密"。

在各方博弈下，杜鲁门在 1946 年 8 月 1 日签署了《原子能法案》（亦称《麦克马洪法案》）（如图 3-4 所示），并于次年 1 月 1 日正式生效。它对核技术控制和管理作出了明确规定，强调以军用为主，以及保密的需要和继续生产核武器的目的；由政府垄断核技术，不允许原子能用于私人和商业目的。更重要的是，法案规定，核武器研发和原子能管理体制，须置于政府系统而非军队控制。机构庞大的美国原子能委员会由此创立，全盘接收战时"曼哈顿计划"留下的遗产，统一行使管理国家原子能项目的职能。

图 3-4　美国总统杜鲁门签署《原子能法案》

让麦克马洪等人始料未及的是，《原子能法案》的出台竟然给美国与英国及加拿大之间的盟友关系造成了很大的裂隙。事实上，在英国和加拿大为"曼哈顿计划"提供技术和人员的大力支持前，三国就达成了在战后共享核技术的共识，并在1943年8月的《魁北克协议》中得到承认。尤其是英国，丘吉尔与罗斯福在1944年9月又签署了《海德公园协议》，将这种共识予以进一步深化。

《魁北克协议》是一个执行性协议，只对罗斯福政府具有约束力。然而，在罗斯福死后，《海德公园协议》居然从他的官方文件中消失不见了。《原子能法案》通过受限数据的控制，相当于完全结束了与盟国之间的核技术合作。可想而知，这个法案在丘吉尔和英国科学家当中，激起了相当大的民愤，英国人决定自己发展核武器了。

直到1952年，麦克马洪才向丘吉尔道歉，"如果当时我们看见了那个协议，就不会有《麦克马洪法案》。"

2　便宜得不值得装电表

1946年的《原子能法案》，首次承认原子能和平利用的潜在利益，但由于核技术为政府所垄断，普通民众对核的印象，无非是神秘又神奇而已。加上日本广岛和长崎两颗原子弹爆炸后的恐怖场景，大家对核唯恐避之不及。

为了揭开核身上披着的神秘面纱，改变人们的片面认识，美国原子能委员会于 1949 年在对外有限开放的橡树岭，建立了原子能博物馆（后来更名为美国科学与能源博物馆），向公众宣传、展示核技术在工业、农业、医疗和研究领域可能的应用，对公众进行核的风险、知识和前景的启蒙。原子能委员会还开展了一个"和平利用原子能"的移动项目，由厢式货车改装而成的核技术宣传车（如图 3-5 所示），在全国各地到处跑，引得好奇的民众争相一睹为快。为了迎合大家的口味，他们在宣传内容的设置方面，颇为注重针对性，可谓煞费苦心。比如，到农业大州爱荷华州时，宣传重点是核技术的农业应用；而到亚利桑那州时，重点则转移到放射性材料的开采利用上。

图 3-5　美国原子能和平利用移动宣传车

在这场原子能和平利用的宣传运动中，最受大家欢迎的，莫过于原子能博物馆里的硬币辐照机了。在一个由铅作屏蔽包裹的方形机器里，装着放射性锑和铍的混合物：铍-9 吸收锑衰变放出阿尔法射线后变成碳-12，并放出一个中子。参观者将一个硬币投进机器里，在中子的作用下，硬币的主要成分银-109，变成放射性的银-110。银-110 的半衰期为大约 22 s，很快衰变成稳定的镉-110（如图 3-6 所示）。经过简单的塑封包装后，这种残留微量放射性的硬币成了最佳纪念品，广受参观者的欢迎。

与此同时，美国发现不止盟友英国、法国和加拿大，自己的头号对手苏联也在研究原子能的民用问题。在美苏两个阵营对抗的大背景下，出于意识形态和国家安全的考虑，作为掌握核技术的捷足先登者，美国觉得自己有责任和义务扛起原子能和平利用的大旗，以展现原子能温和而非恐怖的力量。如此，那些在二战后脱离殖民统治而纷纷独立的国家，更有可能被美国而非苏联的核技术吸引，继而拉拢到自己的阵营里。

图 3-6　经过中子辐照后的硬币

于是，1953 年 12 月 8 日，在联合国大会上，美国总统艾森豪威尔发表了《原子能和平利用》的演讲（如图 3-7 所示），呼吁为了和平目的开展核技术的国际合作。"在未来，来自于原子能量的和平力量，不再是梦想。这种力量，已经证明了，就在当下，就在今天。"当着济济一堂的各国政要，艾森豪威尔激情四射地说："在这儿，美国向你们，也向世界许诺：将奉献出我们的整个身心，找到一种解决核恐怖困境的良方。核能，人类不可思议的创造，不应该加速我们的死亡，而应该奉献于我们的生命。"

图 3-7　艾森豪威尔在 1953 年联合国大会发表演讲

这篇著名的演讲，对后来世界核能的民用历程产生了深远的影响。由此，12月8日，也被业界称之为世界民用核能的"生日"。同时，《原子能和平利用》的倡议，为后来国际原子能机构的设立以及《不扩散核武器条约》的签订，奠定了意识形态基础。当然，如此"高大上"的倡议，也为美国核武器规模的扩张以及冷战期间的核军备竞赛，提供了绝好的政治掩护。

这时，原子能委员会的领导们发现，要落实总统的原子能和平利用倡议，《原子能法案》中的条条框框成了最大的"绊脚石"。为此，1954年8月30日，艾森豪威尔签署了《原子能法案》修正案，结束了政府对核技术的垄断。修正案规定，私营企业可以拥有核反应堆，核燃料可以租借于私人应用，保密数据向工业界开放用于核能开发，鼓励开展核能发展的国际合作等。新的法案，还明确把商用核动力发展作为国家重要目标，并赋予原子能委员会更为明确的职责，即继续发展核武器、促进核能的商业应用，以及保护公众健康和环境安全。

1954年的《原子能法案》通过后，原子能委员会便积极在国内推广核能发电这种新技术。在很多公开的场合上，几个委员不遗余力地向私有企业主鼓吹核电是一种经济、清洁的能源。最夸张的是，在当年9月16日召开的美国国家科学作家协会年会上，原子能委员会主席斯特劳斯鼓励民众向核电敞开胸怀，"用不了多久，我们的孩子就可以在家中享受便宜的电能了。那时，核能发出的电，便宜得都不值得装电表……"

恐怕再也没有比这种憧憬更能展示核能美好前景的了。可惜，斯特劳斯的这番话，被后来的核电反对者们揶揄了整整半个世纪。

3　奇妙的蓝光

对于美国发起的《原子能和平利用》倡议，作为老对手，苏联本着"凡是敌人支持的，我们就反对"的原则，一开始完全不感冒。但是，由于联合国其他成员国的一致支持态度，苏联担心落到道德的洼地里，不得不改变立场，最终在1954年12月4日，联合国大会全体通过了"原子能和平利用"项目的决议。项目的主要任务，一是设立一个国际组织，来规范和促进核能的利用；二是召开一次原子能和平利用国际会议，加强原子能技术信息的交流。

苏联一开始不愿意加入国际组织，使得各方的谈判进程受阻。直到1957年7月底，作为一个与联合国系统相关的独立组织，国际原子能机构才正式成立，专司促进核能和平利用与防止核武器扩散之职。

1955年8月8日至20日，第一届原子能和平利用国际会议在日内瓦的联合国大楼举行。会议的规模空前，来自73个国家大约2800名的代表团成员和观察员以及900名的记者，参加了会议。会议主题虽是原子能的和平利用，但美苏两个阵营的对抗色彩仍然浓厚。会议由美国主导和具体组织，所以很多社会主义阵营的国家，如中华人民共和国和德意志民主共和国，甚至居里夫人的女婿、法国科学家、共产主义者弗雷德里克·约里奥·居里，没能参加这次大会。

会上，几个主要的核大国，第一次公开交流了大量刚刚解密的核科学和技术信息，单美国代表团就提交了大约 500 篇论文。交流的主题非常广泛，涉及反应堆物理、核工程、核化学、辐射生物效应，以及放射性同位素的医疗、工业和农业应用等。著名科学家费米的遗孀劳拉·费米，在 1957 年还专门写过一本书《世界的原子：美国参加原子能和平利用大会》，回顾了会议的盛况。

作为大会的一个重要辅助环节，在联合国大楼里还举办了核相关的技术展览。为了在展览上吸引住各国代表团的目光，美国下了血本，决心就地建造一个真的反应堆。这个反应堆的原型，是橡树岭国家实验室的一个游泳池式反应堆，核燃料中铀-235 的富集度为 20%，由联合碳化物和碳公司负责运营。1955 年 7 月 2 日，美国利用两架军用运输机，将反应堆设备和材料运到了日内瓦，并在两周内安装调试好。

7 月 18 日，反应堆第一次到达临界。在大约 150 名新闻记者和摄影师的众目睽睽下，艾森豪威尔驻足视察并操作了这个反应堆（如图 3-8 所示）。在去离子水作为冷却剂、慢化剂和辐射屏蔽的情况下，记者们能够真实地看到控制棒被提出堆芯，反应堆达到临界。

图 3-8　美国总统艾森豪威尔在日内瓦视察展览上的反应堆

可想而知，这个反应堆成了展览上的绝对主角，风光无限。在短短 16 天的时间里，大约 63 000 名代表团成员、观察员和各界人士，不惜排队等上几个小时，只为一睹这个"世界上最漂亮的反应堆"由于切仑科夫辐射效应而闪耀的奇妙蓝光。颇有讽刺意味的是，美国不遗余力向参观者展示的奇妙蓝光，却是由苏联物理学家切仑科夫发现的。

为了方便人们实地参观，美国代表团还用四种官方语言，印发了 45 000 份宣传小册子。对于参观的绝大多数人来说，这是第一次如此近距离地靠近一个反应堆，而且在工作人员指导下，可以自己单独操作它，就如同本文开头中介绍的一幕那样。

在大会的最后一天，美国以 18 万美元的低价将反应堆卖给了瑞士政府，只为向世人证明，反应堆并不可怕，可以从一个国家卖到另一个国家。趁此机会，美国和自己的盟友签订了一揽子的双边合作协议，涉及原子能民用开发的信息、核材料和技术援助等。

在这些合作协议的框架下，美国政府以及商业公司，如通用电气、西屋电气等公司，在将近 20 年的时间里，向国外出口了大量的研究堆、核电厂及其他核技术，既保证了冷战期间维系盟友关系，又保持了在核技术、核工程方面的绝对主导地位，取得了丰厚的商业回报。

最好和最坏的时代

1 一切向核看齐

拂晓，一枚导弹从美国某军事基地升空，先以核能为动力作长距离飞行，飞到莫斯科上空后，变身为一枚原子弹，从高空落下，引爆……

这样的场景，或许你会说，只存在于科幻电影里。事实上，早在 19 世纪 60 年代，像这种可以自己飞行的原子弹，不仅在好莱坞的剧本上，还在核科学家的脑子里，并实打实地进行过概念设计和方案论证。在美苏争霸的大背景下，科学家在核军事应用领域进行了疯狂而极致的尝试和探索，掀起一股愈演愈烈的核军备竞赛。

这些探索，主要集中于两个方向：一个是利用爆炸性核反应造成的大规模破坏效应，制造各种核武器，比如原子弹、氢弹、中子弹、核炮弹、核地雷等。另一个是利用可控的核反应释放的能量效应，制造各种核动力运载工具，比如核潜艇、核动力航母、核动力飞机、核动力火箭，甚至核动力火车、核坦克等。迄今为止，在军事核动力领域，只在海军方面取得成功，并得到了大规模的应用。而在航空航天领域的探索，无一不以失败而告终。原因无它，过于疯狂和超前而已。

先简要回顾下核武器的发展历程。自1945年7月16日引爆世界上第一颗原子弹后，美国一度成为这种终极武器的唯一拥有者。1947年3月"杜鲁门主义"提出为肇始，以美国为首的资本主义阵营与以苏联为首的社会主义阵营，开始了长达半个世纪的冷战对抗。随后，苏联加快了研制进度，1949年8月29日在哈萨克斯坦上空成功引爆了原子弹。丧失了核技术的垄断地位后，美国开始研制威力更大的超级炸弹。1952年11月1日，在南太平洋马绍尔群岛一个小岛上的二层建筑里，美国引爆了世界首枚氢弹。爆炸把整个小岛变成了一个巨大的水下火山口，小岛完全蒸发，从地图上消失了。苏联也不甘示弱，在1955年11月22日成功试爆了自己的第一颗氢弹，再次打破了美国的垄断地位。两个大国在这场史无前例的核武器竞赛中，你追我赶，一路狂飙（见图3-9）。

图 3-9 美苏争霸漫画

在这场争夺话语权甚至生存权的角逐中，其他大国也是倾举国之力，排除万难也要发展核武器。1952年10月3日，英国成为第三个拥有核武器的国家。紧接着，法国在1960年2月13日成为第四个核武器拥有者。1964年10月16日，在人迹罕至的的罗布泊，随着一股巨大的蘑菇云腾空升起，在夹缝中求生存的中国，也拥有了自己的原子弹。正如毛泽东曾经指出的那样，"原子弹，没有那个东西，人家就说你不算数……"从此，在美苏两霸的眼里，中国才算数。

2 比超级炸弹更恐怖

下面，一起回顾一下那些曾经震撼世界的核战"狂魔"和鲜为人知的核能

"怪兽"。

　　氢弹的设计迄今为止仍然是各国的绝密。通过目前公开的知识和模糊信息可以了解到，美、英、俄三国核聚变武器采用的泰勒-乌拉姆设计方案（见图3-10），基本原理大致是这样的：武器装置包括初级核弹和次级核弹两部分。初级核弹，可视为一种标准的内爆式核裂变弹，也就是传统意义上的原子弹。次级核弹，由一个柱形的聚变燃料以及层层封装的其他部件组成。在聚变燃料的中间，插入一根被称为火花塞的易裂变物质制成的中空柱体；柱体的特殊形状，使得被压缩时，自身会达到临界质量，产生核裂变。因此，当初级核弹爆炸时释放的能量，以 X 射线的形式传递并压缩次级核弹，触发钚-239 或铀-235 制成的火花塞裂变。在初级核弹和次级核弹两次核裂变作用下，次级核弹被压缩和加热，核聚变燃料氘化锂在中子作用下产生氚，紧接着氘与氚发生核聚变反应，释放惊人的能量。

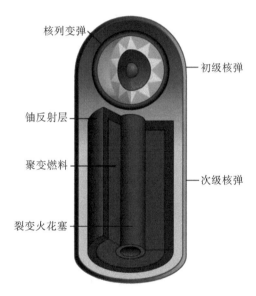

图 3-10　泰勒-乌拉姆设计方案示意图

　　核武器研制出来后，第一件事便是进行核爆炸试验，验证其破坏效应和杀伤性能。试验的方式多种多样，有地上核试验，有地下核试验，还有高空和水下核试验（见图3-11）。1996 年，联合国大会通过《全面禁止核试验条约》，计算机模拟仿真核试验就逐渐替代了实际试验。

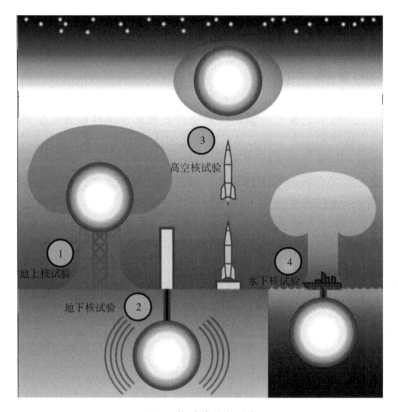

图 3-11　核试验的主要类型

　　迄今为止，各国进行的核试验加起来超过 2000 次，美国占了近一半。仅仅在 20 世纪 60 年代初期，美国拥有的核弹就超过 27 000 枚，若全派上用场的话，地球不知毁灭多少轮了！

　　1946 年，在太平洋的比基尼环礁，为了测试核武器对水面舰艇的破坏力，美国实施了"十字路口行动"，进行了两次核试验，使用的都是钚-239 制成的原子弹。这是第一次对外公开的核试验，美国军方邀请了新闻媒体和公众到场观察。6 月 30 日的"Able"核试验，核弹于空中爆炸，破坏作用不理想，于是在 7 月 25 日又进行了"Baker"核试验，史上第一次水下核试验（见图 3-12）。原子弹在水下 27 m 深处爆炸，爆炸的威力惊人，用于试验的 95 艘退役军舰，11 艘被炸沉，6 艘炸伤。

图 3-12 人类第一次水下核试验

如美国军方报道所言，"炸弹引爆的瞬间，一个高速膨胀的火球出现，引发的气泡同时抵达海床及海平面。气泡在海床炸开了一个巨型大坑，并将海水汽化，喷上半空，形成花椰菜形状的云。在水下产生的巨大冲击波，将附近的舰船龙骨扯开。当水下冲击波向外扩散时，海水颜色随之变为深色，犹如海上油污，紧接着海平面又变成一层白色……"

最恐怖的核试验，发生在苏联。1961 年 10 月 30 日，在北冰洋的新地岛核试验场，苏联引爆了史上威力最大的氢弹。代号 RDS-220 的"大伊万"炸弹之王，西方称为"沙皇"炸弹，原设计 10 000 万吨 TNT 当量，科学家担心殃及苏联国土，飞行员无法生还，后改为 5000 万吨。若投放在莫斯科上空的话，将造成周围 500 km 内的所有城市毁灭。

在这场前无古人后无来者的试验中，爆炸生成的蘑菇云高达 32 km，方圆近百公里范围的一切灭绝，连远在芬兰的居民窗户玻璃都被震碎。产生的电磁脉冲，严重影响了数千公里范围内的电子通信系统，苏军设在北极地区的防空雷达被烧坏，无法探测空中目标，而美军设在阿拉斯加的预警雷达和高频通信全部失灵，时间长达 20 h。

当时核试验的负责人后来回忆，"我们看到一道耀眼的强光，感觉比 100 万个太阳还要亮。爆炸中心离指挥所和逃离的飞机 250 km，但大家的眼睛仍感觉到一种强烈刺激的灼热。爆炸发生后，轰炸机与舰艇、地面的无线电联系全部中断，一小时后才恢复。"

无怪乎早在 1949 年，知晓核武器毁灭性作用的爱因斯坦会忧虑，"我不知道第三次世界大战会使用什么武器，但我知道，第四次世界大战人类只能使用石头和棍棒。"

3　到火星去，甚至更远

在美苏争霸初期，核武器的远距离投送，是核武器研制之外的另一个难题。一颗核弹，动辄几吨甚至十几吨，利用常规轰炸机越洋跨洲执行任务，显然不现实。事实上，1945 年美国为了向日本投放原子弹，不得不事先把原子弹配件运到临近日本的提尼安岛组装，再利用 B-29 轰炸机实施短距离轰炸。

为了解决这个难题，美国多管齐下：一是研制远程轰炸机。1946 年，康维尔公司研制的 B-36"和平使者"超长程战略轰炸机首飞，第一款可以挂载核武库里所有原子弹执行洲际任务的轰炸机，也是史上投入批量生产的最大型活塞引擎飞机。

二是研制核动力飞机（如图 3-13 所示）。1951 年，美国开始实施飞机核推进计划。理论上，一架由核反应堆提供动力的战略轰炸机，可以在天上连续飞行好几周，从而形成有效的核威慑。如何屏蔽从反应堆中发出的强伽马射线和中子流，保护机组人员不受伤害，是核动力飞机一直未能彻底解决的难题。

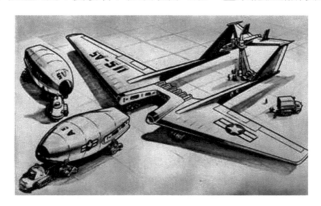

图 3-13　核动力飞机概念图

20 世纪 50 年代初，康维尔公司将 B-36 战略轰炸机改装成 NB-36H 核动力飞机（见图 3-14），一个 3 MW 功率的空气冷却反应堆被安装在尾部的炸弹舱内。为了屏蔽核辐射，工程师在这架庞然大物上加装了 11 t 重的防护罩。

1955 年至 1957 年间，这架飞机在新墨西哥州与德克萨斯州之间，成功进行了 47 次飞行试验。每次飞行时，后面总跟着一架驱逐机，上面坐着全副武装的海军陆战队员。一旦试验机坠毁，他们便立即伞降，在坠机现场设立警戒，禁止任何人靠近辐射区域。事实上，在试验飞行中，飞机依然依靠普通的涡轮螺旋桨发动机提供动力，反应堆的运行，只是为了测试辐射屏蔽的效果和高纬度情况下反应堆的运行性能。

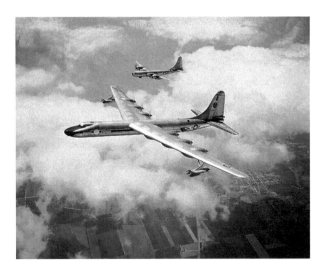

图 3-14　NB-36H 核动力飞机

随着 20 世纪 50 年代末期洲际弹道导弹技术的突破，美国认为没有必要再研制长期待在空中的轰炸机，1961 年肯尼迪总统便取消了飞机核推进计划。迄今为止，没有任何一个国家量产过核动力飞机。

三是研制核火箭。核动力火箭利用液态氢作推进剂，通过喷嘴送入炽热的反应堆堆芯，液态氢受热膨胀，变成高压气体，然后从发动机尾部高速喷出，产生巨大推力。起先，在美国空军的资助下，洛斯·阿拉莫斯国家实验室进行了秘密的小规模研究。后来，随着核武器小型化和轻型化及化学燃料火箭技术的进步，空军方面便丧失兴趣了。

1961 年起，核火箭项目转向太空探索领域，美国原子能委员会和国家航空航天局合作实施了"涅尔瓦"项目，即核动力火箭发展计划（见图 3-15）。仅仅从推进效率看，核火箭十分具有吸引力。如同经常看到的科幻电影一样，一枚核火箭从地球逃逸，在月球降落，然后再起飞，回到基地，只需携带一级燃料。

为此，洛斯·阿拉莫斯国家实验室设计建

图 3-15　"涅尔瓦"实验系统

造了不少实验反应堆，并进行了一系列引擎测试。到 1968 年底，最新型号的引擎 NRX/XE 已经测试完成，可以胜任载人火星任务。1969 年 7 月 20 日阿姆斯特朗乘坐阿波罗 11 号宇宙飞船第一次踏上月球后，美国国会认为载人火星任务过于昂贵，并可能加剧与苏联之间的太空竞赛，尼克松政府随后终止了耗资巨大的太空任务。"涅尔瓦项目"也在 1972 年底寿终正寝。

在这股太空核动力应用的探索实验中，最让人瞠目结舌的，莫过于"猎户座计划"了。1958 年，"猎户座计划"正式启动，其核心思想竟然是采用核爆炸的方式，为宇宙飞船提供动力（如图 3-16 所示）。按照设想，飞船足有 60 层楼高，起飞重量最高达 1 万 t，携带数百枚小当量原子弹。发射时，飞船向后方抛出一枚原子弹引爆，利用爆炸的冲击波推动飞船前进。每抛下一枚原子弹，飞船就被推动一次，如同水母向后喷水一样前进，反复加速。按照科学家推算，如果每颗原子弹爆炸当量 2000 t TNT，只需要引爆 50 颗原子弹，飞船就可加速到 70000 m/s，只需几周就可以到达火星，甚至飞上木星。

图 3-16　"猎户座"核动力飞船想象图

1963 年，美、苏、英三国签署《部分禁止核试验条约》后，像"猎户座计划"这样会产生大量放射性尘埃的核试验，便不合时宜了。1965 年，历时七年的"猎户座计划"结束，此时美国已在这项疯狂的秘密计划中投入成千上百万美元了。

后来，参与"猎户座计划"的科学家回忆，当时的工作是他们有生以来最快乐的一段时光。政府不怕你有想法，只担心你没更大胆的想法。

4　核弹还可以这样玩

当然，在冷战时期，核科学家脑子里的大胆想法，也不全都应用于超级武器研究，还打算利用核爆炸为人类的美好生活作出贡献。

于是，在美国出现了"犁头行动"；在苏联出现了"国家经济核能爆炸计划"。项目的初衷，都是研究如何利用核爆炸的巨大威力，服务于国民经济。

美国的"氢弹之父"泰勒，是"犁头行动"最坚决的推动者。他提出一个雄心勃勃的计划：阿拉斯加在靠近太平洋沿岸的地方有个大煤矿，可是附近没有深水港，无法开采。利用氢弹，只需要简单地进行几次核爆炸，就可以开凿一条 200 多米宽的深水港，用作煤矿和油田资源的转运基地。虽然后来由于各种原因，"犁头行动"撤销了，但美国还是进行了一些核试验，比如利用核爆炸快速、经济地挖掘土石方（如图 3-17 所示）。

图 3-17 1962 年美国进行的"轿车"核试验

如果美国为了开采能源而利用核弹的做法，让你觉得足够疯狂的话，那么苏联的行动，可就称得上逆天了：在一个干旱缺水的地区，利用核爆炸，直接炸个大水库出来！

1965 年，为了解决工业区和农场的供水问题，苏联在塞米巴拉金斯克州恰刚河滩地区的地下搞了一次核爆。爆炸形成的人工水库（如图 3-18 所示），直径 430 m，深约 100 m，呈漏斗形，水库总容量达 1700 m³。据说，为了向公众证明工程质量和安全性，当时的苏联原子能部长，在水库竣工后，第一个跳进去游泳。

显而易见，利用核弹开凿港口、水库等大型工程的性价比很高，但由此带来的环境危害却是个大麻烦。

图 3-18 塞米巴拉金斯克州由核弹炸出的人工水库

5 笼罩在核阴影下

在"一切向核看"的冷战背景下,核科学家迎来了职业生涯的黄金时期。各种怪异而疯狂的概念被提出,随之被论证、试验,甚至付诸于应用。尤其在军事领域,制造、试验了大批的核战争"狂魔",威力一个比一个大,杀伤力一个比一个可怕。人类发挥超级想象和智慧,制造出的超级炸弹,一朝失去理智的话,就可能变成人类的终结者。

20世纪50年代,美国和苏联都已经具备消灭对方的核力量,并发展了二次核打击能力,最后形成了著名的"相互保证毁灭"的格局平衡:各方都知道,任何对对方的核攻击,对自己而言也是毁灭性的,从而避免攻击对方。

冷战时期,美苏引领的这股核军备竞赛,却让平民大众陷入了长期的核梦魇,无时无刻不担心核弹会降临在自己头上,深刻地影响和改变了人们的思想和行为,形成了特有的原子能文化。1952年11月1日美国进行第一次氢弹试验后,《新闻周刊》评论道:"在核弹攻击面前,任何地方都是前线。每个家庭、每座工厂、每所学校,可能都是目标。在氢弹时代,没有人是安全的。"

为了应对这种威胁,美国政府建造了大量的放射性避难所,鼓励家庭自建核辐射掩体,制作了大量短小的民防宣传影片,定期对学生开展民防培训与演练(如图3-19所示)。1952年1月,美国民防管理局制作了一部《卧倒并掩护》的卡通短片,教导民众应对核武器的攻击,在美国的小学中广泛传播,成为整整一代人的集体记忆。影片以一个动画场景开始,一只拟人化的乌龟,沿着一条小路愉快地走来,摘下一朵花品味芳香。随后,一只猴子将炸药挂在一根树枝上,攻击了乌龟。乌龟立刻卧倒,并缩进壳中,炸弹随即爆炸,猴子和树枝炸毁,乌龟却安然无恙。

图 3-19 美国小学校举行"卧倒并掩护"的演习

1954 年 3 月 1 日，在太平洋比基尼环礁，美国进行了代号为"喝彩城堡"的最大氢弹核试验。距离试验地点以东 80 英里处一艘叫"福龙丸 5 号"的日本渔船，笼罩在强烈的放射性尘埃下。23 名船员全部受到辐射污染，一名船员在几个月后死亡。其后几个月里，这一海域先后有 300 多艘渔船受到辐射污染，比基尼岛及其海域成为船员和渔民谈之色变的恐怖地带。这便是海洋核污染历史上著名的"比基尼事件"。

受此事件启发，一部《哥斯拉》电影同年在日本上映（如图 3-20 所示）。影片描述了一只名叫哥斯拉的巨型怪兽，被氢弹试验从海洋深处惊醒，开始攻击日本。"人类制造了超级炸弹，现在自然反过来报复人类了。"关于电影的主旨，制片人田中友幸这样解释。后来，"哥斯拉"成为一个文化符号，在全球各地上映了 30 多部相关的电影，还有无数的电视、文学、漫画等作品。

即使在今天看来，历史上曾经出现过的那些千奇百怪的核能探索，似乎都太超前了，人类还不具备完全掌控它们的技术能力。但是，在那个特殊的时代，一个剑拔弩张的时代，一个技术乐观的时代，科学家们把一个个荒诞而疯

图 3-20 1954 年的日本《哥斯拉》影片海报

狂的想法，确确实实地付诸于实践。

核损害赔偿溯源

1　核能民用的最大障碍

当麦考恩第一次提出保险问题的时候，各方的反应比较冷淡。

1954 年年初，为了落实时任总统艾森豪威尔的《原子能和平利用》倡议，美国原子能委员会组织对 1946 年的《原子能法案》进行修订。在国会原子能联合委员会召开的听证会上，通用电气公司原子能产品部的总经理麦考恩提出，应该在修订的法案中增加核事故责任保险的条款，否则由于私营企业缺乏足够的经济赔偿能力，将成为原子能工业发展的严重障碍。

正如大家所知的那样，随后通过的《原子能法案修正案》没有采纳他的意见，未明确核损害赔偿的有关要求。究其原因，主要基于两点：

一是当时没有任何关于核事故保险的背景研究和数据信息，若要开展充分调研的话，将延迟法案修正案的出台时间；

二是当时所有的核设施都是联邦政府所有，出台核损害赔偿规定的现实必要性尚不迫切。

不过，国会和原子能委员会很快就意识到这个问题的重要性与紧迫性了。

事后证明，1954 年的《原子能法案修正案》虽然为核能民用和私营公司进入扫清了法律上的障碍，但在推动和促进工业界积极参与核能开发上，效果并不显著。

电力公司一方面跃跃欲试，另一方面却顾虑重重。在神秘的核能面前，他们不仅从技术角度对之知之甚少，而且也缺乏如何保险的经验，由此觉得不确定性太大，财务风险非常高。

当时，支持核能发展的人们都承认，即使通过再完善的安全设计和恰当的选址，也不能完全杜绝发生严重核事故的可能性。同时大家认为，发生这种严重事故的可能性，虽然存在，却很遥远。问题是，人们不能确定这种可能性到底有多遥远，以及万一发生时会给公众带来多大的伤亡和财产损失。

不过，有一点能确定的是，万一发生严重的核事故，若受害的法人或个人提起赔偿诉讼的话，私营电力公司将因为无力承担巨额的经济赔偿而破产，即使购买了商业责任保险，也超出任何一家保险公司的承保能力。当时，美国保险市场提供的每个反应堆保险金额最高为 6000 万美元，虽远远超过其他工业的保险额，但大家仍觉得这一保险额度不能给予公众充分的经济补偿，应该由联邦政府提供一种"兜底"的财务保护，才能免却私营公司的破产之虞。

所以，到 1955 年的时候，科学家、工程师、电力公司和保险公司的高层以及律师等大量人群，都投入到核事故赔偿保险问题的讨论中来。在这股讨论的热潮当中，作为核能主管和监管部门，原子能委员会自然承担了主要的角色。原子能委员会邀请了 10 个保险行业的高管组成一个核保险研究小组，安排他们实地参观核设施，并与政府相关人士座谈。几个月后，研究小组提交了一个报告，强调核保险面临的最大挑战是，虽然核事故灾难相当遥远，但是由于涉及放射性污染的特殊问题，后果可能比其他任何工业事故都要严重。

1956 年年初，在各方促动下，国会众议员普莱斯要求原子能联合委员会正式将核保险立法提上议事日程。参议员兼原子能联合委员会主席安德森，之前曾担任过保险公司的高层，可谓这个立法过程的最佳牵头人选。

2　核损害赔偿法案

为了给立法提供技术支撑，安德森要求原子能委员会对一个大型反应堆严重事故的发生概率和后果进行研究。1956 年 8 月中旬，原子能委员会把这个研究任务委托给了布鲁克海文国家实验室。

研究过程主要围绕四个问题展开：严重事故情况下裂变产物释放的概率有多大？影响裂变产物扩散到公众区域的条件有哪些？导致人员伤亡和财产损失的辐射照射或放射性污染的程度是多少？严重事故情况下导致人员伤亡和财产损失的数量是多少？由于缺乏运行经验和充分的研究数据，他们不得不采用非常保守的假设和方法进行分析、评价。

1957 年 3 月 15 日，原委会收到了研究报告，即著名的《大型核电厂重大事故的理论可能性及后果》（WASH-740 报告，也称为《布鲁克海文报告》），随后提交给了原子能联合委员会。报告给出了在今天看来相当耸人听闻的研究结果：

对于一座热功率为 500 MW 的没有安全壳厂房的大型压水反应堆，在 50% 放射性物质总量释放到大气环境且同时遭受最不利天气状况的假设情况下，将造成 3400 人死亡、43 000 人受伤，财产损失高达 70 亿美元；假设运行的反应堆超过 100 台，发生这种灾难性事故的可能性极低，估计的概率在 $10^{-5} \sim 10^{-9}$ (堆·年)$^{-1}$ 之间。

以今天的认识来看，这一报告研究了理论上可能而实际上极不可能发生的事故情形。可想而知，这个研究结论在当时的核工业界产生了震动，更是给私营公司带来不安。爱迪生联合电气公司的董事会主席对外宣布，公司会继续推进纽约市附近的印第安纳角核电厂的建设，但如果保险问题没有妥善解决的话，他们将不会装料、运行反应堆。通用电气公司的麦考恩则宣称，如果国会不通过核损害赔偿法案，他们将停止德雷斯登核电厂的后续建设，而且民用核能市场会崩溃，私人投资也将撤出核领域。

此言一出，原子能联合委员会和原子能委员会似乎没有退路了。通过各方激烈的争论与妥协，国会最终于 1957 年 9 月 2 日通过了世界第一部核损害赔偿法律《普莱斯-安德森法案》。根据该法规定，一次核事故造成的核损害赔偿责任，分成两个层次：第一层次为电力公司通过购买商业责任保险来赔偿，赔偿金额最高 6000 万美元；第二层次为联邦政府提供的责任担保，5 亿美元封顶。如果赔偿数额超过 5.6 亿美元，则由国会根据具体情况决定采取相应的附加救济措施（如图 3-21 所示）。

图 3-21   核损害赔偿责任（两个层次）

《普莱斯-安德森法案》相当于给企业投资核电吃了一颗定心丸，保护企业不用担心因严重核事故而破产，同时又保护公众在遭受核损害后能够得到及时充分的赔偿，成为美国核电发展的里程碑，奠定了核电产业兴起的基础。

3 法案延续

作为 1954 年《原子能法案修正案》的组成部分，《普莱斯-安德森法案》通过之初确定的有效期为 10 年，即 1967 年 8 月截止。当时的设想，一旦电力公司能够证明核电厂持续保持安全运行的良好记录，完全可以在商业保险市场自行解决赔偿问题，就不再需要法案保护了。为此，美国保险业成立了一个叫作"美国核保险公司"的"保险池"，至今为止成员单位共包括 60 多家财产和意外伤害保险公司。

然而，到 1966 年的时候，现实的情形很明显，核工业仍然不能获得足够的商业责任保险保障，为此国会将法案作了适当修正，确立了核损害赔偿的无过错责任原则，并延长到 1976 年。

在此过程中，正好赶上美国煤炭行业进入市场的低迷期，由煤矿开采、铁路运输、设备制造以及矿工联合会组成的煤炭联盟，迁怒于政府对核电行业的保护，强烈反对延长《普莱斯-安德森法案》的有效期。"既然核工业界都强调核电是安全的，而且原子能委员会也是这么认为的，那么在此情况下，就没有理由再强迫纳税人为商业投资保险付费了。"

在国会的要求下，原子能委员会委托布鲁克海文国家实验室对 1957 年的 WASH-740 报告进行研究更新，以便为法案的期限延长提供技术支持。研究小组分析了一个热功率为 3200 MW 的反应堆的冷却剂丧失事故，并假定专设安全设施未起作用。

与之前结论一样，分析给出的结果同样耸人听闻：在反应堆主回路冷却剂喷放数小时后，裂变产物产生的余热致使堆芯熔化，熔融的堆芯燃料接着熔穿压力容器下封头，再可能熔穿安全壳的混凝土底板，最后穿透到地面以下 30 m 凝固为止，反应堆产生的热量最终得以通过导热性较好的固态形体释出。更可怕的是，在最坏的事故情况下，将造成 45 000 人死亡、10 万人受伤，财产损失高达 170 亿美元。

面对如此不靠谱的研究结果，原子能委员会左右为难。假定专设安全设施完全不起作用，显然与实际情况出入太大，根本无法保证反应堆的安全；如果考虑专设安全设施如设计的那样发挥作用，那么即使在严重事故情况下，造成的公众放射性后果可能非常小，核事故损害赔偿法案的继续存在就值得怀疑了，正好给煤炭联盟等反对核电的组织或人士以攻击的口实。

此后，美国又分别在 1975 年和 1988 年延长了《普莱斯-安德森法案》的有效期，2005 年的《能源政策法案》再次将之期限延长至 2025 年。

目前，美国的核损害赔偿保险体系分成三个层次：一是由核电企业每年为每个厂址（不是每个反应堆）向商业保险公司购买一级保险，截止到 2017 年，赔付金额约计 4.5 亿美元；二是若核事故所致公众损害超过 4.5 亿美元，将评估每个核电企业所应分摊的比例，以每个反应堆赔付 1.21 亿美元封顶，组成约 124 亿美元的"核保险池"（由美国核保险公司承保）；三是如果赔偿金额超过上面两个层次的总和，则由国会决定是否提供赔偿（由联邦政府买单）（如图 3-22 所示）。

也就是说，当核事故造成的损害超出一级保险限额时，每个核电厂都要为其他公司造成的损害买单，这种双重的责任保险机制在分散企业风险的同时，一定程度上也起到了行业自律和同行监督的作用。

图 3-22　核损害赔偿责任（三个层次）

4　他山之石

自《普莱斯-安德森法案》之后，西欧各国分别在 1960 年和 1963 年签订了《关于核能领域的第三方责任公约》（简称《巴黎公约》）和《关于 1960 年巴黎公约的补充公约》（简称《布鲁塞尔补充公约》），在世界范围内搭建起较为完善的国际核事故赔偿公约体系。随后，英国、法国、德国、瑞士、日本和韩国等核电国家均参考《普莱斯-安德森法案》制定了原子能赔偿相关法律法规，建立了核损害责任赔偿的国家框架。

自《普莱斯-安德森法案》生效以来，美国共计发生 2 亿美元的核损害赔偿，均在商业保险公司的承保范围内。尤其在三哩岛核事故中经受了考验，保险公司人员在事故第二天即抵达现场开展工作，并预付附近民众的撤离和生活费用；到 2003 年整个理赔工作完成，共支付约 7100 万美元的保险理赔金，包括 3425 万美元的受害者索赔支付、2934 万美元诉讼费用、500 美元健康研究基金、130 万美元疏散费用及 110 万美元其他费用。

2011 年发生的福岛核事故后果更为严重，导致大量放射性物质泄漏和人员大规模撤离。由此引起的核损害赔偿，难度更大、范围更广、流程更复杂，日本不得不动员核电企业、政府、核保险共同体和社会各界的力量。截止到 2015 年 7 月，累计的赔偿总额达到 70 753 亿日元，约合人民币 3619 亿元。

与之相比，切尔诺贝利核事故发生后，由于核电厂未投保任何商业保险，广大受害者未能获得任何保险赔偿。

为适应我国核电发展对保险保障提出的多层次需求，中国再保险公司、中国人民保险公司和中国太平洋保险公司等于 1999 年 9 月发起成立了中国核保险共同体。中国所有商业运行的核电机组均投保了商业保险。

我国关于核损害赔偿责任的原则，主要体现在 2007 年《国务院关于核事故损害赔偿责任问题的批复》中。其中规定，核电站的营运者和乏燃料贮存、运输、后处理的营运者，对一次核事故所造成的核事故损害的最高赔偿额为 3 亿元人民币；其他营运者对一次核事故所造成的核事故损害的最高赔偿额为 1 亿元人民币。核事故损害的应赔总额超过规定的最高赔偿额的，国家提供最高限额为 8 亿元人民币的财政补偿（见图 3-23）。

图 3-23　我国核事故损害赔偿

作为正在崛起的核电大国，我国在 2017 年 9 月颁布了核安全领域的基础性、综合性法律《中华人民共和国核安全法》，首次以法律的形式明确了核损害赔偿制度。鉴于核事故具有赔偿金额巨大、涉及范围广和人员众多等特点，责任认定过程专业性强、难度大，需要适时出台配套的行政法规和指导文件，进一步完善我国核损害赔偿体系。

核电大跃进是这样发生的

1　四个玩家

20 世纪 60 年代，控制美国核电反应堆市场的，是四家大公司：西屋电气公司、通用电气公司、巴布科克·威尔科克斯公司（简称巴威公司）、燃烧工程公司。在进入正题之前，有必要先简要交代一下这几个"玩家"进入核电市场的背景。

二战结束后，在"海军核动力之父"里科夫的说服下，西屋公司成立了核能开发部门，进入神秘的核技术领域。1948年，因为里科夫的大力支持，西屋公司获得了原子能委员会新成立的贝蒂斯原子能实验室的运营管理权，地点就在其公司总部匹兹堡的城郊。在海军和几个国家实验室的通力合作下，贝蒂斯实验室研发了压水反应堆，并应用在世界第一艘核潜艇"鹦鹉螺"号上。

在"鹦鹉螺"号核潜艇反应堆的研制过程中，西屋公司进行了不少创新性工作，突破了许多技术瓶颈，对后来的核电技术走向影响重大，比如燃料元件包壳材料锆合金的应用、耐高温高压容器等特殊设备的研制等。

正是由于在第一艘核潜艇项目上的成功，坚定了里科夫走压水堆技术路线的信心，随后支持、选择西屋公司设计、制造了美国第一座大型核电厂——希平港核电厂的反应堆及主蒸汽供应系统。

在此基础上，西屋公司趁热打铁，又往前走了一步，设计供应了扬基罗核电厂的140 MWe反应堆，并于1960年8月正式投运。紧接着在1962年，卖出了两个功率更大的核电反应堆，一举成为初生的核电市场的先行者和领导者。

另一位"带头大哥"通用电气公司，进入核领域的时间更早。1946年，公司高层就预见到核技术未来发展的趋势，遂说服"曼哈顿计划"的负责人格罗夫斯将军，获得了汉福特基地的钚生产反应堆的运营合同。作为交换，随后成立的原子能委员会，同意在通用电气公司总部纽约州斯克内克塔迪附近建立一个核能开发中心和一座实验反应堆，并由其负责运营。这个核能开发中心，就是诺尔斯原子能实验室。

到20世纪50年代中期，通用电气公司主席认为，"在未来，原子是电力，电力是通用电气的业务。"基于在军用反应堆上获得的核工程经验，通用电气与爱达荷国家实验室合作，开发了商用沸水反应堆，在1957年建成投运示范性质的瓦列西托斯沸水堆核电厂。1960年年初，通用电气设计的180 MW的德累斯登核电厂1号机组投运，成为美国第一个完全商业化的核电厂。

1959年年底，财大气粗的通用电气公司核能部门雇用的员工超过14 000人，用于核能研发的资金超过2000万美元，超出当时任何一家美国公司。这使得它在沸水堆技术方面进步神速，很快就与西屋公司并驾齐驱，成为美国乃至世界核电市场上的两大巨头。

随后进入核电市场的巴威公司和燃烧工程公司，都是老牌的火电厂锅炉和配套设备制造商，走的都是西屋公司的压水堆技术路线。巴威公司第一次跟核技术打交道，是为海军反应堆研制大型关键设备。1953 年，公司也成立了核能部门，为爱迪生联合电气公司设计、制造的印第安纳角核电厂 1 号机组，在 1962 年建成投运。

和巴威公司类似，燃烧工程公司也是通过给海军制造反应堆大型设备和燃料元件踏入核行业的。20 世纪 50 年代中期，公司收购了阿贡国家实验室的一个反应堆专家创立的通用核工程公司，开始涉足核电市场。1966 年，燃烧工程公司和密歇根州的消费者电力公司签订合同，卖出了第一个商用反应堆，即帕里萨德斯核电厂。

1968 年年底，西屋和通用两大公司基本主导了美国的商用反应堆供应，占据了 77％的市场份额，巴威公司和燃烧工程公司则紧随其后，瓜分了剩余的市场份额，形成了两大两小的格局。

核电市场的喷发和硝烟，主要是由两家大公司引起来的。

2 交钥匙工程

我们知道，一个核电项目主要涉及两大市场主体：一是反应堆供应商，作为卖方，设计、制造反应堆和配套设施。二是电力公司，作为买方，购买反应堆，并配置到电力供应体系中。此外，还有诸如铀矿开采、冶炼、元件制造和废物处理等领域，提供必要的配套服务。

作为反应堆供应商，主要是提供行内称之为"核蒸汽供应系统"的关键设备，也就是反应堆一回路系统设备，包括反应堆和配套设备，如压力容器、泵、管道、蒸汽发生器、安全和控制系统等。当时的几家反应堆供应商，都能提供设计和制造核蒸汽供应系统在内的一揽子服务，虽然有些设备分包给其他公司制造，但对整个一回路系统承担质量责任。

在核电的起步阶段，由于核技术的军用背景和高度复杂性，电力公司对之非常陌生，再加上美国电力工业没有实行国有化，都是由私营公司运营，经济性考量非常重要，所以没有建造核电厂的内在动力。在此情况下，美国核电成了一个买方市场，掌握了反应堆和关键设备设计、制造技术的供应商，不得不使出浑身解数，说服电力公司购买反应堆新建核电厂，而不是继续上马火力或水力发电厂。

进入 1960 年代后，随着第一批原型核电厂陆续建成投运，美国核电由实验示范阶段迈入快速发展阶段。西屋和通用两大公司认为，在原型堆基础上进行技术改进后的第二代核电厂，已经可以和美国东北部和加州的火电厂经济性不相上下了，因为那些州的煤炭价格高。

为了鼓励电力公司购买反应堆，通用电气公司大胆采用了一种名为"交钥匙"工程的市场营销策略，给缺乏生机的核电市场打了一剂强心针。所谓交钥匙工程，就是反应堆供应商不只是提供核蒸汽供应系统，而是作为总承包商，提供从核电厂设计、采购、建造和调试在内的整个服务，直至交给电力公司一个可以直接运行的核电厂。

1963 年，通用电气公司与泽西中央电力与电灯公司签订了史上第一单交钥匙工程合同，为后者建造一座 515 MW 的牡蛎湾沸水堆核电厂（如图 3-24 所示）。作为条件，电力公司只需支付 6600 万美元的固定费用即可，其他完全不用管，通用电气甚至承诺可以代为申请取得建造批准和运行许可证。平均每千瓦 129 美元的单位造价，比当时橡树岭新建的 900 MW 的奔牛火电厂的单位造价还低 20 美元。

图 3-24　牡蛎湾核电厂

接下来的 1964 年，通用电气在它的产品目录中，列出了反应堆功率范围从 50 MW 到 1000 MW 各种容量的核电厂，而且造价低得惊人。

牡蛎湾合同，开启了美国核电厂交钥匙商业模式的大门，标志着核技术的竞争属性正式登上市场舞台。面对老对手使出的杀手锏，西屋公司沉不住气了，也开始提供交钥匙工程服务，双方开始了激烈的反应堆市场价格战。无奈之下，巴威公司和燃烧工程公司不得不加入这场市场争夺战，也相继开出了类似的反应堆价目表。

1966 年 6 月，不堪经济重负的通用电气率先宣布停止交钥匙工程服务，恢复到原初的提供核蒸汽供应系统商业模式。随后，其他三家公司也纷纷步其后尘。事实上，交钥匙工程合同给几家公司造成了巨大的财务亏损，但对电力公司起到了很好的催化效应，它们纷纷相信核电是一项明智的投资。

事后来看，以营利为目标的核电供应商，之所以纷纷开出看上去难于收回成本的极低造价，合理的推测是所谓的规模经济效应，即愈大愈便宜：利用低廉的固定造价，作为招揽生意的"入门券"，急切地推动电力公司从火电转向核电；等到电力公司熟悉并愿意大量采购核电厂后，他们相信很容易从以后改进的反应堆上，捞回这笔损失。

3 发展大浪潮

为了解决核电厂的经济性问题，反应堆供应商想出来的办法，是把反应堆功率增大，如此就可以降低每千瓦核电的估算建造成本了。

20 世纪 60 年代中期以前，通过"设计外推"的方式增大功率，已经被西屋和通用及其他公司广泛用在火电机组上，而且似乎行之有效。自然而然地，他们将这种实践推广到核电机组的设计上。

于是，核电厂的设计电功率，从 500 MW 上升到 800 MW，甚至 1000 MW，而同时期运行的核电厂尚停留在 200 MW 的阶段。整个 20 世纪 60 年代，反应堆设计一直处于改进变化当中，各个反应堆供应商总是力图使反应堆功率更大。比如，1963 年至 1969 年原委会颁发的 38 个核电机组建造许可证当中，其中 28 个反应堆功率超过 800 MW。

没有两个核电厂设计是相同的，甚至同一个核电厂的两个反应堆机组也不尽相同。各个公司竞争的经济压力如此之大，以致于还不等前一个反应堆建成，后续更大功率的反应堆便匆匆开工。

也是在 1966 年 6 月，田纳西河流域管理局宣布，准备在阿拉巴马州的田纳西河畔，建造一座布朗斯费里核电厂。田纳西河流域管理局服务范围位于传统的产煤区，煤炭价格历来较低，所以不建火电而上马核电项目的决定，在电力市场上造成的冲击，比牡蛎湾合同的影响还大，标志着美国核电发展大浪潮的正式来临。当时的《财富》杂志，对此评论道："田纳西河流域管理局的决定，相当于在煤地里引爆了一颗原子弹。"

布朗斯费里核电厂采用通用电气的沸水堆技术，最初规划 2 台机组，电功率各 1063 MW，成为当时世界上反应堆功率最大的核电厂，震惊了整个电力市场和煤炭行业（如图 3-25 所示）。煤业公司不得不纷纷降低煤价，来应对核电的蚕食，此举刺激西屋和通用电气进一步降低反应堆卖价、增大反应堆功率。整个美国电力市场，一时狼烟四起，竞争非常激烈。

电力公司巴不得遇到这种局面。再加上 1963 年末通过的《清洁空气法案》，火电厂成为首当其中的整治对象，联邦政府强制要求加装脱硫处理设施，火电运营成本一下子飙升了许多，电力公司便纷纷将核电作为替代能源，与四家反应堆供应商签订核电机组采购订单。

图 3-25　建造中的布朗斯费里核电厂 1 号机组

　　种种因素作用下，轻水堆核电厂在美国如雨后春笋般地发展起来，并在 1966 年至 1967 年和 1972 年至 1973 年间分别达到顶峰。1966 年，电力公司共购买了 20 台核电机组，其中通用电气 9 台、西屋公司 6 台、巴威公司 3 台、燃烧工程公司 2 台，占当年电力供应量的 36％；1967 年，各核电供应商卖出 31 台核电机组，西屋公司 13 台、通用电气 8 台、巴威公司和燃烧工程各 5 台，占当年订货电力容量的 49％；1968 年，订货量降至 17 台，但所占比例仍然高达 47％。

　　1973 年，因阿拉伯国家石油禁运而爆发能源危机，美国出现了第二次核电厂订货高潮（如图 3-26 所示）。当年就签订了 41 台机组订单，创造了全世界核电销售的纪录；而 1973 年美国核电的装机容量，也占到全世界的 62％。到 1974 年，美国已有 54 台核电机组投运，另有 197 个订单待建（如图 3-27 所示）。

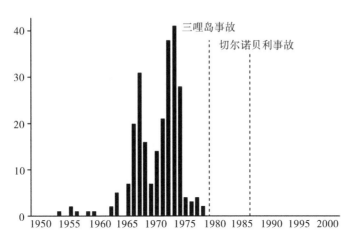

图 3-26　1950 年至 2000 年美国核电机组订单统计

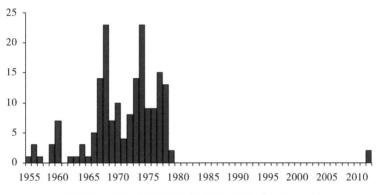

图 3-27　1955 年至 2012 年美国核电新建机组统计

1974 年，也是美国核电的分水岭。从这一年开始，美国核电订单呈断崖式下降，不但未签订新的订单，而且很多电力公司开始纷纷暂缓原订单的建设，最后很多订单甚至干脆被取消了（大多数是三哩岛事故后取消的），从此进入漫长的停滞期。

尽管如此，得益于在 1965 年至 1975 年"黄金十年"的高速发展，美国奠定了在世界核电行业的霸主地位，时至今日核电运行机组数量仍然超过 100 台（如图 3-28 所示），长期高居世界第一。

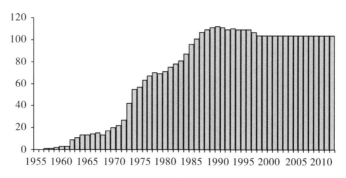

图 3-28   1955 年至 2012 年美国核电运行机组统计

在这股核电发展浪潮中，反应堆数量的快速增加和功率的不断增大，给安全监管带来了巨大的压力，公众甚至专家开始担忧与质疑核电的安全性。在此过程中，几个重大核安全问题的提出与解决，引起了旷日持久的讨论与争议。

核电建设悲情路

1 渡尽劫波，修成正果

当"孪生兄弟"再次相遇时，谁都没有料到，中间竟然隔了一个世纪。

这对"孪生兄弟"，是沃茨巴核电厂的 1 号和 2 号机组。它们可谓名副其实的"难兄难弟"，从开建之日起，就一路坎坷，而且一个比一个惨。虽然同生不同命，欣慰的是，它们最终都修成了正果。

故事，还得从 20 世纪 30 年代讲起。

大萧条时期，美国新任总统罗斯福为了摆脱经济危机的困境，作为新政试点方案之一，在 1933 年力推通过了《田纳西河流域管理局法案》，并于同年成立田纳西河流域管理局，负责对美国东南部田纳西河流域内的自然资源进行综合开发和利用。田纳西河流域管理局既享有一定的政府权力，又具有高度的经营自主权，并在一些经济领域受到垄断保护，是一个非常特殊的联邦机构。发展到今天，已经成为美国最大的国有企业，也是最大的电力生产商。

田纳西河流域管理局依靠水电起家，为了防洪目的，在流域内建造了一系列水电大坝。随后，又大举进入火电市场。随看民众日益高涨的坏保呼声，在 20 世纪 60 年代末开始进军核电市场，正好赶上了美国核电发展的黄金时期。

进入 70 年代，田纳西河流域管理局在斯普林城附近规划了沃茨巴核电厂，准备建造两台由西屋公司设计的百万千瓦级压水堆机组。1973 年，沃茨巴核电厂获得了原子能委员会的建造许可证，1 号、2 号机组分别于当年 7 月和 9 月开工建设（如图 3-29 所示）。

图 3-29　1977 年正在建造中的沃茨巴 1 号机组

不幸的是，沃茨巴核电厂的建设，正好赶上了 1979 年的三哩岛核事故。随后，政府监管日益严苛，核电建造和运营成本急剧升高，核电项目上马速度放缓。雪上加霜的是，进入 20 世纪 80 年代后，由于项目管理不善，田纳西河流域管理局拥有的几个核电厂（包括沃茨巴 1、2 号机组）在建造过程中出现了大量质量问题。

到 1985 年的时候，沃茨巴 1 号机组建造已接近尾声，2 号机组建造工程量也完成了 60％。当年 9 月 17 日，核管会致函田纳西河流域管理局，要求其制定系统的整改方案，只有在彻底解决存在的质量缺陷后，才能获得运行许可证。

为此，田纳西河流域管理局实施了一个庞大的整改计划，以系统地解决整个企业和具体核电项目中存在的大量材料、设计和管理缺陷。在此过程中，由于建造成本严重超支，再加上美国民众反核声持续高涨，无奈之下田纳西河流域管理局在 1985 年暂停了沃茨巴核电厂的建设（如图 3-30 所示）。否则的话，摆在他们面前的，只有破产一条路了。

图 3-30 沃茨巴核电厂

经过持续几年的整改，田纳西河流域管理局最终解决了这些难题，可以腾出手来继续推进沃茨巴核电厂的建设了。1号机组建设在1992年重新启动，最终于1996年2月7日获得了运行许可证，成为美国在20世纪投运的最后一台商用机组。这时，1号机组总共花费超过68亿美元，是当初预计3.7亿美元的十几倍。

2号机组的命运更惨，继续处于"冷冻"状态。直到2007年10月，田纳西河流域管理局决定重新启动2号机组的建设。由于年深久远，之前安装好的很多系统和设备不得不被拆除，重新装上新的。在此过程中，又不幸赶上了2011年的福岛核事故。为了汲取事故教训，核管会陆续颁布了一系列安全改进命令，2号机组又不得不继续实施安全整改。

终于，2号机组在2015年10月获得了运行许可证，并于2016年10月投入商运，成为田纳西河流域管理局拥有的第7台机组，也是美国在21世纪投运的第一台核电机组。这时，机组建造费用已超过61亿美元，距离开工建造之日已过去了43年，堪称世界上建造时间最长的核电机组。

挑战，似乎并未完结。仅仅在运行5个多月后，2号机组的冷凝器便出现泄漏，被迫在2017年3月23日停堆检修。经过4个多月的维修，才得以重新投入运行。

即使经过了如此艰难的历程，沃茨巴核电厂仍然成为了反核人士眼中的"靶子"。原因之一，是1号机组从2002年开始在发电的同时，利用辐照孔道为能源部生产核武器材料氚。另一个更让人诟病的地方是2台机组都是采用了冰凝式安全壳设计（如图3-31所示）。

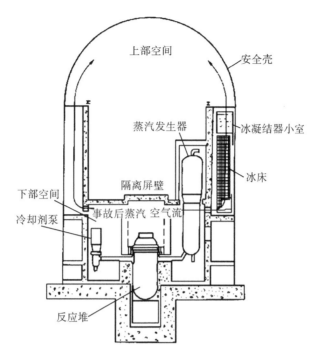

图 3-31　冰凝式安全壳示意图

冰凝式安全壳为西屋公司在 20 世纪 60 年代的设计，遵循一种抑压式的设计理念，即在安全壳的上、下隔室之间，布置有一圈环形的冰床，在设计基准事故情况下，比如由于一回路管道破裂产生的蒸汽，从安全壳下部隔室进入冰床，使得大部分蒸汽在其中冷却凝结，防止安全壳超压失效。

由于采用了低温冰作为热阱，因此冰凝式安全壳的设计容积，比现在普遍采用的大型干式安全壳小许多，具有较好的经济性。但是，正是由于较小的空间，使得冰凝式安全壳抵御爆炸或燃烧事故的能力大大减弱。据估算，若三哩岛 2 号机组也采用冰凝式安全壳的话，那么事故中产生的氢气爆炸，很可能导致安全壳破坏。

无奈之下，田纳西河流域管理局不得不在沃茨巴和其他类似设计的核电厂上实施了安全壳内氢气控制强化措施，才得以通过核管会的审查。

2　折戟沉沙，一地鸡毛

细数起来，让田纳西河流域管理局在核电开发上栽了大跟头的，沃茨巴项目不是第一个，更不是最惨的一个。

从 20 世纪 60 年代末期到 20 世纪 70 年代，田纳西河流域管理局先后开建了 17 台核电机组，最终建成投运的只有 7 台机组，其余 10 台机组均中途夭折，留下的是残垣断壁、荒草萋萋，以及数十亿美元的债务。项目夭折的原因，混杂着成本超支、电力需求下滑、监管趋严、民众反对等多种因素。

不过，在这些夭折的项目中，田纳西河流域管理局对其中一个始终不死心，每年花费几百万美元的维持费，只为了保住核管会颁发的建造许可证延期状态，希冀着有一天像沃茨巴2号机组那样重启。这个项目，就是贝尔丰特核电厂（如图3-32所示）。

1975年1月，在阿拉巴马州的好莱坞小镇旁（不是洛杉矶的电影之都好莱坞），由巴威公司设计的2台百万千瓦级压水堆机组的贝尔丰特核电厂开建。后来由于种种原因，田纳西河流域管理局在1988年中止了建造进程，当时1号、2号机组建造工程量分别完成88%和58%，已花了25亿美元。

图 3-32　贝尔丰特核电厂

一晃将近20年过去了，就在1号、2号机组仍处于"僵尸"阶段时，田纳西河流域管理局在2005年考虑采用西屋公司的非能动先进压水堆AP1000设计，在贝尔丰特核电厂扩建3号、4号机组。2007年，正式向核管会提交了建造和运行联合许可证申请，最后由于成本居高不下和电价下跌等因素，在2016年被迫取消了申请。

当然，时至今日，也不能说贝尔丰特核电厂毫无用处，至少在核管会负责技术培训的专家眼中，这个封存完好的核电厂，是一个理想的现场教学点。核管会在田纳西州的查塔努加设有一个技术培训中心，负责对监管人员进行系统的专业培训。在与田纳西河流域管理局达成协议后，培训中心的教员便经常领着学员们前往贝尔丰特核电厂，进行实地参观和现场教学。

尽管核电厂的很多设备没有安装到位或者移走为其他项目所用，但是仍足以让学员们实地感受一个真实的核电厂是如何运转的。因为核电厂从来没有装料运行过，学员们甚至可以不用做任何防护措施，钻进安全壳里去触摸反应堆压力容器、蒸汽发生器等关键设备。

原初丰满的理想，抵挡不过残酷的现实。眼见贝尔丰特核电厂重启无望后，为了弥补前期投入的经济损失，田纳西河流域管理局在 2016 年 11 月将整个核电厂连带周边的土地，最终以 1.1 亿美元的价格卖给了核发展有限公司。

至于项目易主之后，贝尔丰特核电厂能否迎来生机，仍是一个未知数。

3　功败垂成，南柯一梦

俗话说，家家有本难念的经，折戟沉沙的故事，又何止发生在田纳西河流域管理局一家？

在南卡罗来纳州费尔菲尔德县的杰金斯维尔，有一座由南卡罗来纳州电力与瓦斯公司和南卡罗来纳州公用事业管理局共同拥有的核电厂，以南卡罗来纳州电力与瓦斯公司前首席执行官萨默的名字命名。萨默核电厂的 1 号机组（如图 3-33 所示），采用西屋公司的百万千瓦级压水堆技术，于 1973 年兴建、1984 年 1 月正式投运。

图 3-33　萨默核电厂 1 号机组

进入 21 世纪后，美国核工业界曾一度掀起一股核能复兴运动。在此背景下，南卡罗来纳州电力与瓦斯公司在 2008 年向核管会提出申请，采用西屋公司推出的 AP1000 设计方案，在萨默核电厂扩建 2 号（如图 3-34 所示）、3 号机组，在 2012 年 3 月 30 日取得了建造和运行联合许可证，并于 2013 年 3 月和 9 月先后开工建造。

图 3-34　萨默核电厂 2 号机组反应堆压力容器吊装作业

几乎在同一时期，美国南方电力公司所有的位于佐治亚州的沃格特勒核电厂，在 2012 年 2 月 10 日取得了 3 号和 4 号机组的建造和运行联合许可证，采用的也是西屋公司的 AP1000 技术。它们成为美国在 21 世纪仅有的 4 台新建核电机组，承载了美国核能复兴的梦想。

然而，美国的核能复兴梦想，由于 2011 年的日本福岛核事故而遭受重创。加上美国页岩气革命的强势挤压，以及风电成本的快速下降和天然气价格的下调，核能的经济性遭受到严重的质疑。

屋漏偏逢连夜雨，由于采用了未经实践验证的先进技术，全球范围内的 AP1000 核电机组在建造过程中，均遭受了设计变更频繁、关键设备研制困难、建造工期拖延、成本难以控制的重大挑战。萨默核电厂的扩建项目（如图 3-35 所示），变成了一个烧钱的无底洞，工期一再延长，预算一再追加。

图 3-35　萨默核电厂项目停建时的建造现场

让人唏嘘不已的是，作为世界核电的鼻祖，有着 130 年历史的西屋公司，竟然在 2017 年 3 月向纽约联邦破产法院申请破产保护。这个噩耗让不堪重负的萨默核电厂再也撑不下去了，两家业主为了止损，只好"断臂求生"，在当年 7 月底宣布停建 2 号、3 号机组。此时，2 台机组的建造工程量已完成了将近 64%，整个项目已经花掉 90 亿美元了。

好在西方不亮东方亮，中国的 AP1000 自主化依托项目在克服重重困难和严峻挑战后，终于苦尽甘来，三门核电厂 1 号机组和海阳核电厂 1 号机组分别在 2018 年 4 月和 6 月获得了国家核安全局颁发的《首次装料批准书》，总算为 AP1000 的"悲壮历程"增添了一抹亮色。

回顾世界核电 60 多年来的发展之路，像贝尔丰特核电厂和萨默核电厂这样的悲剧还有许多，在德国、西班牙、意大利、瑞典、奥地利、保加利亚、波兰等国家也都发生过。毫无悬念的是，美国是当今核电运行机组最多的国家，也是项目夭折最多的国家。

在 2009 年出版的环保著作《我们的选择：气候危机的解决方案》中，美国前副总统戈尔说："从 1953 年到 2008 年，在美国的电力市场，一共订购过 253 台核电机组，最后有 48% 的项目被取消了，包括很多开工建设并付出巨量经济投入的项目。"某种意义上而言，在世界核电的可持续发展道路上，高昂的"学费"似乎必不可少。或许，这也是核能特殊性的另一种体现吧。

在贝尔丰特核电厂，巨大的安全壳，高耸入云的冷却塔，锈迹斑斑的金属厂房，从未曾感受过原子裂变的温暖，年复一年地在风中继续等待。只是，它们不能确定，是否还能等来未来。

为核废物寻找墓地为什么这样难

1　棘手的难题

当奥巴马政府宣布搁浅尤卡山项目的时候，美国核工业界弥漫着一股失望的情绪，尤其是那些在这个项目上倾注了十几年心血的科学家和工程师们，内心充满了挫败感。核废物处置，这个从核工业诞生便如影随形的大难题，似乎又回到了原点。

假如核能事业的先驱费米仍然健在的话，一定无法想象，自己在 70 多年前的预言，竟会一语成谶，而且到今天也没有在美国取得实质性的突破。

早在 1944 年春的一个新型反应堆研讨会上，深谙核技术特殊性的费米，提出了一个隐忧：由于反应堆会产生巨量的放射性，如果核能要取得成功并为公众接受的话，就必须找到适当地处置放射性废物的办法。

后来的事实，印证了他的判断。在各国核工业的发展历程中，放射性废物处置，始终处于从属地位，从未成为中心工作，拖到今天成为一道难以跨越的坎。

正如费米所预言的那样，公众对核能过分敏感的态度，不过是因核能产生大量放射性而感到不安的一种心理反应。放射性废物处置问题，便顺理成章地成为反核人士攻击核能可持续发展的一把利剑，而且几十年下来屡试不爽。

与其他工业一样，核工业的生产、研究及核技术应用会产生废物，也就是"核废物"，或称为"放射性废物"。按照物理形态，放射性废物可分为气态、液态和固态放射性废物，俗称为放射性"三废"；按照放射性水平，可分为低、中、高水平放射性废物，又简称为低放、中放和高放废物（如图3-36所示）。

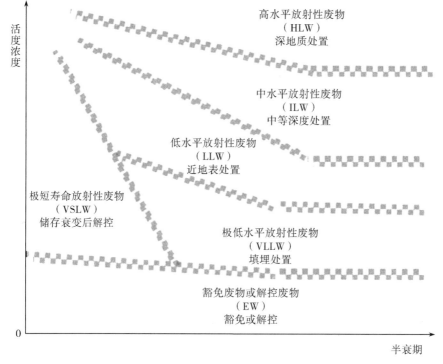

图 3-36 放射性废物分类体系概念示意图
（其中极短寿命放射性废物和极低水平放射性废物属于低水平放射性废物范畴）

通常而言，放射性废物中引起大家最大忧虑的，是那些具有较长半衰期的放射性同位素。比如，核裂变产物中的锶-90和铯-137，放射性半衰期分别为28年和33年，意味着几百年后仍然残存少量放射性，更别说半衰期2.4万年的钚-239了。消除放射性的唯一办法，只能通过自然衰变，而且无法借助温度、压力或化学反应来加快其衰变过程。因此，放射性废物处置的核心，是阻止放射性同位素逃逸到空气、水或食物链等环境介质中，确保人类健康和环境安全。

对于气态放射性废物，处理起来不是难事，主要通过通风和过滤措施加以解决。对于低、中放废液，由于其放射性活度相对较低，但是产生量很大，在核能发展之初通常采取"稀释和扩散"的策略，实施就地排放处理。后来，通过采用过滤、化学沉淀、离子交换、蒸发等处理措施，先降低放射性活度浓度，然后临时储存一段时间，再释放到周围的水体中。另一些则通过水泥或沥青固化工艺，转化成固体废物打包装桶，再进行陆地填埋或者倾倒入海洋深处。

放射性废物处置的争议，便是肇始于海洋处置。

2 放射性废物海洋处置

放射性废物海洋处置的始作俑者，是美国。

最早的放射性废物海洋处置作业，发生在 1946 年，美国海军将国防核设施产生的低、中放废物包装体，投置于距离加利福尼亚州海岸 80 km 的东北太平洋深处。随后，苏联、英国、法国、日本、韩国等十多个国家纷纷效仿，将各自的放射性废物固化装桶，倾倒于海洋。倾废的地点，从北极的喀拉海和巴伦支海，到太平洋、大西洋和东海。

随着核废物产生量的增加，倾倒入海洋的废物也是多种多样，有液态废物，包括没有容器包装直接排进海里的，有固体废物，如被放射性污染的树脂、过滤器和其他材料，还有无法包装的大型反应堆部件，如核潜艇上废弃的蒸汽发生器、泵和压力容器顶盖等（如图 3-37 所示）。

图 3-37　放射性废物桶海洋倾废作业

1959 年 6 月，美国国家科学院发布了一个研究报告，低放废物海洋处置问题第一次进入公众视野，随后在科学家、政治家和公众之间引起持续的争论。支持的一方认为，海洋面积大、稀释能力强，放射性核素在海底垂直扩散速度慢，再加上可靠的包装容器，不会对海洋环境造成放射性污染；反对的一方则认为，再坚固的容器经过海水长期的侵蚀也免不了泄漏的可能，放射性废物将从海床上移，继而进入底层海水污染鱼类，并最终污染人类食物链和海洋环境。随着美国环境运动的兴起，民众的环保意识日渐增强，反对向海洋倾废的呼声愈来愈高。

第一个转机，发生在1972年12月29日。71个国家签署通过了《防止倾倒废物和其他物质污染海洋公约》（又称为《伦敦倾废公约》），明确将高放废物列入禁止海洋处置的废物，并规定只有在获得特别许可证的情况下才能进行低放废物的海洋处置作业。尽管苏联在1976年成为《伦敦倾废公约》缔约方，但依然我行我素按照本国实际在北极海洋和西北太平洋倾倒低、中、高放废物；1991年苏联解体后，俄罗斯一度继续向海洋倾倒低放废物。

第二个转机，发生在1993年11月12日。《伦敦倾废公约》缔约方会议明确禁止向海洋倾倒所有类型的放射性废物。但由于缺乏足够的国际法约束，仍然有一些国家向索马里海域倾倒放射性废物和其他有害物质，给当地的海洋环境和捕捞业造成隐患。

从1946年到1993年，共有13个国家进行过放射性海洋处置作业。单是美国，到1960年为止，已分别在太平洋和大西洋倾倒了超过24 000桶和23 000桶的放射性废物。苏联更是倾废大户，从见诸报端的海洋处置作业统计，苏联在北冰洋喀拉海域废弃的6个潜艇反应堆及含有受损燃料的1个核动力破冰船反应堆，就占了全世界放射性废物海洋处置总量的三分之二（如图3-38所示）。

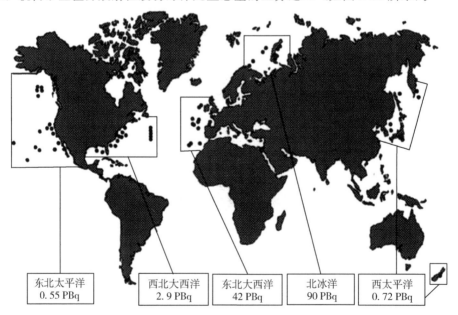

东北太平洋	西北大西洋	东北大西洋	北冰洋	西太平洋
0.55 PBq	2.9 PBq	42 PBq	90 PBq	0.72 PBq

图3-38　放射性废物海洋处置分布与总量统计

在海洋处置实践受挫后，各个国家转而需求陆地填埋处置方案。最早的放射性废物陆地填埋场，也是美国建造的，用于处置核武器研制及配套的核燃料生产过程中产生的低、中放固体废物。20世纪60年代起，美国先后建造了十几处国防核设施低放废物填埋场，并相继投运了7个商用近地表废物处置场，用以处置核电厂产生的低放废物（如图3-39所示）。

图 3-39　低、中放固体废物处置场废物桶吊运作业

到今天为止，对低、中放固体废物进行陆地填埋，已被实践证明为一种成熟而可行的处置技术，完全能够做到废物包容体与生物圈隔离，并被绝大多数国家所采用。

最麻烦的，是高放废物的处置。

3　堪萨斯选址风波

1947年成立的美国原子能委员会，在全盘接收二战期间"曼哈顿计划"遗产的同时，也继承了遗留的大量放射性废物，大部分来自汉福特和橡树岭核武器生产基地。这些废物当中，最危险的当属对反应堆中核燃料进行后处理提取钚而产生的高放废液。后来，随着各国核电工业的发展，从反应堆中定期卸出且不再使用的辐照过的核燃料，即乏燃料，也成为高放废物的主要来源。

对于高放废液，各国普遍采取的是"浓缩和包容"的处理策略，即先通过浓缩措施达到减容的目的，再利用专用容器进行安全储存。当然，为了降低向环境泄漏的风险，对高放废液进行玻璃固化处理，是一种可行的过渡措施。

由于高放废物中含有的放射性核素活度浓度很高，在衰变过程中会源源不断产生热量，或者含有大量长寿命放射性核素，需要有效的散热措施和更高程度的包容，要求的隔离时间达到成千上万年。自核工业起步，如何安全地对高放废物进行最终处置，就成为一个严峻的科学技术挑战。

不过，在20世纪50年代末，大部分科学家对这个难题持乐观态度，相信能够在不久的将来找到解决方案。在此过程中，陆续有科学家提出诸如"太空处置""深海沟处置""冰盖处置"和"岩石熔融处置"等方案，甚至还有人建议将核废料掩埋于地球板块交界处，通过漫长的地质变化使之回到地幔中。这些方案，均由于想法天马行空而无法付诸实践。经过多年的研究，各国普遍认为可行的方案是深层地质处置，即将高放废物包容体填埋于距离地表500～1000 m深的地质体中，使之与生物圈永久隔离。这种埋藏高放废物的地下工程，被称之为"高放废物处置库"。问题的焦点和难点，在于如何选择、确定高放废物处置库的场址。

首先进入科学家视野的，是一种盐矿床处置方案。1957年，美国国家科学院召开了一次科技会议，专题讨论核电厂和国防核设施的长寿命高放废物的永久处置问题。当时一致的看法，在深层古盐矿床的矿井中处置高放废物是一种实际可行的方案。理由是盐矿床没有被地下水溶解，说明它们在整个历史时空里已实现了与周围环境的隔离，如果被水渗透的话，那么这种古盐矿床也就不可能存在。此外，盐矿床具有良好的塑性，能够缓慢地填充任何空隙，可以包裹在矿床中处置的任何废物。

这个共识，让原子能委员会非常兴奋，便安排橡树岭国家实验室的科学家寻找适宜的盐矿床场址。他们找到堪萨斯州凯雷盐业公司的哈钦森废弃盐矿，在1959年至1961年开展了一系列实验研究。研究人员将没有放射性的液体注入盐矿的空腔里，并模拟放射性废液产生的衰变热在矿井中的热量传输情况。

初步的研究结果正符合大家的预测，原子能委员会随即于1963年7月宣布在堪萨斯州的另一处盐矿进行新一轮的测试。这个1948年废弃的盐矿，同属于凯雷盐业公司，位于里昂斯附近。1965年11月至1968年1月，科学家利用爱达荷国家反应堆试验站的高放固体废物（乏燃料元件）进行实验，以测试高放废物包装桶的设计、高放废物转运方法、辐射对盐矿床的效应等。尤其是研究放射性衰变产生的热应力导致盐在矿床内部流动的情况，以及对盐矿床结构稳定性的影响（如图3-40所示）。

研究结果令人鼓舞，认为高放废物可以安全地处置在盐矿地下环境中。这个研究成果来得正是时候，近期发生的两件事情，促使原子能委员会决定尽快选定高放废物处置库场址：

图 3-40　研究人员在里昂斯废弃盐矿里进行材料取样

一个是爱达荷国家反应堆试验站的放射性废物问题，引起了当地民众的担忧，尤其对高放废物的处理措施提出强烈质疑，担心放射性最终会进入当地的河流和供水系统。为此，原子能委员会不得不承诺，将尽快迁走高放废物到一个永久的处置场所。

另一个是 20 世纪 60 年代末期核电的高速发展，引起公众的巨大争议，被反对者频频攻讦的便是核废物的安全处置问题。从核工业长期发展考虑，也需要尽快选定、建设高放废物处置库。

在此背景下，在没有进行充分的地质和水文调查情况下，原子能委员会在1970 年草率地宣布，计划将里昂斯废弃的岩盐矿作为美国第一个高放废物处置库场址。决定一出，在里昂斯引起轩然大波，一个原本是纯粹的技术问题，很快就变成为一个棘手的公众议题。

当地的民众、州长和议员等政治家、科学家、反核团体和盐业公司，全部裹挟其中，在两年多的时间里，围绕项目给当地带来的经济收益和潜在的环境风险等问题，展开了激烈的争辩与交锋。尤其是以堪萨斯州地质调查局局长为首的地质学家群体，对项目的适宜性提出了强烈而有力的质疑（如图 3-41 所示）。最后，原子能委员会发现里昂斯的高放废物处置库项目在政治和技术上都存在巨大障碍，不得不在 1972 年取消了建造计划。

图 3-41　1970 年 7 月在里昂斯召开的讨论废物库选址的公开会议

稍感欣慰的是，美国在盐矿床废物处置道路上并不是一片黑暗。经过多年的努力，在新墨西哥州卡尔斯巴德东南 42 km 的一片沙漠里，能源部将一个位于地下 655 m 的盐矿改造成了核废物隔离示范工厂，并于 1999 年 3 月正式投运，成为美国唯一许可运行的深层地质处置库。截至 2013 年 7 月，这个示范工厂已经接收了 11 500 个集装箱的国防超铀放射性废物（见图 3-42）。

图 3-42　美国废物隔离示范工厂外景

然而，里昂斯高放废物处置库项目的夭折，给美国乃至世界核工业留下了严重的后遗症。从此以后，高放废物处置库的场址选择，从一个科学技术问题，变成了一个夹杂着政治、经济、社会、科技、环境等多因素的复杂议题。

后来的尤卡山项目，重蹈了里昂斯项目的覆辙。

4　"强奸"内华达

毫不客气地说，政治造就了尤卡山项目，也是政治毁了它。

在里昂斯废物处置库项目上碰壁之后，美国将研究重点从盐矿床转移到多重屏障设计思路上，即将高放废物贮存在废物罐中，外层包裹缓冲材料，再放入坚固的深层地质体（花岗岩、凝灰岩等）中。如此，废物体、废物罐、缓冲回填材料构成多重工程屏障，周围的地质体则构成天然屏障（见图3-43）。

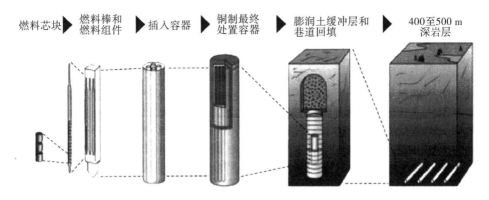

燃料芯块　➤　燃料棒和燃料组件　➤　插入容器　➤　铜制最终处置容器　➤　膨润土缓冲层和巷道回填　➤　400至500 m深岩层

图 3-43　高放废物处置库多重安全屏障示意图

另一方面，经过持续4年的争论，1982年通过的《核废物政策法案》，为美国开展高放废物处置库选址奠定了法律基础。法案规定，能源部负责选定和运营高放废物处置库，核电厂每发一度电，需要向政府建立的核废物基金缴纳0.1美分作为处置费用。1987年，美国国会又对该法案作了修订，明确内华达州的尤卡山为高放废物处置库唯一场址，并规定必须从1998年1月起正式接收核电厂乏燃料。

法案修正案在内华达州炸开了锅，三分之二的当地人强烈反对，认为在没有一座核电厂的内华达州土地上为其他39个州的核废料提供"墓地"，显然有失公平。更让他们难以接受的是，尤卡山场址的确定，并不完全是基于技术作出的选择，而是一场政治博弈的结果。在反对该项目的内华达人看来，《核废物政策法案》完全就是一个彻头彻尾的"强奸内华达法案"！

原来，经过将近6年的大量数据筛选和现场勘查，能源部在1984年12月确定了6个州共10处地方，作为高放废物处置库的备选场址。随后，里根政府批准对其中三处场址特征进行深入的科学研究。这三处场址分别位于华盛顿州的汉福特、德克萨斯州的戴夫史密斯县和内华达的尤卡山（如图3-44所示）。

然而，1987年的时候，美国众议院议长和多数派政党领袖分别是德克萨斯州和华盛顿州人，在施加政治影响下各自的家乡都被从名单上划掉，备选之一的内华达州便成了唯一的选项。

图 3-44　尤卡山

尤卡山是 1400 万年前巨型火山喷发形成的山脊，处于地震带附近，从科学的视角看，并非最合适的高放废物处置库候选地点。处置库场址距离拉斯维加斯西北 100 英里，位于能源部所属内华达核武器测试基地的西缘，处置库拟建在地下水位以上 300 m、山脊峰顶以下 300 m 处。能源部当初选择这个地方，除了技术因素外，还有一个重要的考量，就是联邦政府已经拥有了这片人烟稀少的地区，将来跟地方政府谈判更容易。

根据美国环保局的环境标准要求，高放废物处置库至少要在 1 万年内保证放射性废物与外界完全隔离。为了论证其适宜性和可行性，从 1978 年起，能源部组织国家实验室和其他承包商的科学家和工程技术人员，对尤卡山地区的环境、地质、水文、公众安全、社会经济影响等方面进行了庞大的研究工作，参与的人员多达 2 万名，挖掘了长达 8 km 的地下隧道（如图 3-45 所示），到 2008 年为止耗费的工程研究费用超过 90 亿美元，堪称史上对地球内部研究最为深入的地方。

不过，反对该项目的人群对此毫不领情。内华达州政府、拉斯维加斯市政府和当地环保组织，联合起来展开一场顽强的"阻击战"，并于 2001 年 12 月起诉联邦政府，试图扼杀尤卡山处置库建造计划。当地州长和市长甚至表示，只要将来核废料运过来，他们就带头在州境组成人墙，阻止运输火车和卡车进入，并逮捕负责运输的人。

图 3-45 尤卡山地下隧道

对他们更强有力的支援，来自于政治上。俗话说，风水轮流转，来自内华达州的政治家雷德在 1987 年当选为美国参议员，后来在这个位置上干了 30 年。而且，从 2005 年至 2017 年和 2007 年至 2015 年，他分别担任参议院民主党党魁和参议院多数派政党领袖，在国会具有举足轻重的政治影响力，也就顺理成章地成了美国政界反对尤卡山项目的"领头羊"（如图 3-46 所示）。

图 3-46 参议员雷德

在 2008 年的美国总统选举中，为了获得内华达州的 4 张选票，奥巴马承诺放弃尤卡山项目。从 2009 年起，奥巴马政府便大幅削减尤卡山项目预算，一直延续到特朗普政府时代，整个项目几乎完全停滞。尤卡山项目的反对派取得了决定性的胜利，支持派除了扼腕叹息，无能为力，留下的是空荡荡的地下隧道。

这样的结果，让能源部面临腹背受敌的夹击。不能如期建成投运处置库，自然也就无法兑现承诺，接收核电厂的乏燃料计划便泡汤了。电力公司不能接受之前缴纳的高额废物处置费用，将联合起来对能源部提起索赔诉讼，金额高达 500 亿美元。

项目停了，难题还在。在核电厂乏燃料水池和干式贮存罐里暂存的大量乏燃料元件，以及国家实验室积存的大量高放废液，因为"墓地"没选好，不得不在"停尸房"里继续待着,原本作为过渡的暂存方案,不得已转变成为一种中长期的贮存方案。它们将继续在乏燃料水池或贮存罐里存放,至少数十年(如图 3-47、图 3-48 所示)。

图 3-47　核电厂乏燃料贮存水池

图 3-48　核电厂乏燃料干式贮存罐

其他国家,如英国、法国、俄罗斯、中国、日本等,都面临着同样的困境,积存的高放废物越来越多,却没有确定最终的处置场所,更谈不上妥善处置了。

不过,也无须完全气馁,两个北欧小国在这方面的重要进展,让我们看到了一丝曙光。2009 年,瑞典宣布选定福什马克处置库场址;2015 年,芬兰政府批准在奥尔基洛托核电厂附近建造一座高放废物处置库(如图 3-49 所示)。

图 3-49 建设中的芬兰高放废物处置库

前路漫漫，前途未卜。为高放废物寻找归宿，本不应等待和观望，需要决策和行动，而且要快。

对核的敌意，从何而来

1 对核的态度并不是一成不变的

"其实，辐射并不可怕。"

"其实，核工业非常安全。"

"即使发生概率极低的严重事故，核电厂也不会造成厂外影响。"

……

诸如这样旨在缓解公众恐核情绪的话语，经常可以在媒体的标题或核技术专家的开场白上看到或听到。遗憾的是，一番苦口婆心的原理灌输与数据对比后，原先谈核色变的人们大多无动于衷，仍然觉得辐射很可怕，核电不安全。

每每遭遇这样的情形，核能从业人员难免不感到沮丧，常常抱怨公众在对待核技术与其他技术的态度上采取双重标准。如果要追根溯源的话，公众对核能过分苛责的态度，与核能的出身和核技术独有的放射性特质息息相关。

19 世纪末 X 射线、天然放射性和镭元素相继被发现后，一开始的时候，经由科学家和医学界夸大其词的宣传后，人们对这种神奇无比又神秘莫测的放射性相当迷恋，接触和使用放射性在欧美国家成为一种时尚。随后几十年里，伴随着放射性伤害悲剧的不断上演，人们对辐射的态度发生了戏剧性的转变，由早先的迷恋转为持久的恐惧。再加上在过去的半个多世纪里，低水平辐射所致癌症或遗传效应的科学争议经久不息，人们始终没有找到充分的科学证据证实低水平辐射有害或有益，各国都过度保守地确立了线性无阈的辐射防护策略，某种程度上进一步强化了人们"辐射有害"的心理暗示。

和辐射类似，人们对于核能的态度，也经历了一个过山车般的历史演进过程。1945 年 8 月两颗原子弹在日本广岛和长崎的上空爆炸后，人们最初的反应，集中于爆炸的巨大威力而不是辐射产生的健康效应。战后，原先由政府高度保密和垄断的核技术，逐步向民用领域开放，在美国、苏联、英国等国发展核电的早期阶段，公众对核能的态度是高度支持、欢迎的，整个社会对核电在未来能源生产方式中的角色普遍感到乐观，甚至有些不切实际。

美国在 1956 年 2 月搞过一个公众调查，结果表明 69％的受访者不担心核电厂建在自己社区周围，只有 20％的人感到不安。彼时关于核电的新闻报道，也大多是正面而积极的，比如商业嗅觉敏锐的迪士尼公司就曾在 1957 年 1 月制作上映了一部时长 53 min 的科普电影《原子，我们的朋友》，广受大家的欢迎（如图 3-50 所示）。

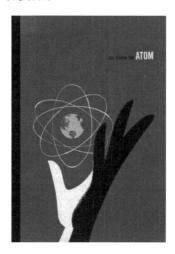

图 3-50　迪士尼公司出版的与电影同名的彩色插图书

不幸的是，世界核电的发展几乎与核军备竞赛同时起步。几个大国在核武器研制道路上互相比学赶超，从 20 世纪 40 年代末至 70 年代前，进行了数不胜数的大气层核武器试验，日渐引起了人们对核试验沉降物所致健康影响的担忧。这种担忧，早在 1946 年美国在马歇尔群岛比基尼环礁进行核试验时便初显苗头，当时的《读者文摘》和《生活》等大众杂志，就开始提醒人们关注辐射照射的危险。在这次核试验中担任辐射保健医生的布莱德利，在 1948 年出版了一本畅销书《无处躲藏》，向读者传达了同样的信息。

随着美国核电工业的快速发展，反对核电的声音也水涨船高。1975 年的一个民调显示，39％的受访者相信一旦核电厂发生故障，会导致巨大爆炸。慢慢地，在很多人的脑海里，核电厂跟原子弹扯上关系，甚至画上了等号。1979 年发生的三哩岛核事故，正是媒体把氢气爆炸等同于氢弹爆炸的恐怖性场景描绘，加剧了人们的恐惧心理，导致核电厂附近的居民自发逃离。1986 年切尔诺贝利核事故的严重后果，进一步加深了人们关于核电不安全的认识。时至今日，低水平辐射健康效应、核安全、放射性废物处置这三个议题，便成为横亘在核能支持者与反对者之间的巨大鸿沟。

凡此种种，使得核电发展的历程，也变成了不断被"污名化"的过程。相较之下，中国对核的认知过程要理性得多。对中国的民众来说，一提到核，首先想到的可能是"两弹一艇"，是高精尖科技、国之重器等比较正面的形象。我国的核电发展起步较晚，而且一直保持安全运行的良好记录。三哩岛核事故和切尔诺贝利核事故发生时，由于"远在天边"和资讯不发达等因素，总体而言民众对核能的认识至少是中性的。然而，2011年日本福岛核事故发生的时候，由于"近在眼前"和新闻媒体铺天盖地的宣传，中国的民众第一次对核事故有了较近距离的认识和感受，在各种小道消息和谣言的催化下，发生诸如抢盐风波这样过度情绪化的反应，也就毫不奇怪了。

感到奇怪而需要深入探究的是，一个在行内人士眼里相当安全的行业，为什么在大众层面会产生如此截然不同的印象？

2　可怕的不是辐射，而是恐惧

2002年，美国普林斯顿大学的心理学家卡尼曼（如图3-51所示）和另一位经济学家共同获得诺贝尔经济学奖。获奖的原因，在于他卓有成效地将心理学分析方法与经济学研究融合在一起，发现人在经济活动中主要依据经验、心理判断而非经济理论和假设做出决策。这项研究成果，是他和助手特沃斯基在20世纪70年代获得的，也就是在经济学界广为人知的"锚定效应"现象，概括起来就是当人们需要对某个事件做定量估测时，会将某些特定数值作为起始值，这个起始值会像船上的锚一样制约着估测值。换句话说，人们在下判断或做决定前，容易受到之前那些显著的、难忘的信息（证据、经验）影响，甚至从中产生歪曲的认识。

图 3-51　心理学家卡尼曼

今天，在经济生活中随处都可以看到"锚定效应"的应用，我们最熟悉的莫过于"双十一"购物狂欢节上，各种电商平台采取的打折或促销策略了。划去较高的原价，在旁边给出一个新的较低价格，原价自然而然就成了衡量商品价值的参照物；原价越高，顾客心里的锚定值也就越高，降价时入手，当然就感觉自己捡了大便宜了（见图3-52）。

图 3-52   "锚定效应"在商品促销策略上的应用

人们发现，"锚定效应"在核能领域同样高度适用。人们对核能的最初印象，绝大部分来自于核武器爆炸时产生的毁灭性的恐怖场景。这种神话般的最初印象，就像轮船上沉重的锚一样，牢牢地左右了人们对核技术的认识和态度，将之与死亡、癌症、遗传缺陷等联系在一起，并延伸到民用核能领域，在几起严重核事故的催化下，使得大多数人形成了本能的恐核心理。

和技术专家们倾向于从理性、客观的角度来理解风险不一样，公众对风险的认知更为感性和情绪化，严重地依赖于其知识、价值观、个人经历和心理等因素。20 世纪 80 年代，著名的风险沟通专家山德曼（如图 3-53 所示）提出"风险＝危险＋愤怒"，用以验证在危机处理过程中以科学计算出的风险与大众认定的风险之间的差异。他将"危险"定义为科学家所谓的风险，而"愤怒"则是大众面对风险时所作出的反应，包括恐惧、怀疑、悲伤等负面情绪，即风险等于实质的危险加上心理恐慌。事实上，在"危险"（危害可能有多大）和"愤怒"（可能使得人们有多焦虑）之间，关联性很小。而一个特定事故中决定大众反应的，主要不是实际的危险程度，而是所谓的愤怒或恐惧因素。

图 3-53   山德曼

社会心理学家斯洛维奇等曾经定量、系统研究过不同人群对 81 种活动（包括核能、车祸、抗生素、农药、酒精等）的风险认知状况，并提出了一种心理测量学范式。在这种范式中，影响人们风险认知程度的因素主要包括：

（1）自愿性，当风险来自于不自愿或强加的活动时，人们判断其风险更大，因而更不容易被接受。比如，公众愿意接受每年 0.4m Sv 的 X 射线诊断剂量，因为这个决定是他为了身体检查而自愿做出的，相反，哪怕每年 0.5μSv 的来自核燃料循环体系的辐射照射，他也不愿意接受。

（2）可控性，人们通常不会对自己能够控制的风险（如驾驶机动车和自行车）感到恐慌。当风险来自于自己无法控制的活动时（如化工设施产生的有毒化学物质的释放），人们判断其风险更大，因而更不容易被接受。

（3）熟悉程度，人们更愿意相信看得见摸得着而不是那些不熟悉或遥不可及的东西。当风险来自于人们不太熟悉的活动时，人们判断其风险更大。

（4）潜在的灾难性，相比于在时间和空间上分散或随机分布的导致伤亡的活动（如交通事故），当风险来自于具有在时空分布上呈分组排列的重大伤亡事故潜在性的活动时（如由工业爆炸重大事故导致的伤亡），人们判断其风险更大。

（5）理解程度，当风险不容易为人们所理解时（如由于有毒化学物质或长期低剂量辐射照射带来的健康效应），人们判断其风险更大。

（6）不确定性，当风险来自于具有较大不确定性的活动时（如核辐射或生物技术带来的风险），人们判断其风险更大。

（7）延迟效应，相比于那些会立即产生效应的活动（如中毒），当风险来自于可能具有延迟健康效应的活动时（如辐射照射与有害的健康效应之间的长期潜伏期），人们判断其风险更大。

（8）对后代的影响，相比于那些孤立的活动，当风险来自于可能给后代带来潜在威胁的活动时（如由于有毒化学物质或辐射照射导致的有害遗传效应），人们判断其风险更大。

（9）个人利害关系，当风险来自于会带来直接威胁的活动时（如居住在废物处置设施附近），而获得的收益又不足够大时，人们判断其风险更大，也就是所谓的"邻避效应"——"不要建在我家后院"。

（10）事故性质，相比于那些自然界导致风险的活动（如来自地下氡或宇宙射线的辐射），当风险来自于人为失误时（如操作失误或忽视导致的工业事故），人们判断其风险更大。

很不幸，在大多数人的眼里，核能是未知的、不可控的、后果恐怖的、影响范围大的、可能影响到后代的。对它的风险感知度很高，接受的程度自然就低了。所以，精神病理学家杜邦指出，人们对核能的担忧源于很多不理性的心理因素所致的恐惧，没有其他任何一种活动像核能一样，容易让人产生病态性的恐惧。正是这种病态性的恐惧，支配了大众对核能风险的认知。

3　仅仅解释远远不够

在对待核能风险的认知上，技术专家和公众就好比两个说着不同语言的人，各说各话。自从概率风险评价技术应用以来，在帮助专家们更好地认识和控制风险方面，功劳甚大。然而，公众对概率并不敏感，就好比生活中买彩票中大奖的概率可能低至一亿分之一，可是又有谁能向大家解释清楚这种概念，从而打消他们购买彩票的念头呢？尽管中奖概率极低，但预期的收益足够高，所以大家趋之若鹜。同理，一个带有很大后果的核事故，不管其发生概率多么低，都难以使公众接受。借用经济学上的一个术语，这种心理现象称为"风险厌恶"，对风险的高估是其主要特征。所以，当专家们向台下的公众喋喋不休地解释核事故发生的概率如何如何低时，注定是一个失败的沟通案例。

要填平专家与公众之间的鸿沟，唯一的办法是首先要在对话双方创造一种共同的语言环境，以分享彼此对风险的理解，这就是风险沟通的使命。在心理学家看来，风险沟通本质上是一种通过沟通对公众心理产生影响的过程。

根据事故造成的危险大小及公众的愤怒程度，山德曼教授将风险沟通分为四种类型（如图 3-54 所示）：

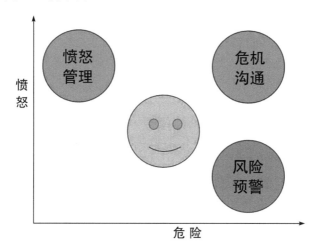

图 3-54　山德曼的风险沟通模型

一是图中左上角的低危险、高愤怒类型，需要开展"愤怒管理"，让人们冷静下来，核能风险的沟通就属于这一类；

二是图中右上角的高危险、高愤怒类型，需要开展"危机传播"，帮助不安的人们正确面对危机；

三是图中右下角的高危险、低愤怒类型，需要开展"风险预警"，适时提醒人们注意面临的风险，比如交通事故风险，需要通过各种警示牌经常提醒人们；

四是图中间的笑脸类型，即危险程度与引发的情绪程度均中等且相适应，与相关人群进行轻松而平等的对话。

如何有效地实施风险沟通，是一门大学问和一个大挑战，不是依靠几个权威专家就能搞定、消除公众疑虑的，而是需要一批熟谙心理学、媒体传播、公共关系学、核技术等知识和经验的团队。说到底，风险沟通既是一个理论问题，更是一个实践问题。在实践过程中，需要坚持几个基本的原则或策略：

（1）赢得信任，建立信誉。信任是沟通的基础，缺乏信任就难以解除公众的恐慌。事实上，很多危机处理中公众的最大愤怒往往源于不信任，不信任滋生恐惧。脆弱是信任的基本特性，信任的建立需要很长的时间，但瞬间便可以失去。而且，一旦信任遭到破坏，要想将信任恢复到以往的水平，需要花更长的时间和更大的代价。可以说，在风险沟通中，信任和信誉是一个风险沟通者最宝贵的资产。

（2）不（少）说行话，找到共同语言。面对问题，通常认为知识为首要的解答；然而，"理性"的方式并不被80％以上的听众所喜欢。技术语言对于专业领域内的人士是有效的，但对于向公众进行成功的风险沟通却是一个障碍，在沟通中把技术信息翻译成外行可理解的语言至关重要，随后彼此知识和情感的交流与分享方有可能。

（3）不要告诉一半事实，更不要说谎。企业和政府机构一般都尽量避免说谎，但是还不够坦诚，通常觉得最好只说技术上没错或偏向正面的事情，但是这会误导人们，特别是在试图使人们保持镇静的危机中。撇开道德不谈，这种战略通常会事与愿违，人们一旦获悉事实的另一半，便只会感觉没有对他们说实话，又会加深他们的忧虑。

（4）注重倾听，而非只说不听。风险沟通应对成功的关键，在于将公众作为合作者而不仅仅是受益者。专家们要想让自己的理论为大众所接受，就必须表现出足够的坚定性。要做到这一点，最好的方法就是遵从同理心，诉诸公众的情感，因为"情感是理性的大敌"。清晰地表达公众易理解的信息还不够，还必须考虑受众的感知和情绪，并通过真诚的倾听对之予以尊重，以求情感的共鸣。

不少有识之士相信，公众的态度是核能未来面临的最大挑战之一。或许，面对人们由来已久的成见，需要理智与情感并用，在用理智说服人们斩断核武器与核电之间关联性的同时，诉诸于情感，倾听人们的恐惧，"其实，大家觉得辐射可怕，我们完全理解……"

因为，只有先理解他人，才有可能获得他人的理解。

第四部分　护　航

第一原子神殿与安全监管

1　大学反应堆

当贝克提出在大学校园里建造一座研究性反应堆的设想时，所有人都认为这个想法实在大胆，不啻于天方夜谭（如图 4-1 所示）。

要知道，在 1950 年的时候，关于核技术和核材料的一切，都是高度机密，由政府垄断和拥有，90％的核研究成果都用于军事目的。要进入这个行当，首先得通过美国联邦政府严苛的安全调查。核能的民用前景，看起来挺美好，不过一般的私营企业和大学可不愿意趟这个"浑水"。

在这样的背景下，规划建造一座民用反应堆，其他人想都不敢想。然而，贝克看见的却是机遇。

1942 年从北卡罗来纳州立大学获得物理学博士学位后，贝克随即加入绝密的"曼哈顿计划"，在哥伦比亚大学冶金实验室从事铀同位素的富集研究

图 4-1　贝克

工作。二战结束后，他转战来到橡树岭，进入 K-25 气体扩散厂，主要研究放射性物质的安全操作与贮存问题。

1949 年，贝克接过母校抛出的橄榄枝，回到北卡州立大学，受命重新组建物理系。这位新的物理系主任，甫一上任就提出一个让校方吃惊的想法：为什么不在物理系建造一座小型的研究与教学用反应堆，培养未来的核工程师呢？

虽然挑战巨大，贝克决定试试。1950 年初，得益于之前在核工业圈的工作经历和积累的良好人脉，他顺利找到原子能委员会的领导并向他们陈述了自己的想法，希望承担第一个完全民用的核工程项目。

说起来也是机缘巧合，贝克的时间点踩得刚刚好。1949 年 9 月，苏联对外宣布成功试爆原子弹。美国的核技术垄断被打破，联邦政府高层随即产生了不同的观点，以刚刚卸任的原子能委员会主席为首的一帮人，力主尽快解密核技术，并应用于美国的工农业等民用领域。

贝克的主动请缨，让原子能委员会的官员很高兴，正好给了他们一个解密核技术信息的外部切口。贝克的大学反应堆项目就这样顺利立项了，顺利得让他都觉得有点意外。到 1950 年底的时候，原子能委员会已经对外公开了核裂变

研究和小型反应堆的部分技术信息。

不过，支持归支持，摆在原子能委员会面前的挑战，却很严峻：对于一个民用核项目，如何进行审查、许可与监管？只有政府才拥有的核材料，如何用在民用反应堆上？在一个人群密集的大学校园里，如何确保反应堆的安全？在一个没有准军事化管理的校园里，如何防止反应堆被蓄意破坏？

这个艰巨的任务，落在一个成立不久的委员会头上。

2　保守的安全审查方法

在 1947 年原子能委员会组建时，便在内部成立了反应堆安全委员会（RSC），来审查计划建造的反应堆是否危及公众安全。10 年以后，原子能委员会根据 1954 年《原子能法案修正案》要求，反应堆安全委员会改革调整为反应堆安全咨询委员会（ACRS）。反应堆安全咨询委员会是一个经法律授权的独立委员会，主要由反应堆各专业领域的权威专家兼职组成，承担对反应堆许可申请的独立安全审查，并将审查结果和建议报告给原委会。

在反应堆安全咨询委员会首任主席泰勒的眼里，"安全咨询委员会，就相当于马路上的交通警察"。每个反应堆申请，在经过原子能委员会内部人员的初步审评后，都要提交给反应堆安全咨询委员会独立审查过关，方能取得建造或运行许可证。

为了确保安全，他们采用了一种当时称之为"简易程序"的保守方法。关于这种保守的审查方法，泰勒当时说过的一番话，最为形象："进入核纪元以前，常用的试错法是促成美国工业进步必不可少的有效方法，但如果应用在核领域的话，可能会带来无法承受的风险。譬如，一辆汽车在制造过程中留下质量隐患，可能导致几个人丧生；一架飞机的安全设施出现纰漏，可能谋害 150 条人命；但是，如果在一个人群聚集区附近的核设施发生放射性物质大量释放的话，可能危及整个城市。因此，在设计、评估核安全措施时，只能在纸上实验、推演，而不能在现实中试错。"

为此，对于每个反应堆，审查人员均要求设计人员回答以下关键问题：你能想象的最坏的可能事故情景是怎样的？针对这种事故情景，在设计中采取了什么样的安全防范措施？如果，安全审查人员设想的事故情景及严重程度，能被设计人员的设计与分析所覆盖或包络，那么就认为这个反应堆是足够安全的。正是在此基础上，后来的安全专家逐渐建立、发展了一种保守的确定论安全分析方法，奠定了核安全审查与分析的基石。

对于贝克提出的大学反应堆设想，反应堆安全委员会把审查的重点放在以下几种潜在危险上：反应堆里的核裂变反应失控，由于火灾、地震、人为破坏而导致放射性物质大量释放，正常运行过程中的放射性泄漏或人员受到意外照射等。他们要求大学在提交的危害总结报告（今天业内人所周知的安全分析报告的前身）中，对上述担忧给予一一回应和论证。

为了满足原子能委员会关于反应堆固有安全性的要求，贝克和他的同事们设计了一款称作"开水锅炉"的均匀反应堆，利用高富集铀特制而成的硫酸铀酰作核燃料，功率不过 10 kW。这种反应堆具有很大的负反应性系数，可以有效地遏制功率快速上涨的趋势，并设计了反应堆保护连锁装置，以及一个防止蓄意破坏的钢筋混凝土屏蔽房（如图 4-2 所示）。

在审查、许可的流程上，原子能委员会也是摸着石头过河，采用了一种分步骤的有条件许可模式。首先，当大学解决了最重要的设计安全问题后，原子能委员会同意可以开建；当反应堆建造完工后，原子能委员会才同意供应富集铀燃料，但是必须等到他们解决所有重要的安全问题并完成最终检查后，方把铀燃料正式移交给大学（如图 4-3 所示）。

图 4-2 贝克手持反应堆堆芯

图 4-3 建造中的大学反应堆

后来，美国以此为基础，建立了"两步法"安全许可流程：每个核电厂只有获得建造许可证或运行许可证后，方可进行相应的建造或运行活动。在许可过程中，初步安全分析报告或最终安全分析报告则成为申请者提交给原子能委员会的主要文件，以便后者通过安全审查来决定是否颁发许可证。

原子能委员会在北卡州立大学反应堆上的安全监管探索，成为美国民用核安全监管的滥觞，当时秉持的原则、理念和方法，在后来的监管实践中打下了深深的烙印。

3 第一原子神殿

1953 年 9 月 5 日，历经将近 4 年的建造后，代号为"R-1"的全世界第一座大学研究堆，在北卡州立大学成功临界，成为原子核应用于教育和研究领域的重要里程碑。

　　这座对公众开放的大学研究堆，吸引了无数好奇的民众前往一睹其神奇。为此，北卡州立大学特意在反应堆旁边设置了一个观察室，透过一面特制的大玻璃屏蔽窗，参观者可以近距离地观察反应堆的运行及实验过程（如图 4-4 所示）。

图 4-4　反应堆旁的观察室

　　面对好奇的参观者，核物理学家贝克指着玻璃后的反应堆，不无得意地说，"其实，里面并没有什么神秘之处，也不存在超级秘密，不过是另一种工具而已。"

　　他越说不神秘，别人越感觉神秘。单单在反应堆运行的第一年，就有超过6000 名的参观者到访。美联社的一名科学编辑为此发表了一篇长篇科技报道（如图 4-5 所示），称这个反应堆为"原子第一神殿"。

图 4-5　美联社报道中的图片

　　1955 年 1 月，《新闻周刊》也发表专题报道，"成千上万科学家和大学校长们艳羡的目光，投向了北卡州立大学物理系的一座小楼。北卡罗来纳州首府罗利，一下子成为核科学研究的圣地麦加，吸引了从土耳其总统、北卡花生种植旅行团到德国大学教师等在内的各色人等，前往瞻仰。"

　　R-1 反应堆，确实不负众望。利用这个独一无二的教学与研究工具，北卡州立大学物理系在核物理、核化学、核医学及核工程等领域取得丰硕的研究成果，并培养了世界上第一批核工程博士（如图 4-6 所示）。虽然后来由于腐蚀问题导致燃料泄漏，但反应堆在 1957 年和 1960 年两次改进并增大功率，代号分别为 R-2 和 R-3。退役后，这座最早的大学反应堆被美国核学会命名为核历史地标。

图 4-6　贝克及同事在反应堆主控室里

　　获得崇高声望的贝克，在 1955 年离开大学，加入原子能委员会，并作为美国代表团的技术顾问，参加了当年在日内瓦的第一届原子能和平利用国际会议。在原子能委员会，作为一名优秀的技术专家，他承担了反应堆安全审查技术把关的重要任务，经常向原子能委员会高层和国会原子能联合委员会解释技术问题，后来担任了反应堆监管司副司长职务。

　　贝克在核安全上的最重要贡献，是牵头制定了世界核安全监管历史上第一个技术法规。那个核工业界广为人知的专业术语"最大可信事故"，据说就是他在此过程中第一个提出来的。

核电厂选址的故事

1 不适用的经验公式

当爱迪生联合电气公司准备在大都市纽约的中心地带建设核电厂的计划传开后，当地的民众，顿时炸开了锅。

作为核能工业的主管和监管部门，美国原子能委员会自然成了矛盾的焦点。原子能委员会内的安全监管人员，更是处在风口浪尖上，简直就成了众矢之的。

各方交锋的核心，都指向那个刚出台不久的核电厂选址法规。

从 20 世纪 40 年代到 20 世纪 50 年代初期，反应堆都服务于军事目的，绝大部分建在联邦政府所属的秘密特区里。出于保密的考虑，这些特区无一例外都设置在人迹罕至的地方，要么地处偏远山区，要么置于沙漠腹地，再加上反应堆功率普遍较低，放射性物质的存量不大，基本不用担心对公众的安全影响问题。即使在事故情况下，由于大气的稀释和弥散作用，抵达特区边界外的放射性物质，也构不成重大威胁。

1954 年的《原子能法案修正案》通过后，原子能委员会便积极在国内推广核能发电新技术。那些在核能商业开发上跃跃欲试的电力公司，除了要考虑反应堆的安全性外，更关心资本投入产出，也就是核电厂的经济性问题。当时决定核电厂经济性的一个关键因素，就是未来的电力负荷中心的距离。所以，在美国核电的起步阶段，反应堆选址就成了一个绕不开的关键问题。

对于电力公司而言，自然希望核电厂距离电力用户越近越好，这样可以大幅降低输送电成本。对于原子能委员会而言，似乎有点两难：一方面肩负着推广、促进核能发展的职责，另一方面又承担着保护公众健康和安全的重任。若是审查过于严苛，担心电力公司望而却步；若是审查流于形式，万一留下安全隐患的话，将来可能会出大事情。

自然地，原子能委员会的审查官员一开始希望，仍然沿用原来的禁区隔离的实践，来保证公众的安全。当时的科学家认识到，反应堆的主要危险，来源于灾难性事故情况下大量放射性物质的不可控释放，因此在选择核设施厂址时主要考虑的因素，就是反应堆与附近人口中心的距离。

1950 年，原子能委员会发布了《反应堆安全委员会报告摘要》（WASH-3 报告），首次公开阐述了反应堆选址的考虑和实践。对于每一个待建的反应堆，从保守的角度出发，均要假定一个最坏的可能事故，一般涉及燃料的过热或熔化和冷却剂系统的破坏，继而导致堆芯中 50％ 的裂变产物释放到环境中。为了防止此类事故给公众带来危害，原子能委员会在报告中推荐了一个按照反应堆热功率估算禁区半径的经验法则：

$$R \text{ (km)} = 0.016\sqrt{P \text{ (kW)}}$$

这个经验公式的推导逻辑是：假定在一个严重事故情况下，计算得到的禁区半径外的居民受到的辐射剂量估算值应小于 3 Sv（当时认为的致死剂量的粗略阈值）。

顾名思义，禁区半径 R 指的是以反应堆为中心，禁止公众居住或进入的半径范围。譬如，按照经验公式，对于一个热功率为 50 MWt 的小型核电厂，$R = 2.77$ km；对于一个热功率为 3000 MWt 的大型核电厂，也就是现在常见的百万千瓦电功率的核电厂，$R = 27.8$ km。

对于准备踏入核电门槛的电力公司而言，如果也按照这个经验公式来开展反应堆选址的话，显然是不切实际的。

2 大都会选址政策

如何制定一个基于技术的核电厂选址标准，当时的原子能委员会审查人员，心里其实并不清楚。在此之前的大多数反应堆，都建在远离人群的隔离区并由政府负责运行管理，这种情况不能提供多少有价值的参考；第一座真正意义上的核电厂 1957 年才建成投运，根本谈不上运行经验的反馈，再加上对核技术的认识与理解程度非常有限，使得他们有点无从下手。

所以，原子能委员会的最初打算，是把反应堆选址标准制定的事情搁一搁，先行先试，待积累了必要的核电厂设计、建造、运行和监管经验后，再着手制定标准就水到渠成了。

但是国会和电力公司不答应，敦促尽快出台核电厂选址法规或标准，尤其是各个电力公司，强烈建议核电厂厂址尽可能靠近人口聚集区，也就是所谓的"大都会选址政策"。

其实，电力公司提出的大都会选址政策，并不全然是只顾经济利益不顾百姓安全的利令智昏之举，他们认为是有先例的。比如，1952 年一个液态钠冷潜艇中能反应堆在诺尔斯原子能实验室兴建，距离纽约州西米尔顿的人口聚集区只有 30 km。为了响应原子能委员会的担忧，通用电气公司开了一个重要的工程安全措施先河，设计了一个类似今天安全壳功能的气密钢制球体，把反应堆安装于其中。随后，位于芝加哥红门森林附近的阿贡实验室，也把建造的研究堆罩在一个密闭的混凝土建筑里。

希平港核电厂距离宾夕法尼亚州匹兹堡 32 km，虽然算得上偏远，但厂址周围生活有不少人群，也不满足上述的经验法则。为此，西屋公司设计了一个安全壳厂房。1955 年至 1956 年间，原子能委员会受理了三个大型核电厂的建造申请，它们均位于大城市附近：德累斯登核电厂位于芝加哥西南方 56 km，印第安纳角核电厂位于纽约北部 39 km，费米核电厂位于底特律南边 40 km。为了弥补反应堆距离大城市近的不足，并打消原子能委员会和公众的安全疑虑，三个电厂的反应堆也都设计有安全壳。

当时的设计者可能没有意识到，他们设计的安全壳，作为确保核安全的最后一道实体屏障，后来成为核电厂的标配，其卓越的阻隔放射性物质能力在三哩岛事故中得到有力的验证。相反，由于缺乏坚固的安全壳，切尔诺贝利事故则酿成了严重的公众健康和环境后果。

也就是说，在核电的起步阶段，安全设计和审查专家主要通过距离隔离，并辅之于工程安全措施，来达到确保公众安全的目的。后来，工程安全措施，也就是大家所说的专设安全设施，渐渐占据了上风，也就允许反应堆尽可能靠近人口中心区了。

尽管如此，但是原子能委员会一直没有给出具体的标准，来明确反应堆厂址距离与安全壳之间的换算关系。在审查每个核电厂的建造申请时，审查人员都是具体问题具体分析，个人经验和工程判断在其中起着重要作用。

在各方的呼吁下，原子能委员会在 1959 年初决定由安全监管司副司长贝克牵头成立一个工作组，着手编制核电厂选址法规。他们设想，至少应在充分考虑厂址周围人口密度、气象、水文、地质、地震等因素的基础上，结合特定堆型所设计的工程安全补偿措施，确定一个隔离区的范围。这个分析评价过程的前提，便是确定一个最大的假想事故及事故后果可以接受的验收准则。

6 月，在罗马举行的第六届电子与原子能国际大会与博览会上，参会的贝克第一次公开阐述他的安全思想，"一方面，如果仍像以前那样，假定一个最坏的可能事故，那么除了远离人口中心区数百英里之外，将找不到可以提供充分的公众保护的厂址。另一方面，如果在设计上考虑了能抵御所有可能发生事故的工程安全措施，而且在这些措施不会失效的前提下，那么可以说每一个厂址——即使在人群聚集区——都是满足要求的。很显然，单纯地考虑这两种情况，都是不现实的。作为监管者，需要在这两种极端情况之间做一个折中的处理，也就是假定一个最大可信事故。"

1960 年夏天，原子能委员会和安全委员会一致同意用最大可信事故替代最坏可能事故，作为分析、评价反应堆厂址适宜性的先决条件。因为当时积累的运行经验和未来规划的绝大多数核电厂都是轻水堆，他们决定把轻水堆作为考虑的参照堆型。

由此，确定的反应堆最大可信事故是：一回路冷却剂系统上的主管道出现大破口，甚至完全破口（也就是业内所说的主管道双端剪切断裂），冷却剂完全丧失，引起堆芯冷却剂闪蒸、燃料熔化，继而导致部分裂变产物释放到安全壳大气中。虽然审查人员认为这种最大可信事故在现实中不太可能发生，但出于保守的考虑，仍变成了判断反应堆设计和厂址适宜性的重要因素。

到年底的时候，经过反应堆安全咨询委员会的审查及工作组的来回修改，贝克牵头编制的法规草案终于得到原子能委员会高层的批准，向各界公开征求意见了。

结果，外界的反应，比他们预想的要严峻得多。

3 反应堆选址准则

在 120 天的公示期里，原子能委员会一共收到 34 条正式的修改意见或建议，绝大多数来自于打算进入核电行业的电力公司和反应堆供货商。而且，这些意见大部分是负面的，主要集中在两个方面：一是从目前核电刚刚起步的形势看，以颁发法规的形式规范核电厂的选址，条件还不成熟，应换成发布灵活性更大的导则来定义厂址可接受性的条件更合适；草案过分强调了反应堆隔离的距离因素，而对事故情况下缓解后果的专设安全设施关注不够。

随后，美国核工业界自发成立了一个工作组，研究具体的修改方案。最后修改定版的法规中，吸纳了核工业界的不少意见，比如法规适用范围仅限于核电厂，对专设安全设施的事故缓解功能给予了更多的考虑，并拿掉了草案中的计算距离因子的实例，以技术文件的形式发布供行业参考。

1962 年 6 月，原子能委员会颁布了联邦法规 10 CFR 100《反应堆选址准则》。这个法规定义并明确了核电厂选址中应考虑的三个重要概念，即隔离区、低人口区和人口中心距离（如图 4-7 所示），并规定以事故情况下公众受照剂量限值作为确定上述边界的具体依据：

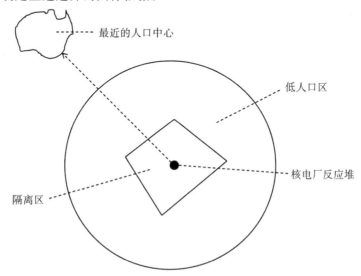

图 4-7 隔离区、低人口区和人口中心的关系示意图

（1）在假定的放射性物质释放（虽然最大可信事故一词在法规中没有正式出现，但其内涵是一致的）情况下，位于隔离区边界上的个人，在事故发生 2 h 内所遭受的全身剂量不超过 250 mSv、甲状腺剂量不超过 3 Sv。

（2）位于低人口区外边界上的个人，在整个事故期间（通常以 30 d 计算），所遭受的全身剂量不超过 250 mSv、甲状腺剂量不超过 3 Sv。

（3）厂址附近的人口中心距离，至少应是低人口区外边界的 1.33 倍。若涉及大城市，这个距离须更大些。

在原委会于同年发布的技术文件《动力和试验堆厂址距离因素的计算》（TID-14844 报告）中，详细描述了反应堆与上述三个边界的关系及计算依据。

自此以后，原子能委员会及反应堆安全咨询委员会在审查每个反应堆建造申请时，都要求申请者回答两个问题：最大可信事故是什么？它的后果是什么？正是建立在最大可信事故的基础上，审查人员评估每一个厂址的适宜性和反应堆设计中专设安全设施措施的有效性，才使得美国很多核电厂建在大都市附近的申请得以通过。

就在选址法规颁布当年的 12 月 10 日，作为当时最大电力公用企业的爱迪生联合公司便提出，在纽约皇后区的东河旁建造一座大型核电厂，规划两台压水堆，电功率均为 1000 MW，并正式向原子能委员会申请建造许可证。核电厂所在地雷文伍德，距离闻名遐迩的中央公园和联合国大楼都只有不到 1.5 英里，当时的估计，核电厂方圆 1.5 英里范围内的人口，白天和晚上分别超过 28 000 人和 19 000 人，方圆 5 英里则为 550 万人和 300 万人（如图 4-8 所示）。

毫无疑问，爱迪生联合公司的计划在当地掀起了轩然大波，简直吓坏了当地居民。在向原子能委员会提交的安全评价报告中，爱迪生联合公司强调，反应堆设计有双层安全壳，即使在最坏的可能事故情况下，安全壳也不会破坏，放射性物质不会释放到环境中，仍然满足选址法规中的剂量验收准则。

不过，这个计划实在大胆，审查人员对安全壳的绝对可靠性持怀疑态度，民众更是坚决不相信。为此，国会在 1963 年举行了几次听证会，对电力公司进行公开质询。迫于各方反对，爱迪生联合公司自忖通过审查的可能性非常渺茫，便于 1964 年 1 月主动撤销了建造申请。

正如贝克和他的同事们在后来所承认的那样，"核电厂选址法规的颁布，并没有消除在选址过程中继续依赖工业界和监管部门主观判断的需要"。但是，这个法规的颁布实施，可以视为原子能委员会在促进核电发展的同时，为保护公众安全与健康而进行的监管法制化的积极探索。虽不完美，但意义重大。

核电厂厂址
PLANT SITE

联合国大楼

帝国大厦

RAVENSWOOD NUCLEAR GENERATING UNIT"A"
AERIAL PHOTOGRAPH LOOKING NORIHEAST
FI6.8-11

图 4-8　1962 年纽约雷文伍德核电厂规划厂址

事实上，即使在今天，也很难对最大可信事故下一个准确的定义，因为大家对于事故发生可信还是不可信，从来见仁见智。显然，最大可信事故不可能涵盖所有可能的事故；可信一词似乎也含有概率的意思，但在确定什么是可信事故这个问题上，专家判断和工程经验始终起主导作用。譬如，对于反应堆的关键设备压力容器是否会破裂以及应否被选为可信事故，以 20 世纪 60 年代中期为分水岭，核工业界曾出现过不同的认识和争论。

很快，最大可信事故便被一个叫设计基准事故的概念所取代，并在 20 世纪 70 年代末定型，后来成为反应堆安全分析领域使用最为频繁的专业名词之一。而设计基准事故及其背后的方法论，带给反应堆安全的影响，则更为重大、深远。

核安全的基石是怎样筑牢的

1　物理学家与化学工程师之间的冲突

得知杜邦公司的工程师对他的反应堆设计方案进行了大量修改后，魏格纳怒不可遏，双方由来已久的矛盾终于爆发了。

1942 年秋天，美国为研制原子弹秘密启动"曼哈顿计划"后，项目负责人格罗夫斯将军便找上了化学工业领头羊杜邦公司，鼓动其积极参与到核武器材料的生产中来。成立于 1802 年的杜邦公司，以生产黑火药起家，在第一次世界大战中因出售大量军需品而迅速扩张为跨国工业巨头。经过一番考察与调研后，杜邦公司与联邦政府签订了一揽子服务协议，只象征性地收取一美元的费用，希望借此机会扭转在业界和民众中留下的唯利是图的坏名声，并树立爱国、奉献的良心企业形象。

12 月 2 日，世界上第一座反应堆 CP-1 在芝加哥大学成功临界后，建造用于生产原子弹核材料的反应堆便迅速提上了议事日程，杜邦公司承担了将科学家的理论设想变成现实可行的实践的重任。

首先，他们在橡树岭基地承建了 X-10 反应堆。这座石墨慢化、空气冷却的原型反应堆，由费米在芝加哥大学冶金实验室的同事魏格纳操刀设计，用以生产少量的钚，为后续建造大型生产堆和化学后处理工厂积累经验。

由于反应堆功率很小（初始功率为 500 kW），而且项目由芝加哥大学冶金实验室的科学家主导并负责运行，杜邦公司只是承建方，虽然在建造过程中出现一些分歧和小摩擦，大家基本上还是相安无事。

随后，基于 CP-1 和 X-10 反应堆的设计和实验经验，魏格纳带着项目组的同事在几个月内设计了第一座大型生产性反应堆，也就是汉福特基地的 B 反应堆（见图 4-9）。面对这样一座大型的工业设施，格罗夫斯决定交由杜邦公司负责建造和运行，冶金实验室的科学家负责反应堆初步设计。

在魏格纳及其同事看来，将他们设计的石墨慢化、水冷却反应堆变成一座实际运行的工厂，并不是一件难事，工程师们只需要按照设计报告中的图纸照葫芦画瓢建造就行了，根本不用进行详细的工程设计。然而，在杜邦工程师的眼里，建造和运行一座大型反应堆是一项异常艰巨的工程任务，一百多年前在研制火药过程中付出了大量血的代价与教训，逐渐培育了谨慎、保守的企业安全文化。

在进行施工图设计过程中，由于对神秘的核技术缺乏充分的了解，杜邦公司的工程师出于安全上的考虑，针对魏格纳的初步设计做了不少的调整与修改。

比如，基于之前在建造、运营化工厂中采用的通用设计方法，工程师们把反应堆分隔成一个个相对独立的子系统分别建造，从而实现各系统之间的隔离，防止局部发生的事件波及整个厂房；在危险的放射性物质与工作人员及外部环境之间，设置多道实体的隔离屏障，防止人员受到意外辐射照射；在重要系统或设备的设计、建造和安装过程中，他们还有意识地留有安全裕量，把燃料孔道数由魏格纳设计的 1500 个调整为 2004 个，热功率降低一半至 250 MW，在反应堆的背面设置了一个大水池来收集废铀棒等。

由于设计上的调整与修改，工程拖到 1943 年 10 月才开工，这让魏格纳非常生气。他对自己的设计非常自信，坚持认为反应堆的物理计算已相当准确，无需在建造中再考虑其他影响安全的不利因素，杜邦公司的做法严重影响了工程的进度，担心德国可能赶在美国之前造出原子弹来。

图 4-9　建造中的汉福特 B 反应堆

不过，在这一次的争执与分歧过程中，杜邦公司没有妥协与让步，因为他们不只是建造反应堆，还负责在将来运营反应堆，工程师们坚持必须考虑必要的不确定性而在设计中留有裕度。魏格纳找到格罗夫斯抗议一番无果后，也只得作罢。

一年以后，B 反应堆建造完成。结果，在达到临界几小时后，反应堆便自行停堆了。正是由于杜邦工程师当初"多余"的燃料孔道设计，克服了氙-135 的"中毒"效应，反应堆才得以继续运行并生产出核武器材料（参见《群星辉耀曼哈顿》）。这个事件给魏格纳等一帮核物理学家上了一课，再也不好意思嘲笑那帮工程师无知、胆小了。

更让他们想不到的是，杜邦公司在汉福特 B 反应堆上的做法，在后来的工程实践中被广泛借鉴，逐渐演变成了核安全的基石。

这块基石，便是今天大家耳熟能详的纵深防御策略。

2 多层防御的实践

第二次世界大战结束后，里科夫非常赞赏杜邦公司在生产堆上保守的决策思想，把它移植到核潜艇的研制过程中。相比于战斗力，他更关心和在乎核潜艇的安全性。安全，成为他一切决策的前提条件。

为了确保艇员的安全，里科夫和手下的工程师们可是煞费苦心。我们知道，对于陆上反应堆，可以分别应用距离和屏蔽防护的原则，即依靠偏远的选址和增设安全壳的方法，来规避反应堆运行过程中可能对工作人员和公众产生的辐射危害。但对于长时间航行在大海深处的核潜艇而言，这两种方法都难以适用：一来发生事故时，艇员在水下逃生空间非常有限，即使停留在港口，也多位于都市的人口密集区附近；二来由于潜艇尺寸和空间的限制，不太可能在反应堆的外面罩上一个庞大的安全壳。别无他法，海军方面只有穷尽一切办法防止发生事故，来确保核安全了。

在里科夫的主持下，海军在设备制造质量控制、系统和部件试验或检查、操纵员培训等方面制定了严格的程序。设计之初就考虑了潜在的设备失效或故障，设置了冗余系统，以便每个安全功能均由多于一个的系统或部件来执行；系统和部件在制造时留有相当大的裕量，以便应对可能的意外状况；操控反应堆的工作人员，必须经过严格的培训方可上岗。事实证明，这些事故预防策略达到了预期的效果，对潜艇反应堆的运行安全起到重要的保障作用。

美国的核电，起源于核潜艇反应堆技术。自然而然地，海军的反应堆事故预防策略，随后被完全移植到早期的核电厂设计、建设当中。1957 年建成投运的希平港核电厂，所有重要的设备、部件和仪表，在整个制造过程中处于工程人员的全程监造和监督当中，对发现的质量缺陷，作为政府全权代表的里科夫一票否决，绝不妥协。为了确保公众安全，在放射性物质与环境之间设计了四道屏障：第一道是将核燃料装进高度耐腐蚀的锆合金包壳中，第二道是将密封焊接好的反应堆主冷却剂系统置于承压的隔墙内，第三道是将反应堆及其蒸汽系统装在一系列相互连接的压力容器里，最后一道则是将整个反应堆置于地下混凝土结构中。

1958 年，在一个描述汉福特钚生产堆的安全设计文件中，第一次公开提及这种多层防御的概念。1965 年，在呈送给国会原子能联合委员会的一封信中，原子能委员会主席西博格把"多层防御"定义为民用反应堆的事故预防和缓解策略。1967 年，在原子能委员会的一个内部报告中，他们把防御的层次概括为事故预防、保护和缓解三个层次，并强调应把安全投入和措施集中于事故预防上。

随后，"多层防御"在核工业界逐渐演变为纵深防御的概念，并成为确保核安全的基石。在 1973 年发布的 WASH-1250 报告《核电厂轻水反应堆和相关设施的安全》中，原委会将纵深防御概括为确保核安全的基本哲学，也是迄今为止能找到的出现该术语的最早文献。

这种安全哲学，隐含着三个基本的假设：设计上不可能完美无缺，设备有时会出故障，人们偶尔会出错。既然如此，为了安全考虑，我们便采取两种策略：一种是预防策略，尽可能避免出现故障、瑕疵或失误；另一种是缓解策略，即使采取了各种预防措施，但难免百密一疏，事故仍有可能发生，那么就利用一切可行的补救措施来缓解或控制事故后果。

在贯彻和落实预防或缓解策略过程中，我们常常秉承三个原则：

一是冗余性，确保执行同一安全功能的系统或设备有多套，比如设置超出运行需求的多套应急柴油机组；

二是独立性，避免一个系统或设备受到其他系统或设备的影响而发生继发故障，比如将相邻的两个安全重要设备进行实体隔离；

三是多样性，避免执行同一安全功能的系统或设备由于同样的原因失效，比如采用不同的运行条件、不同的制造厂、不同的工作原理等。

概而言之，我们应用纵深防御思想的根本目的，在于补偿由于人类认知能力的限制而产生的不确定性。

麻烦之处在于，人们往往很难确切地知道不确定性的大小，那么补偿这种不确定性的程度或边界又在哪里呢？可以说，评估纵深防御实施有效性的难题，也是确定论安全方法所面临的难题。

3 纵深防御的现实与挑战

紧随希平港核电厂之后，美国核电厂的承建者如法炮制，广泛地借鉴这种成功的实践经验，在此基础上形成了早期的纵深防御策略：为确保反应堆安全，首要的关键要素是实施事故预防措施，通过质量控制、系统和设备保守的设计、制造和安装、操纵员的严格培训来最大程度减少事故发生的可能性；尽管如此，设备故障或操作失误在所难免，事故仍可能发生，则依靠冗余的安全系统来应对；假若安全系统失效或应对不力，则依靠安全壳厂房来防止放射性核素释放至环境；此外，核电厂要启动事故管理程序；最后，在选址时，事先划定隔离区和低人口区来减少事故情况下潜在的受照人群，并制定应急计划（包括掩蔽和撤离措施）来减少公众的受照剂量（见图 4-10）。

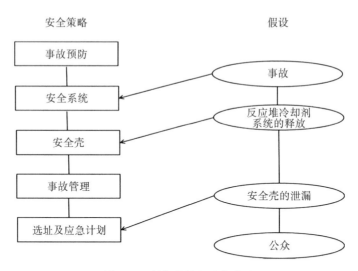

图 4-10　早期的纵深防御策略

　　三哩岛核事故和切尔诺贝利核事故的发生，使得人类对核事故的认识和研究逐步加深，相应的安全措施日渐成熟，便形成了今天 4 道实体屏障与 5 个防御层次相辅相成的纵深防御体系（如下表所列）。就一座典型的轻水堆核电厂而言，4 道实体屏障分别是燃料芯体、燃料包壳、反应堆冷却剂系统压力边界和安全壳（见图 4-11）。

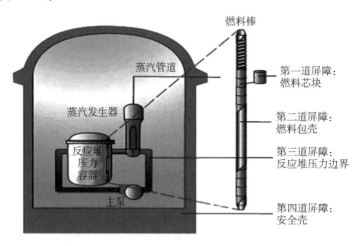

图 4-11　轻水堆核电厂的四道实体屏障示意图

表　纵深防御的 5 个层次

防御层次	目　标	基本方法或手段	对应的机组状态
层次 1	防止偏离正常运行及防止系统失效	保守设计、高质量的建造和运行	正常运行
层次 2	纠正偏离正常运行及探测系统失效	控制和保护系统及其他监督设施	预计运行事件
层次 3	把事件控制在设计基准事故范围内	专设安全设施和事故处理程序	设计基准事故（假设单一始发事件）
层次 4	控制严重事故进程和缓解事故后果	补充措施和事故管理	多重失效严重事故
层次 5	缓解放射性物质大量释放所致的放射后果	厂外应急响应	严重事故后的状况

　　为了确保纵深防御体系得以有效实施，各个防御层次都包括一些基本的前提，比如适当的保守性、质量保证和安全文化等。同时，每个防御层次都有其特定的目标，包括实体屏障的保护和实现这种保护的方式（见图 4-12）。

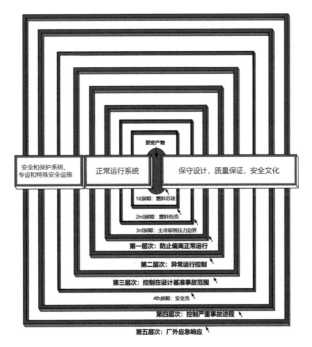

图 4-12　实体屏障与防御层次的关系示意图

关于纵深防御的概念，迄今为止全世界核能界尚没有形成一个权威的官方定义，但对其理解和应用基本一致，都把它作为核安全的基本原则，核心的理念是依次设置一系列多层次的保护，以保持反应性控制、堆芯热量导出和放射性包容三项基本安全功能，进而确保工作人员、公众和环境安全。它贯彻于安全有关的全部活动，包括与组织、人员行为或设计有关的方面，以保证这些活动均置于重叠措施的防御之下，即使有一种故障发生，它将由适当的措施探测、补偿或纠正。在今天，纵深防御不仅仅是一个安全概念，也是一种原则、一种方法，更是一种哲学、一种体系。

2011 年发生的福岛核事故，在清晰验证纵深防御至关重要性的同时，也暴露了现存的纵深防御体系存在的漏洞和不足。正如英国曼彻斯特大学心理学教授里泽提出的瑞士奶酪模型所揭示的那样，福岛第一核电厂的各层（级）保护并没有实现真正的相互独立，它们都被同一串事件影响甚至损坏，属于典型的共因故障失效。地震及随后的大规模海啸，导致核电厂发生长时间全厂断电事故，堆芯冷却和最终热阱丧失，堆芯余热无法及时导出，进而对各道实体屏障的放射性包容功能构成重大威胁。正是由于全厂断电这一共因使得各层保护屏障出现漏洞，最后导致燃料元件部分熔化、放射性物质主动或被动释放到环境中（如图 4-13 所示）。

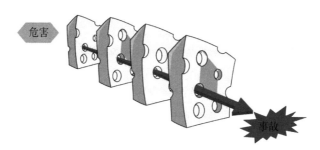

图 4-13　瑞士奶酪模型

从福岛核事故上，我们发现，现有的纵深防御体系在应对一些极端自然灾害方面存在着先天性不足。比如对于地震或洪水这样的外部事件，只能事先确定一个设计基准，作为设计安全重要系统和设备的设防要求，却很难划定出一系列的防御层次。如此，当超大规模的地震或海啸突如其来时，可能把现有的几道防御层次同时破坏掉，也就是奶酪模型中的一连串穿孔。

因此，为了防范核事故或降低严重事故的后果，全过程地运用纵深防御还远远不够，更重要的是要始终确保各个防御层次的可靠性（主要表现为完整性和有效性）。从各国采取的福岛后安全改进行动不难发现，改进方向基本都是着眼于增强对极端外部事件所致事故的应对能力，也就是进一步巩固、强化纵深防御中的后果缓解策略。

或许，后福岛时代的核电厂，在强化的纵深防御体系的有效作用下，即使在发生极端事件（包括堆芯损毁）时，我们仍有充分的把握保护公众安全与健康，并使环境受到的影响是有限、暂时、可恢复的，此时的核安全才可以说是有充分保障的。

唯如此，核能才可能为公众所接受。

固若金汤的核电厂是怎样炼成的

1 没有安全壳的核电厂

在 2009 年最后一天的晚上，当立陶宛东北部的伊格纳利纳核电厂 2 号机组由 1320 MW 慢速降功率，直至进入停堆状态时，标志着这座波罗的海地区唯一的核电厂正式全面关停。作为曾经的世界上核电占全国发电比例最高的国家，立陶宛从此成为无核电国家，一下子由能源出口国变成了进口国（如图 4-14 所示）。

图 4-14 立陶宛伊格纳利纳核电厂

伊格纳利纳核电厂在 20 世纪 80 年代由苏联专家设计建造而成，与 1986 年发生严重事故的切尔诺贝利核电厂反应堆"师出同门"，而且是单机功率最大的一个。实际上，核电厂的关停是一个政治决定，是立陶宛履行加入欧盟时做出的承诺，1 号机组早在 2004 年已经关闭。

跟伊格纳利纳核电厂同样遭遇的，还有保加利亚的科兹洛杜伊核电厂的 4 台机组和斯洛伐克的博胡尼斯核电厂的 2 台机组。欧盟认为这些反应堆的继续运行是不安全的,作为加入欧盟的交换条件之一,保加利亚和斯洛伐克在 2002 年至 2008 年间关闭了反应堆(见图 4-15)。

图 4-15 保加利亚科兹洛杜伊核电厂

话说曾经的社会主义阵营"老大哥"苏联,自 20 世纪 60 年代起,在核电厂反应堆的设计上主要进行了两个方向的探索:

一是在军用钚生产性反应堆基础上,开发了轻水冷却、石墨慢化的高功率管道型反应堆,即 RBMK 型反应堆,如切尔诺贝利核电厂和伊格纳利纳核电厂的反应堆;

二是在核潜艇反应堆基础上,开发了水-水高能反应堆,即 VVER 型反应堆,同属于广为人知的压水堆范畴。

最早得到批量化建造的 VVER-440/V-230 反应堆(440 代表电功率 440 MW),如保加利亚和斯洛伐克关闭的核电机组,虽然安全裕度较大,建有包容放射性物质功能的反应堆厂房,但没有西方安全标准意义上的承压安全壳,也没有设置应急堆芯冷却系统。随后的 VVER-440/V-213 反应堆,如芬兰洛维萨核电厂(如图 4-16 所示),才逐步建造有安全壳和应急堆芯冷却系统。1990 年代开发的 VVER-1000 反应堆,如我国的田湾核电厂,则采用了双层安全壳结构,并把乏燃料水池也布置在安全壳内。

1986 年切尔诺贝利核事故发生后,西方社会随即公开指责苏联和东欧的 RBMK 和 VVERN-440/V-230 反应堆存在很大的安全隐患。在欧盟的《2000 年议程》中指出,对第一代的 RBMK 和 VVER 型反应堆进行安全改造,使之达到国际上可接受的安全标准,在经济上很不划算,因此要求那些希望加入欧盟的东欧国家,必须以彻底关停这些类型的反应堆为前提条件。

图 4-16　芬兰洛维萨核电厂

事实上，西方社会对苏联式反应堆安全性的疑虑早就存在。在 1964 年的第三届和平利用原子能国际大会期间，当美国代表团看到苏联展示的一个反应堆模型时，对其安全壳的设计十分惊讶：只是在反应堆压力容器的周围罩了一个很小的安全壳，而且位于一个办公建筑里面。在场的苏联专家信心满满地解释，在他们的认识里，冷却剂主管道破裂极不可能发生，所以没有必要把主管道、蒸汽发生器和稳压器等设备罩起来而浪费钱。

同时期美国核电厂的设计中，则要求将整个一回路冷却系统都布置在安全壳里，并假设在发生冷却剂主管道破裂情况下，安全壳能抵御事故产生的峰值压力，并将放射性物质向环境释放所致的公众剂量限制在规定限值以内。

那么，这种后来几乎成了全世界轻水堆核电厂安全壳设计的标准要求，又是如何发展而来的呢？

2　关键的实体屏障

如《核电厂选址的故事》所言，进入 20 世纪 50 年代后，美国在大力推广民用核能过程中遇到的第一个棘手问题，便是核电厂的选址问题。他们意识到，为保护公众安全与健康目的而确定的远距离选址政策，在大部分情况下是不现实的。正所谓"距离防护不够，依靠包容来弥补"，一种利用安全壳的工程安全措施设计理念便应运而生，有效地解决了核电厂距离电力负荷中心较近的难题，并在后来成为纵深防御安全策略中的一道关键实体屏障（如图4-17 所示）。

安全壳，是一种包裹反应堆及其冷却系统的气密壳体。概括起来，它所承担的安全功能，主要包括三项：

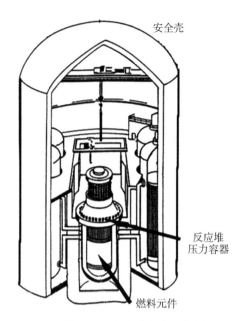

图 4-17　安全壳概念示意图

一是作为放射性物质与环境之间的最后一道实体屏障，在发生事故情况下控制和限制放射性物质向环境的释放；

二是作为一种非能动安全设施，考虑并防护地震、洪水、龙卷风、飞机撞击等外部事件对反应堆的影响；

三是作为一种辐射防护屏障，保护工作人员在反应堆正常运行或事故情况下免遭过量辐射照射伤害。

根据其结构材料、形状和工作原理，安全壳可以有不同的分类方式。现代大型核电厂的安全壳，是一个内径约 40 m、壁厚约 1 m、高 60～70 m 的庞然大物，结构材料一般有钢结构、钢筋混凝土或者预应力混凝土。对于混凝土安全壳，一般在内壁包覆一层钢作衬里，防止气体泄漏。在最新的三代核电如 AP1000 和 EPR 中，则设计有双层安全壳，外层是混凝土，用以保护反应堆免遭外部飞射物撞击，内层是钢结构，用以抵御内部压力威胁。

在早期的压水堆核电厂设计中，大部分安全壳是预应力混凝土构成的圆柱形结构（如图 4-18 所示）。相比于张力，混凝土材料具有很好的抗压强度，因此安全壳做成圆柱状，其顶部向下作用的重力可以有效抵御压力突然升高情况下引起的张应力。随后，由于球体是最佳承压结构的缘故，也建造了很多近似于球形的安全壳（如图 4-19 所示）。现代的大多数压水堆核电厂安全壳，则往往是球体与圆柱体的混合体，四周做成圆筒形，顶部是半球形（如图 4-20 所示）。

图 4-18　美国三哩岛核电厂圆柱形安全壳

图 4-19　德国格拉芬莱茵菲尔德核电厂球形安全壳

图 4-20　美国印第安纳角核电厂圆柱形和半球形结合的安全壳

在全球核电市场上占绝对优势的轻水堆核电厂，按照工作原理划分的话，其安全壳可分为两大类：

一类是大容积式安全壳，依靠大空间来对付事故情况下蒸汽产生的压力和温度挑战，包括压水堆的大型干式安全壳（见图 4-21）和负压安全壳两种类型。

另一类是非能动抑压式安全壳，利用吸能介质（冰或者水）来吸收事故情况下释放的能量，包括压水堆的冰冷凝器安全壳和沸水堆的 Mark Ⅰ、Ⅱ 和Ⅲ型安全壳四种类型。

也就是说，在这六种安全壳中，压水堆和沸水堆各占一半，而大型干式安全壳占据了主导地位。另外，所有这些类型的安全壳都包括能动的冷却系统，比如喷淋系统和通风冷却系统等，以便在事故情况下提供额外的冷却和抑压能力。

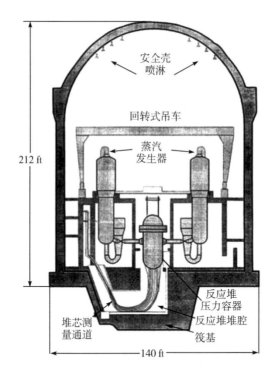

图 4-21　典型的大型干式安全壳示意图

3　别致的抑压设计

跟压水堆相比，沸水堆的安全壳可谓别具一格。沸水堆核电厂通常为双安全壳配置，最外层的反应堆厂房又叫二次安全壳，主安全壳则由干井、湿井以及干井与湿井之间的连通管道组成。比如在 Mark Ⅰ型安全壳中（如图 4-22 所示），干井为"灯泡状"钢制压力容器，除了上部可拆卸封头外，其余表面均用混凝土衬托；干井内布置有反应堆压力容器、给水管道和再循环回路等设备。湿井为环形圆筒状钢制压力容器，内装有几千吨的水，当干井内的反应堆冷却剂系统发生管道破裂时，泄漏的冷却剂闪蒸为蒸汽，使得干井内的压力和温度升高，蒸汽将通过连通管道排入湿井。另外，湿井可作为冷却堆芯的短期热阱，当反应堆压力容器的压力和温度过高时，可以打开主蒸汽安全释放阀直接把蒸汽排放到湿井内冷凝。因此，湿井具有抑制压力功能，故又称为"抑压池"。

干井

燃料元件

反应堆压力容器

湿井

图 4-22 Mark I 型主安全壳示意图

其实，通用电气公司最初开发的沸水堆核电厂的安全壳并不是这样设计的。1956 年和 1960 年分别开建的美国德累斯登核电厂 1 号机组和大岩角核电厂，都是采用压水堆上常用的大型干式安全壳，而且都是球形的（如图 4-23 所示）。

图 4-23   最早的沸水堆核电厂球形安全壳

20 世纪 50 年代中期,美国军方启动陆军核动力项目,探索开发易于组装和维护的小型核动力发电供热站。1962 年 3 月,固定式小型压水堆核电站 SM-1A 在阿拉斯加的格里利堡建成投运。由于地处偏远、人迹罕至,建造过程非常困难,为了缩小安全壳的体积并减轻重量以及降低造价,反应堆供应商美国机车公司设计了一种非常新颖的安全壳,在其中特意配置了一池水,用以事故情况下冷却蒸汽和抑制压力上升。

受此启发,通用电气随后便在自己设计的沸水堆上应用这种池水抑压的理念。1963 年,电功率为 63 MW 的洪堡湾电厂 3 号机组建成投运(如图 4-24 所示),成为第一个具有抑压安全壳的反应堆,也就是 Mark Ⅰ 型安全壳的前身。后来,通用电气在实践中不断地改进干井-湿井的抑压设计,相继开发了 Mark Ⅱ 和Ⅲ型安全壳。

图 4-24   美国洪堡湾核电厂 3 号机组

由于采用了抑压设计的理念，所以沸水堆安全壳中起关键作用的干井，体积要比压水堆安全壳小得多。比如，压水堆上大型干式安全壳的体积，几乎是 Mark I型安全壳的 10 倍。较小的空间设计，虽然可以降低建造成本，但也使得沸水堆抵御氢气爆炸或燃烧的能力大为减弱，因为一定程度上而言，安全壳内气体的滞留能力与其容积成正比。2011 年发生的福岛核事故，多个机组相继发生氢气爆炸，应该说与 Mark I型安全壳的设计有直接关联（如图 4-25 所示）。

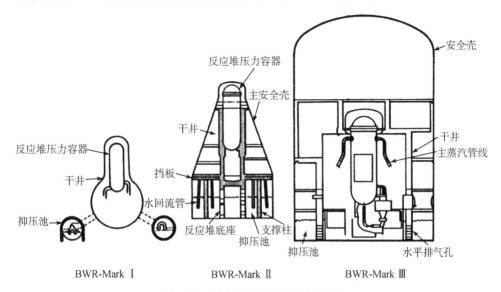

图 4-25　沸水堆安全壳进化示意图

4　不断优化的设计

安全壳的设计理念，无疑是正确的。既然人类无法预见并防止导致堆芯熔化与放射性释放的一切可能的事故，因此把反应堆置于一个耐压、防漏、抗震的安全壳里，在放射性物质与环境之间竖立一道关键的实体隔离屏障。

然而，完美的安全壳并不存在，设计并建造一个零泄漏的安全壳在工程实践上是不现实的。美国原子能委员会在 1962 年颁布的联邦法规 10 CFR 100《反应堆选址准则》，首次对安全壳的设计提出了要求。法规规定安全壳必须抵御冷却剂丧失事故导致的峰值压力并保持完好，将放射性物质向环境的释放限制在事先确定的泄漏率以下。技术专家们认定压力容器的破坏是不可信事故，所以便把冷却剂丧失事故选为最大可信事故，即后来所称的设计基准事故，因此安全壳也就不需要考虑承受压力容器完全破裂引起的载荷变化了。

法规规定了在事故情况下核电厂外不同边界处公众受照剂量的限值。由于公众受照剂量受到反应堆堆型、地理位置和气象条件等因素的影响，因此对于不同堆型和不同地理位置的核电厂，安全壳的设计泄漏率是不同的。后来，为了便于操作，大部分核电厂从保守角度出发采用标准技术规格书中的泄漏指标。为了满足法规的要求，核工业界陆续在安全壳里配置了多重工程安全措施，比如抑压池、安全壳喷淋系统、安全壳热量导出系统和空气净化系统等。

1971年，原子能委员会颁布了联邦法规10 CFR 50附录A《核电厂通用设计准则》。其中的第50-57条准则，对安全壳的设计给出了明确要求，涉及安全壳的设计基准、试验和检查要求以及安全壳隔离要求等。1973年又颁布了10 CFR 50附录J《水冷核电厂反应堆主安全壳泄漏率试验》，对安全壳的泄漏率试验提出了具体要求。

1979年发生的三哩岛核事故，彻底改变了人们关于严重事故不可能发生的认识，也是对安全壳能力的第一次重大考验。虽然事故导致堆芯燃料部分熔化，但得益于安全壳良好的屏蔽与密封作用，最终释放至周围环境中的放射性物质非常少，对公众的辐射健康影响极其微小。

尽管安全壳在三哩岛核事故中表现良好，但联系到20世纪60年代后期美国核工业界引发的"中国综合症"（见下一节）以及应急堆芯冷却系统有效性争议，各方开始意识到严重事故情况下保持安全壳完整性的至关重要性。

自1983年起，核管会耗费巨资，由桑迪亚国家实验室牵头实施了庞大的安全壳完整性研究，整个项目前后历时25年。他们设计、建造了不同比例、不同材料的安全壳模型，实地测试安全壳对不同载荷与冲击的响应能力，并对电缆贯穿件、人员和设备闸门等的密封能力进行试验，为核电厂的概率风险评估和安全壳的设计改进提供了重要的数据支撑（如图4-26、图4-27所示）。

图4-26　1∶8钢安全壳模型试验

(a)0° Azimuth   (b)90° Azimuth

图 4-27　预应力混凝土安全壳模型的结构性失效模式试验

2001 年 "9·11" 事件发生后，核电厂遭受恐怖袭击成为摆在核工业界与安全监管部门面前一个全新的核安全课题。在此之前，面对大型商用飞机的蓄意撞击，核电厂的防御能力可能有所不逮，在设计上也并不要求考虑抵御此类威胁。

作为安全改进对策之一，核管会经过长达数年的研究、讨论和辩论后，于 2009 年颁布了联邦法规 10 CFR 50.150《飞机影响评估》，明确将大型商用飞机的蓄意撞击划归为超设计基准事故的范畴，并立足于加强未来核电厂的设计，提出了核电厂抵御此类威胁的相关要求（如图 4-28 所示）。

在此法规的影响和带动下，其他各主要核电发展国家也要求核电厂安全壳的设计必须考虑大型商用飞机的撞击影响。为此，各反应堆设计供应商纷纷对其推出的第三代核电厂设计作出针对性的安全改进，尤其是优化、增强了安全壳的性能，如美国的 AP1000、欧洲的 EPR 和中国的 "华龙一号" 等先进核电厂设计相继通过了有关国家核安全监管部门的飞机影响评估审查，进一步巩固了未来核电厂的安全基础。

图 4-28　桑迪亚国家实验室开展的飞机撞击试验

史上争议最大的核安全法规

1 "中国综合症"衍生的麻烦

当初厄根开玩笑似地提出"中国综合症"的时候，没有料到这个词日后会火起来，而且还捅了一个"马蜂窝"。

1966 年的厄根，是橡树岭国家实验室的物理学家，也是反应堆安全方面的权威专家。这年夏天，在印第安纳角核电厂 2 号机组建造许可证的安全审查报告中，反应堆安全咨询委员会的审查专家向原子能委员会提出了担忧：反应堆冷却系统上的管道破裂，有可能导致堆芯熔化，熔融的堆芯甚至可能穿透安全壳底板进入地下……

作为反应堆安全咨询委员会的前成员，当厄根得知这个信息后，便虚构了"中国综合症"一词，来指称此类反应堆严重事故的后果，尽管熔融堆芯抵达地球内部的深度，距离美国另一端近万千米的中国差得相当远。后来，也就是三哩岛核事故发生前，美国上映的好莱坞惊悚电影《中国综合症》，片名便由此而来。

当时，关于大型核电厂堆芯熔化后的物理效应尚不明确，但如果大量放射性物质释放至环境的话，产生的辐射效应可能是致命的。原委会的专家相信，只有在应急堆芯冷却系统失效的情况下，才有可能发生这样可怕的情景。

应急堆芯冷却系统是指在正常堆芯冷却系统故障情况下，用以移除堆芯余热的设备或部件，包括泵、阀门、热交换器、水箱和管道等。作为重要的专设安全设施，应急堆芯冷却系统担负着在事故情况下导出堆芯余热的重任（如图 4-29 所示）。

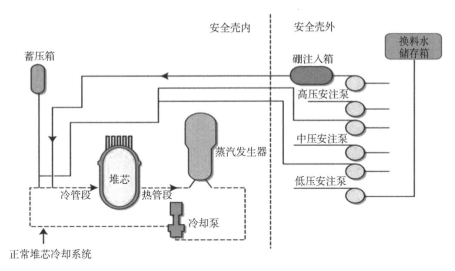

图 4-29 应急堆芯冷却系统示意图

对于早先功率较小的反应堆，安全专家们相信，即使冷却剂丧失事故导致堆芯熔化，继而熔穿了压力容器，安全壳也能阻止放射性物质大量释放到环境中。然而，随着核电厂反应堆尺寸和功率的增大，他们担心堆芯熔化事故可能导致安全壳破坏。这种担心，主要源自两个方面：一是更大的反应堆将产生更多的衰变热量，二是核电供应商并没有随着反应堆的增大而成比例地增加安全壳的尺寸。

于是，1966 年 10 月，原子能委员会反应堆监管司司长普莱斯委托厄根成立一个专项工作组，研究堆芯熔化的问题（如图 4-30 所示）。工作组的成员来自西屋、通用等四大反应堆供应商以及国家实验室。一年后，工作组向原子能委员会提交了研究报告，随后在 1968 年 1 月正式发布了《动力反应堆应急冷却咨询工作组报告》（TID-24226）。

厄根的研究报告充分肯定了应急堆芯冷却系统设计的可靠性，以及发生堆芯熔化事故的极低概率。同时也认为，在冷却剂丧失事故情况下，如果应急堆芯冷却系统发生故障而不能执行预定的安全功能的话，安全壳可能会遭到破坏。

厄根的研究报告，明确了堆芯熔化与安全壳完整性丧失之间的关联性，第一次在官方渠道上公开承认，在冷却剂丧失情况下安全壳可能会破坏。

它成为反应堆安全监管史上的一个里程碑，使得核工业界从原先对安全壳的过度依赖，转移到对堆芯熔化事故的预防上。在此之前，安全壳一直被视为阻止放射性释放的最后一道独立屏障，安全监管的核心任务，是审查核电厂在最大可信事故情况下是否满足剂量验收准则；在此之后，保护公众健康和安全的关键，则变成了如何避免足以危及安全壳完整性的堆芯熔化事故。

图 4-30　普莱斯

　　预防堆芯熔化事故的关键，在于确保应急堆芯冷却系统可靠、有效。有意思的是，2011 年日本福岛核事故后，国际核安全界的焦点又从预防事故转移到缓解事故后果上来，似乎走了一条螺旋式的循环之路。

　　问题是，关于应急堆芯冷却系统的实验数据和运行经验相当有限。通过试验来验证其可靠性和有效性，便成为原子能委员会安全研究的当务之急。

2　不成功的试验

　　1967 年，原子能委员会投入大量财力，开展反应堆的安全研究，共涉及 50 多个研究项目和 25 个合同商。其中，很多项目在之前已经启动了，比如橡树岭国家实验室的裂变产物行为研究、汉福特基地的安全壳完整性研究、爱达荷国家反应堆试验站的反应堆动力学研究等。

　　原子能委员会把研究的重心放在一个叫作"流体丧失试验（LOFT）"的实验设施上（如图 4-31、图 4-32 所示）。其实，早在 1963 年，原子能委员会就在国家反应堆试验站启动了流体丧失试验项目，由美国菲利普斯石油公司负责运营。起先，研究目的是调查一个压水堆系统在冷却剂丧失事故情况下的事故序列与效应，随着"中国综合症"问题的提出，原子能委员会将研究目标调整为测试应急堆芯冷却系统在冷却剂丧失事故下的"真实"响应情况。

　　流体丧失试验项目是一个利用电加热输出热功率 50 MW 的设施，用以模拟压水堆在冷却剂丧失事故情况下的系统响应。当时，核工业界普遍不看好这个项目，认为不应该把研究资源放在假想的低概率事故上，而应放在帮助预防其他真实事故的试验上。

图 4-31　1969 年建造中的 LOFT 设施

　　推进过程中，由于项目管理不善、设计目标变更以及抽走资金等诸多原因，项目进度严重滞后。进入 20 世纪 70 年代，由于越战和大社会项目的开支剧增，美国政府不得不大幅缩减其他项目的费用。雪上加霜的是，原子能委员会高层对快堆技术一直不死心，寄希望于有朝一日突破瓶颈，彻底解决核燃料供应问题，在总预算没有增加的情况下，把经费向快堆研发倾斜，从而削减了轻水堆安全研究的费用。

　　无奈之下，原子能委员会只得临时变更项目承担单位，由爱达荷核公司接手。从 1970 年末至 1971 年初，爱达荷核公司的研究人员在国家反应堆试验站进行了 4 次模拟试验：通过电加热 9 英寸直径的堆芯，来模拟一个 144 英寸的核电厂堆芯，先让冷却水流失，然后再注入应急冷却水。

图 4-32　LOFT 设施

　　试验的结果，让研究人员大跌眼镜，应急堆芯冷却系统并不像设计预期的那样工作。在失水事故情况下，压力容器内产生的高压蒸汽阻止应急冷却水流入，90％的应急冷却水直接从破口流走了，根本没有抵达堆芯！

这样的结果，让原子能委员会措手不及。为避免引起公众恐慌，原子能委员会高层要求对试验结果保密。随后，普莱斯决定"快刀斩乱麻"，委托田纳西州立大学教授、反应堆安全咨询委员会成员汉纳尔牵头成立一个工作组（如图4-33所示），尽快起草一个轻水堆核电厂应急堆芯冷却系统应满足的验收准则。

图4-33　汉纳尔

终究，纸包不住火，试验失败的消息还是让嗅觉灵敏的新闻媒体知晓了，很快在公众层面传播开来。1971年5月26日，《华盛顿邮报》在首页刊登了流体丧失试验结果的报道。第二天，原子能委员会不得不站出来澄清，强调这些试验并不是一个核电厂反应堆的准确模拟，不仅是尺寸、范围和设计，还是冷却剂的流道布置，都与真实的反应堆差别很大（如图4-34所示）。比如，真实的反应堆利用2至4个环路来调整冷却剂的流动，而试验设施只用了一个环路。

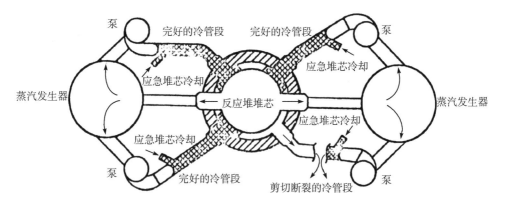

图4-34　冷却剂主管道双端剪切断裂剖面示意图

不过，这样的澄清，在群情激奋面前，显得苍白无力。

3　旷日持久的听证会

为了平息群情，原子能委员会在未充分征求业界意见的情况下，在 6 月 19 日草率宣布了应急堆芯冷却系统临时验收准则。它没有详细规定满足准则所需的方法，而是强制要求电力公司和核电供应商设定一个反应堆产生热量的上限。换句话说，等于强迫核电厂业主降低反应堆峰值运行温度或功率。这对工业界而言不啻于晴天霹雳，因此他们一致反对。

在新闻发布会上，普莱斯总结说："现有的反应堆设计并不存在根本性的缺陷，即将出台的验收准则只是进一步反映了保守的工程判断而已。虽然不能保证绝对安全，但这些准则将确保应急堆芯冷却系统发挥正常，并保证堆芯温度不会失控。"

然而，临时验收准则并没有平息舆论的风波。媒体的报道，引发了公众对原子能委员会处理安全问题的埋怨和质疑，一些反对核电者甚至呼吁暂停新建并关停已运行的 11 个核电厂。一个成立于 1969 年影响最大的反核团体忧思科学家联盟（UCS），在 7 月发布了一个关于应急堆芯冷却系统的报告，尖锐地批评了原子能委员会的立场。在媒体的大肆炒作下，这个报告获得了广泛的民意支持，甚至一些国家实验室的科学家也表达了类似的观点。

正所谓屋漏偏逢连夜雨，就在公众和媒体连番拷问之际，联邦预算办公室也站出来凑热闹，质问安全研究的钱花得值不值：既然给那些核电厂颁发了许可证，也就表明安全有保障，为什么还要开展安全研究？既然应急堆芯冷却系统等关键安全问题没有得到彻底解决，那么原子能委员会又是依据什么作出判断并批准建造许可的呢？

面对各方的质疑，原子能委员会不得不在 1972 年 1 月决定，召开公众听证会来解决这个棘手的技术问题。听证会一直持续到 1973 年 12 月才结束，在前后 23 个月的时间里合计进行了 125 天，在美国立法史上都是罕见的，整个会议形成的记录厚达 22 000 页！这次听证会也开创了核安全领域信息公开与公众参与的先河，政府官员、企业代表、技术专家、反核团体和一般公众等不同群体广泛参与进来，围绕应急堆芯冷却系统问题展开了激烈的辩论与交锋。

听证会期间，关于应急堆芯冷却系统的第二批试验在 1973 年完成了。在这组被称为 $1\frac{1}{2}$ 半尺寸的试验里，模拟的反应堆上没有破口环路的尺寸被增加至已有破口环路的 $\frac{1}{2}$，应急冷却水通过未破的环路注入，正如实际的拥有 2 个、3 个或 4 个环路核电厂中的应急堆芯冷却系统那样。幸运的是，这一次，在所有的试验中，模拟的堆芯均冷却成功，而蒸汽则如计算机模型预测的那样，从破口的环路流失。

听证会结束后，原子能委员会对临时验收准则进行了一些小的但却重要的修改，最终于 1974 年 1 月 4 日颁布了联邦法规 10 CFR 50.46《轻水堆核电厂应急堆芯冷却系统验收准则》及其配套的 10 CFR 50 附录 K《应急堆芯冷却系统的评价模型》，总算给这场全民参与的争论划上了一个句号。

法规规定了轻水堆核电厂在冷却剂丧失事故下须满足的最终验收准则，主要包括以下 5 条：

（1）燃料包壳最高温度不得超过 1204 ℃，以防止锆水反应激化；

（2）燃料包壳的最大氧化量不得超过反应前包壳总厚度的 17%，以防止过量氧化导致包壳机械强度不足而破裂；

（3）燃料包壳的氧化最大产氢量不得超过假设所有锆均与水反应所释氢气总量的 1%，以限制安全壳内氢爆的危险；

（4）堆芯必须保持可冷却的几何形状；

（5）反应堆具有保证事故后排出衰变热的长期冷却能力。

1971 年至 1974 年，原子能委员会组织对所有在运核电厂的应急堆芯冷却系统进行了追溯性安全审查，部分核电厂不得不采取升级改造或降功率的措施，才能满足法规要求。1974 年 10 月 31 日，由于不满足应急堆芯冷却系统最终验收准则，从 1962 年开始运行的印第安纳角核电厂 1 号机组被迫关闭（如图 4-35 所示），并在 1976 年从堆芯卸出了所有的燃料元件，成为最大的牺牲品。

图 4-35　印第安纳角核电厂

受伤的，又何止印第安纳角核电厂一家。这场史上持续时间最长、公众参与力度最大的核安全争议，导致原子能委员会的信用彻底破产，公众对其担负的促进和监管核能的双重角色进行了猛烈的抨击。正如一位批评者所言"让原子能委员会监管核安全，如同让狐狸看守鸡舍一样"。

等待它的，是被分拆的命运。

一个核安全监管机构的变迁

1 不是没想过而是不现实

当国会决定分拆原子能委员会的决定传开后，支持的人，说不上欢呼雀跃，充其量是迟到的胜利而已；反对的人，免不了有点惆怅。不过最后似乎都舒了一口气，历史总被风吹雨打去，这一天，终于来临了。

其实，早在 20 年前，分拆原子能委员会的声音，就不绝于耳。

如前所述，随着第二次世界大战的结束，美国国会在 1946 年通过了《原子能法案》，并成立一个超级联邦机构原子能委员会，全盘接收"曼哈顿计划"遗产，统一管理原子能军用研发事务。

1954 年，为响应美国总统艾森豪威尔的《和平利用原子能》倡议，国会通过了《原子能法案修正案》，结束了国家对核技术的垄断，鼓励社会广泛参与核能的开发与利用。新的法案，将原子能委员会的主要职能调整为三大项：继续研发核武器、促进核能商业利用、监管核技术以保护公众健康与安全。

在这三项职能中，前两项其实属于同一大类，即促进核技术应用，区别在于一个军用、一个民用而已，与第三项职能之间既相互关联又相互对立。今天，稍微有点政府治理理论常识的人都明白，把促进与监管某个行业或产业的职能授予同一个机构，既有悖于公平、正义的基本原则，也使得他们在执行过程中难免顾此失彼，左右为难。

事实上，在制订 1954 年法案修正案时，国会原子能联合委员会的议员们曾经认真考虑过将促进核能与监管核能的机构分设的问题。不过，经过充分讨论后发现，对于一个新生的行业而言，这样的制度设计和体制安排显然过于超前了。尤其对核能行业而言，由于核技术的特殊属性以及核工程技术和管理的复杂程度，决定了在核能起步阶段懂行的科学家和专业技术人员的稀缺性。在此情况下，物色并分流一批精通核技术的专业人员到一个独立的机构里专事监管，显然不切实际。

更重要的是，对于刚起步的核能行业，在各种理论未充分验证、工程技术尚处于探索阶段的时候，只有实施最低程度的监管，才可能助其发展、壮大。他们担心，如果从一开始不小心呵护而严加监管的话，很可能会扼杀这个"襁褓中的婴儿"。

所以，毫不奇怪，20 世纪 50 年代的原子能委员会在全力推进商业核能发展的同时，"有意"地疏于安全监管。发展，而非安全，是他们工作的重中之重。

他们深知，这样的制度设计很不完美，是特定历史背景下的无奈之举，有待条件成熟时进行完善。不过，他们没有料到的是，随后遭遇的重大挑战和尖锐批评，会来得那样快。

2 力排众议批复快堆项目

为了鼓励、推动美国的公私营企业积极参与到商用反应堆技术的研发中来，原子能委员会在 1955 年 1 月 10 日宣布启动动力反应堆示范项目。项目的主要目标，是试验不同类型的反应堆设计在商业应用上的可行性，积累核电运营管理经验，最终固化、定型核电厂反应堆的设计方案。

一批反应堆设计供应商、核设备制造商和电力公司，积极向原子能委员会申报潜在的研发或示范类项目。对于成功入选动力反应堆示范项目库的具体项目，原子能委员会以及管辖的国家实验室将给予大力的技术和资金支持。对于申请建造的原型或示范类核电厂，他们按照研究和试验堆而不是核电厂的类型给予审查批准，大大简化了审批手续，缩短了审批时间。1956 年开建的费米核电厂 1 号机组（钠冷快堆）和 1958 年开建的扬基罗核电厂（压水堆）（如图 4-36 所示），便是动力反应堆示范项目推动下的产物之一。

图 4-36 扬基罗核电厂

1956 年 1 月，由底特律爱迪生公司牵头成立的一个公用事业联合体——动力反应堆开发公司，向原子能委员会提交了一份核电厂许可申请，打算在底特律的伊利湖畔建造一座快堆，并希望纳入动力反应堆示范项目予以扶持。

相比于压水堆，快堆在当时属于一种技术超前的堆型，存在不少在实践层面有待破解的技术难题。但是原子能委员会非常看重快堆的燃料增殖特性，希望能尽快上马一批快堆核电项目，以彻底解决核燃料的长期供应问题。

　　在此过程中，反应堆安全咨询委员会，在反应堆安全审查方面扮演了重要的角色，因为原子能委员会自身的安全审查队伍还处于筹备当中，根本无力承担这种复杂技术的审查。为了对动力反应堆开发公司的快堆申请进行安全审查，反应堆安全咨询委员会特别成立了一个快堆审查三人小组。组长由哈佛大学的工程和应用物理教授布鲁克斯担任，两名组员是麻省理工学院的化学家本尼迪克特和联合化工与染料公司的罗杰斯，都是业内的大佬。

　　通过对动力反应堆开发公司提交的设计资料进行审查，审查小组对他们的设计基本持保留态度。6月6日，在提交给原子能委员会的审查报告中，审查小组指出：就目前看到的资料而言，还存在很多安全方面的问题需要通过进一步的试验或实验予以解决，没有足够的信息可以保证动力反应堆开发公司的快堆一旦投运而不会危害公众安全。

　　看到审查报告后，原子能委员会很是恼火。若按照反应堆安全咨询委员会的意见，这个快堆项目就要搁浅，这对于他们大力推动的动力反应堆示范项目无疑是一个不小的打击。最后，在内部各委员之间存有分歧的情况下，在国会原子能联合委员会组织的听证会上，原子能委员会刻意隐瞒了反应堆安全咨询委员会的审查意见，并力排众议在8月4日颁发了建造许可证。

图4-37　1958年建造中的动力反应堆开发公司快堆

　　然而，纸终究包不住火，反应堆安全咨询委员会的担忧，还是传到国会原子能联合委员会主席安德森的耳朵里。安德森勃然大怒，大肆批评原子能委员会在促进核电开发上的激进以及在安全监管方面的渎职，更不能容忍他们对国会的欺骗与轻视，遂提出动议，组织人马研究分拆原子能委员会的可行性。

　　让安德森等国会议员沮丧的是，将核能开发与安全监管机构分设的设想，此时仍然很不现实。一旦安全监管机构独立，不能获得原子能委员会庞大的科学知识、工程技术积累以及国家实验室的技术支持的话，安全审查人员很难胜任监管职责。

国会原子能联合委员会不肯就此罢休，既然彻底分拆原委会不现实，那就对它实施"小手术"：一是要求原子能委员会进行内部机构重组，在民用核能应用处设立灾害分析组，专门从事安全审查工作；二是把反应堆安全咨询委员会变成法定咨询机构，其审查报告必须公开，并要求所有的反应堆安全许可必须召开公众听证会。

针对国会的这些干预措施，原子能委员会当然是本能地排斥。不过，最后也只能忍气吞声地接受，因为安德森把这些措施作为 1957 年出台的核损害赔偿法案的附加内容予以法律化。

即便如此，经过"小手术"后的原子能委员会，在履行安全监管职责方面，仍然难逃饱受诟病的命运。

3　左右互搏终究不是个事

为了规范监管的流程，原子能委员会很早即着手制定反应堆安全审查有关的法规和许可程序。1956 年 1 月，原子能委员会颁布了联邦法规 10 CFR 50《生产和应用设施的民用许可》。法规规定，每个核设施只有获得原子能委员会颁发的许可证后，才可进行相应的建造或运行活动；为了便于安全审查，要求申请单位必须提交初步或最终安全分析报告，内容包括反应堆的设计、安全分析以及使对公众、工作人员和环境的危害减至最小的措施等。为了统一和规范安全分析报告，原子能委员会在 1970 年颁布了联邦法规 10 CFR 50.34《申请的内容和技术信息》，并在 1972 年发布了管理导则《轻水堆核电厂安全分析报告的格式和内容》（R.G.1.70）。后来，这个管理导则几乎成了世界范围内轻水堆核电厂安全分析报告的标准模板，被各国广泛采用或借鉴。

尽管如此，由于有限的核技术知识和出于鼓励不同反应堆设计的目的，原子能委员会的安全审查仍然采用的是"一事一议"的策略，离后来的审查标准化、流程化尚有相当的距离。当然，这种策略实为迫不得已的权宜之计。1956年，反应堆安全咨询委员会主席麦卡洛在国会的听证会上承认："反应堆将不会给公众健康和安全带来过分风险的结论，其实是基于设计和审查专家个人判断的产物"。这句话，后来多次成为反核人士攻讦的靶子。

进入 20 世纪 60 年代后，在各种内外部因素的促动下，美国迎来了核电发展的浪潮。1962 年 11 月，在提交给肯尼迪总统的《民用核电报告》中，原子能委员会乐观地估计，到 2000 年核电占全国发电量的比例将达到 50%。1973 年的时候，在核电推广路上一路狂奔的原子能委员会，简直头脑发热了，居然预测到世纪之交时美国将有 1000 台机组投运！后来的实际情况大家很清楚，只是这个预测数的十分之一。

在这股核电发展的浪潮中，反应堆尺寸、功率的不断增大和通过外推设计的实践，带来了诸多不容易解决的复杂的安全问题，引起了广泛的争议，比如核电厂的选址、压力容器的完整性、中国综合症的阴影、应急堆芯冷却系统的有效性、低水平辐射危害、高放废物处置库选址等。这些争议，使得很多公众对核电厂安全产生了深深的怀疑，对原子能委员会承担的双重而具内在冲突的职责进行了大量的抨击。

事实上，原子能委员会在履行核能推广与安全监管职责时，自己也感到力不从心，经常发生角色冲突，不停地在监管疲软与过度监管之间来回"荡秋千""走钢丝"。原子能委员会始终无法一心二用、收放自如。在核电运营商的眼里，他们脱离实际，过于严苛；在很多公众尤其是反核人士的眼里，他们对安全隐患睁一只眼闭一只眼，和电力公司简直就是一丘之貉。

1973 年爆发的石油危机，成了压倒原子能委员会的最后一根稻草。美国政府意识到能源自给自足的重要性，建立一个统一的联邦能源主管机构来统一行使当时分散于各部门的国家能源研究与开发职能被提上议事日程，同时解决核电发展与安全监管之间的矛盾变得刻不容缓。1974 年 10 月，国会通过了《能源重组法案》（如图 4-38 所示），将原子能委员会拆分为核管会和能源研究与开发管理局，授权前者专司安全监管之责，后者负责核能开发事宜。1977 年，美国将能源研究与开发管理局和联邦能源署以及其他的几个联邦机构合并为能源部，这段旷日持久的核能开发与监管的角色分置之争，总算画上了句号。

图 4-38 福特总统签署《能源重组法案》

作为一个独立的联邦机构，核管会不是内阁组成部门，不受行政部门控制，受到国会监督，直接向美国总统负责。这样的机构设置，使它受美国党派政治纷争的影响最小，又可以雇用到大量的专业技术人员。为了保持独立性、中立性，核管会由 5 名委员组成的委员会集体领导，由总统提名并经国会认可其中 1 名委员担任主席兼官方发言人。所有的重大事项，均需委员会集体决策，每位委员的表决权相同，不允许有 3 名委员来自同一政党，最大程度地防止专权和政治影响。

后来，在美国的影响下，其他核电发展国家相继成立了独立的核安全监管部门。我国以 1984 年正式成为国际原子能机构成员国为契机，于同年 7 月成立国家核安全局，独立行使全国民用核设施监督管理职责。

遍览世界各国核能监管的发展历程，我们发现，在核能发展的早期，无一不是促进与监管合一的组织设置。这方面，日本可谓其中的"冥顽不化者"，直到 2011 年福岛核事故发生时，仍是由经济产业省统一行使核电发展与安全监管之职责。监管的基本理念，大体都经历了从"发展优于安全"到"在安全基础上利于发展"的转变过程。尤其在经历了三次重大核事故的洗礼之后，各国政府和核能企业充分认识到，安全是核能发展的生命线，任何以牺牲安全为代价的发展都难以持续。

在解决了监管机构的独立性问题后，接下来需要花大力气提高的，便是监管的效率与效果了。这，恐怕是摆在各国核安全监管机构面前永恒的课题……

命途多舛的核电厂

1　应急计划新要求

在签署转让协议的时候，现场的气氛异常沉重，似乎没有人感受到胜利的愉悦。这是个双输的买卖。

作为转让方，长岛照明公司的高层，心情尤其复杂：耗费巨资建成的核电厂，没有正式投运过一天，以 1 美元的价格贱卖，实在不甘；不过，这也是没有办法的办法，否则等待公司的，只有破产一条路了。

作为受让方，长岛电力管理局的代表，也好不到哪儿去：白捡了一个完好无损的新电厂，并不是一件天大的好事，相反，他们接过来的是一个大包袱，以及天文数字的债务。

这桩离奇的交易，发生在 1992 年美国的纽约州。离奇的根源是三哩岛事故。

三哩岛事故发生两周后，联邦政府成立了一个 12 人的总统调查委员会——

由达特茅斯学院的数学家凯米尼担任主席，又称为凯米尼委员会，对事故进行全面调查，并在当年 10 月 30 日发布了调查报告。

凯米尼委员会对事故中混乱而低效的应急响应过程，提出了严厉的批评和指责。电力公司、联邦和地方政府各级机构响应迟钝、缓慢，应急响应中参与的大大小小机构，超过 100 个，多头管辖让公众无所适从。各部门的应急计划，质量参差不齐，甚至有的地方部门的应急计划（也就是我们所称呼的应急预案），直到事故发生才仓促拟定，事后沦为了笑柄。

其实，在美国核电发展的早期，原子能委员会就要求电力公司在申请核电厂运行许可证时，一并提交针对放射性应急响应的计划。不过，那时的应急计划，要求很模糊，内容很粗糙，也不是颁发运行许可证的必要条件，审查的重点放在核电厂设计的充分性上。

久而久之，大家便普遍养成了一种乐观而自信的认识：已经采取一切充分的安全措施来预防事故，发生严重事故的可能性微乎及微，而且设计有固若金汤的安全壳，作为放射性释放的最后一道屏障，所以基本不用考虑公众紧急防护的问题。

然而，残酷的现实，给了各方一记当头棒喝。在调查报告中，凯米尼委员会重申了一个核安全的基本思想：必须采取一切可行的措施，来防止这样严重的事故再度发生；但同时要设想这样的事故仍有可能发生，并提前准备好处理这种事故的应急措施。

为此，根据凯米尼委员会的建议，美国对核事故应急管理体制进行了调整，在 1979 年 12 月指定成立才一年半的联邦应急管理局为核电厂厂外应急牵头机构，由核管理委员会（核管会）承担厂内应急准备与响应的监管以及厂外应急的技术支援工作。

在此背景下，核管会提出，完善的应急计划不可或缺，应急计划与响应是纵深防御体系的组成部分，也是确保环境安全与公众健康的最后一道防线。

1980 年，核管会修订了应急计划法规，规定在运核电厂必须在 1981 年 4 月前提交完善的应急计划，新建核电厂须与地方政府合作制订应急计划，审查认可后方能取得运行许可证。

结果，这个看似合理的新要求，彻底改变了一些核电厂的命运。

2 变通的办法

早在 1976 年，核管会与环保局成立了联合工作组，研究核电厂应急响应计划的制订方法，并在 1978 年发布了指导性文件（NUREG-0396）。作为推荐方法的核心，核管会提出了应急计划区的概念，即为了在核设施发生事故时能及时有效地采取保护公众的防护行动，事先在核设施周围划定并做好应急准备的区域。

根据辐射照射的途径,应急计划区又分为两种(如图4-39所示):

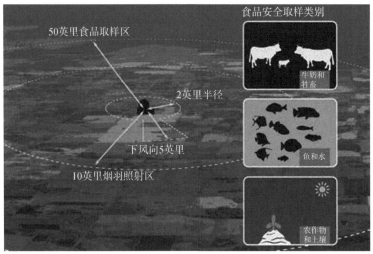

图 4-39　应急计划区示意图

一种是烟羽应急计划区,主要考虑气载放射性物质对公众辐射照射的防护,一般以核电厂为中心划定的 10 mile 半径范围内的区域。

另一种是食入应急计划区,主要考虑食入被放射性污染的食物和液体而产生内照射的防护,一般以核电厂为中心划定的 50 mile 半径范围内的区域。

应急计划区只是一个预想的可能影响范围,实际的应急响应区域与之有所区别,按照特定核电厂周围的人口分布、气象状况、地理特征等因素确定,并不一定是圆形的,而只局限于其中的一部分(如按照主导风向确定的扇形区域)。

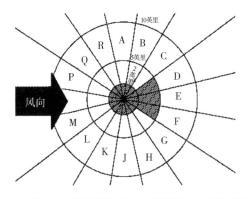

图 4-40　半径 2～5 英里范围内的"锁眼"应急计划区示意图

为了汲取三哩岛事故教训，核管会出台的应急计划新法规，要求核电厂必须与州、县的警察局、消防局等地方部门一道，制订应急计划供核管会和联邦应急管理局审查、批准，以便在事故情况下能撤离核电厂周围方圆 10 英里的民众。

新要求的初衷，原本是希望电力公司与各级地方政府机构通力合作，改进、完善应急撤离计划，在事故情况下为公众提供更好的防护。

殊不知，如此一来，应急计划的制订过程就变得无比复杂，牵涉各方的利益，如电力公司和各级政府部门。新要求的出台，相当于把核电厂的命运，由原来的联邦政府主导，转而成了由地方政府左右了。

由于新要求而受到重大影响的，是希布鲁克核电厂，如图 4-41 所示。希布鲁克核电厂在三哩岛事故前就获得了建造许可证，原本规划 2 台压水堆机组，后来由于工期延误、成本超支和融资难题等因素，在 2 号机组被迫取消时，建造工程量已完成 22%。1 号机组历时 10 年，终于在 1986 年完工。

图 4-41　希布鲁克核电厂

希布鲁克核电厂位于新罕布什尔州，但是划定的 10 英里烟羽应急计划区却跨越了州境，延伸到马萨诸塞州，涉及 4 个城镇共 6 个较大的社区。

核电厂建造完毕后，电力公司、新罕布什尔州和联邦机构合作制订了应急计划，但是马萨诸塞州的民众和政府却不乐意，声称事故情况下核电厂附近拥挤的海滩难以及时疏散人群，拒绝合作。在州长的授意下，马萨诸塞州的警察、消防、医疗等公共部门拒绝参加厂外应急演习，更不准备各自的应急计划。

无奈之下，核管会只得在 1988 年为此专门出台一个"现实主义法规"，以解决地方政府在应急计划制订或实施过程中不合作的难题。该法规基于这样一种假设：即使在应急计划制订过程中地方政府的官员们不合作，但在真实的事故情况下，他们还是会竭其所能去保护公众健康和安全。

借助于这个变通的办法，希布鲁克核电厂得以"撇开"马萨诸塞州，终于在 1990 年 3 月取得了运行许可证，并于 8 月正式投入商业运行。

在此情况下，马萨诸塞州仍然不允许电力公司在自己的地盘上安装用于应急通知的警笛。没有办法，电力公司只得购置了大量移动式的警笛卡车，在州境上全天候待命，一旦有需要，立即开赴马萨诸塞州了（如图 4-42、图 4-43 所示）。

图 4-42　1990 年在核管会总部门前的反核示威

图 4-43　希布鲁克核电厂的移动式警笛卡车

3 关停的厄运

另一个核电厂，却没有希布鲁克核电厂那样的运气，命途多舛。

1965 年，纽约州的长岛照明公司在纽约长岛东面的肖汉姆，规划了一个核电厂（如图 4-44 所示），采用通用电气提供的沸水堆方案，原设计电功率 54 万 kW，后来为了提高经济性增大到 82 万 kW。

图 4-44　肖汉姆核电厂

当时，核电被认为是一种经济、安全、可靠的能源，而且长岛缺电比较严重，大家一致看好项目的前景。

最初选址的时候，反对声并不大。厂址位于长岛海峡边，尽管位于曼哈顿 60 英里的都市圈内，但当时人烟稀少，比较偏僻；在它南边 6 英里远的布鲁克海文国家实验室，建造了不少研究性反应堆，当地民众并没有什么抵触情绪。

不过，肖汉姆核电厂的厂址，确实选得不太好：电厂靠近麦克阿瑟机场和纽黑文机场的净空区，附近还有被空军识别为高度风险区的格鲁曼军用战斗机的试验场；更不妙的是，长岛地理位置非常特殊，三面环海，地形狭长，一旦发生紧急事故，人员疏散非常不便。

肖汉姆核电厂的建造，经历了异常漫长的过程，错过了最佳的窗口期，为后来的厄运埋下了隐患。电厂从 1973 年正式开建，由于管理不善、规划变更等因素，导致工程进度严重拖期，在巨大的反对声中，最终于 1984 年建造完毕。此时，电厂已花费 30 亿美元，和当初的规划相比，超支了数倍（如图 4-45 所示）。

不幸的是，在电厂的建造过程中，三哩岛事故发生了，随后民众的态度发生了逆转。1986 年的切尔诺贝利事故，更是吓坏了当地的民众，害怕发生严重事故情况下逃不出去，强烈反对电厂投运。民意调查结果显示，1981 年大约有 43％的长岛居民反对建造肖汉姆核电厂，到 1986 年时反对比例则高达 74％了。

图 4-45 肖汉姆核电厂控制室

1979 年的 6 月 3 日，将近 15 000 名的反对者，聚集在电厂的东门外，冒雨游行抗议（如图 4-46 所示）。很多情绪激动的人，擅自翻越电厂的围墙，警方为此逮捕了 600 多人。

图 4-46 反核民众与电厂的保安对峙

群情激奋之下，当地政府的立场也发生了变化，和反对方站到了同一个阵营。核管会的应急计划新要求，正好送给他们一把"尚方宝剑"，让电力公司和支持核电的各方焦头烂额。

1983 年 2 月 17 日，在核电厂建造接近尾声的时候，萨福克县议会以 15：1 的绝对优势认定：一旦肖汉姆核电厂发生重大事故，疏散路线需要途经 100 km 的陆上交通，不可能及时撤离岛上的居民。新当选的纽约州长，则直接命令州政府官员，否决长岛照明公司提出的任何疏散计划。

尽管如此，核管会还是在 1985 年给肖汉姆核电厂颁发了低功率运行许可证，允许其以 5% 满功率试验运行。如果长岛照明公司当时能够预料到电厂后来的命运，压根就不会运行，因为低功率运行让电厂的关键设备受到了轻度污染，增加了退役的难度和成本。

1985 年 9 月 27 日，飓风格洛丽亚袭击了长岛，供电系统陷于瘫痪，直到 10 天后才恢复。而负责当地输配电的长岛照明公司 CEO，却远在意大利度假，庆祝自己的 30 周年结婚纪念，几日后才返回。这一举动以及低效的应急响应过程，让长岛照明公司彻底失去了长岛居民的信任与信心，肖汉姆核电厂的丧钟也开始敲响了。

在一浪高过一浪的反对声中，长岛照明公司最终扛不住压力，不得不妥协，在 1989 年 5 月 19 日与纽约州政府达成共识，同意关闭肖汉姆核电厂。于是，便出现了文章开头的那一幕，为此专门成立的长岛电力管理局，象征性地买下了核电厂，负责后续的管理与退役（如图 4-47 所示）。根据协议，长岛照明公司建造核电厂的 60 亿美元巨额债务，以 3% 电价附加费的形式，转嫁到长岛居民的头上，时至今日还没还清。

图 4-47　电厂控制室桌面日历定格在 1994 年 11 月 8 日，电厂退役完毕

这座史上最短命的核电厂，从建成之日起，不但没有产生一分钱的价值，反而扔给当地民众一屁股的债务，实出各方预料。

当然，也不能说核电厂完全没有产生价值。比如，2012 年美国上映的一部喜剧电影《独裁者》，其中的导弹装配场景，就是在肖汉姆核电厂的汽轮机房拍摄的。而且，连控制室都用上了……

一个反应堆安全研究项目的逆袭之路

1 安全与风险

当三哩岛事故的消息通过电视、报纸传遍全美的时候，拉斯缪森教授，时任麻省理工学院（MIT）核工程系的主任，心情是相当复杂的：一方面，作为核工业的一份子，当然不愿意看到发生这样严重的事故；另一方面，他惊讶地发现，发生于三哩岛核电厂的事故情景，恰好被自己牵头的一个反应堆安全研究项目言中了。

最关键的是，这个项目的研究成果刚刚被客户"枪毙"了。为此郁闷不已的拉斯缪森，隐隐地预感到自己以及那个项目的命运，将发生根本性的扭转。

事情的来龙去脉，还得从一个叫作"风险"的术语说起。

众所周知，真实的世界里不存在绝对安全的系统或活动，安全是个相对而非绝对的概念。严格意义上而言，生活中的不安全因素无处不在，人们吃饭、走路、驾车、运动等活动，均存在一定的危险性；但人类不会因噎废食、惧而止步，原因在于我们能够控制不安全因素而接受这种相对的安全。另外，安全是个动态而非静态的概念，受经济社会发展、技术水平、认识程度等的影响，某一时期某一阶段被人们认为安全的活动，到另一时期另一阶段可能就被视为不安全了，譬如在今天已成汽车标准配备的安全带和安全气囊，在汽车发明之初可都是没有的。

正是由于安全的相对性和动态性特征，为衡量一个活动或一件事情的安全程度，需要确定一个尺度。关于这个衡量的尺度，人们见仁见智，甚至差别很大，可谓云泥殊路。在科学技术领域，绝大多数人赞同使用"风险"的概念来衡量安全性。所谓风险，是指遭受伤害或损失的可能性。如果一个伤害或损失实实在在地发生了，就不叫风险而是不利后果了，比如死亡、受伤、损失等。换句话说，风险的根本属性，在于不确定性。事实上，风险每天都伴随着人们的生活，追求零风险是不切实际和无法实现的，人们所能做的只是合理地降低风险。从这个角度而言，安全工作的核心，在于控制风险而不是消除风险。

当人们谈论风险时，其实包含两层意思：第一层是可能性，也就是某个事件发生的概率；第二层是事件所致的伤害或损失。因此，要控制某活动可能带来的风险，可以从两个方面入手：要么降低事件发生的概率，要么减小事件带来的后果。前者即我们通常说的事故预防的范畴，后者则属于后果缓解的范畴（如图4-48所示）。

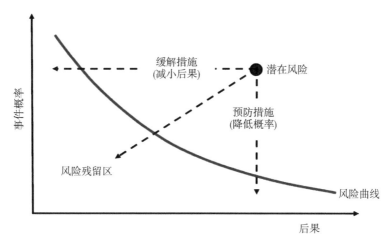

图 4-48 风险控制示意图

如果再以前面说的汽车为例，细想一下会发现，我们在驾车过程中其实已经采取了很多的风险控制措施，比如遵守交通规则、系好安全带等（如图 4-49 所示）。

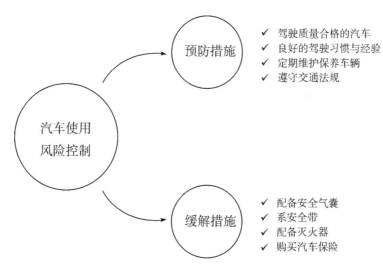

图 4-49 汽车使用中的风险控制示例

很显然，由于风险的不确定性，人们常说的安全目标，也就是可接受的风险，是综合了技术、经济、环境等各种因素后权衡的结果。也就是说，可接受风险不是一个单纯的技术概念。当我们说某个核设施给公众提供了足够的安全防护时，是指产生的风险可接受或没有引起过度的风险，而非指零风险。

2　法默曲线

第一次提出定量化风险概念的，是一个英国人。

20 世纪 60 年代中期，美国及欧洲核电进入大发展时期，在人口稠密、地方狭小的欧洲，厂址的选择成为一个棘手的问题。在此之前，关于核电厂选址的要求，都是原则性的，比如"远离城镇至少 50 km 以上"，在现实中操作性不强，迫切需要制定定量的安全准则，作为厂址选择的依据。

1967 年，在国际原子能机构举办的一个学术会议上，来自英国原子能机构的安全专家法默发表了一篇题为《选址准则的新方法》的论文，首次提出用概率的方法确定厂址的大小。他认为，把事故人为地分成可信与不可信是不合逻辑的，单单分析最大可信事故（如美国联邦法规 10 CFR 100《反应堆选址准则》中所要求的那样）是不完整的，而需要考虑整个事故谱，包括那些后果更小、但发生概率更高的事件。

在论文中，他提出了一个被后人称之为"法墨曲线"的著名理论。该曲线规定了各种事故后果（以碘-131 释放量作为事故后果的度量）所允许的发生概率，随着后果的增加，允许的事故发生概率应该降低；若某一特定后果的概率保持在曲线以下，则对公众的风险是可接受的，反之，若概率在曲线上方，则风险应视为不可接受（见图 4-50）。

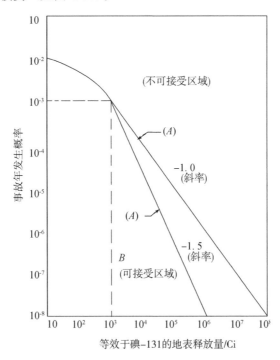

图 4-50　法墨曲线再现示意图

同时，法墨也认识到，公众可能更容易接受发生概率较高而后果相对小的事故，而不容易接受发生概率很低而后果很大的事故，哪怕两起事故中概率与后果的乘积相等。为此，后果严重的事故应该产生更低的整体社会风险，才能为人们所接受。法墨以释放 10^3 Ci 的碘-131 对应的事故发生概率 10^{-3} 所得出的风险值 1 为基准，若事故所致的碘释放量为 10^6 Ci，对应的发生概率为 10^{-6}，两者风险相等；但更易为公众接受的结果，应是 10^6 Ci 碘释放量对应于 10^{-8} 的发生概率，即风险为 10^{-2} 而不是 1，如图中那条斜率为 -1.5 更陡峭的线。而曲线上方变得更为平坦，是为了把较小后果事故（10 Ci 的碘释放量）的最高发生概率，限制在 10^{-2} 以下。

1969 年，一个叫作斯塔尔的核能专家（如图 4-51 所示），也就是美国电力研究院的创始人，在《科学》杂志上发表论文《社会收益与技术风险》，对风险的感知以及法墨的观点进行了深入的阐述。

后来的事实证明，法墨关于公众对风险偏好的观点是正确而有远见的，很好地解释了公众更容易接受交通意外等总体风险偏高的活动，而不愿意接受核电行业相对风险很低的结论。今天，这个属于社会心理学范畴的问题，变成了向公众解释核电安全性的一道难题。

图 4-51　斯塔尔

以现在的标准衡量，法墨曲线无疑是粗糙的：只考虑了挥发性放射性核素的释放，也没有对事故序列谱进行详细分析，无法给出核电厂事故风险的具体数值。然而，法墨曲线却是一个重要的节点，阐明了社会对一项新技术风险的可接受程度，奠定了核电厂风险定量化的基础。

很快，历史的接力棒，阴差阳错地交到了拉斯缪森教授的手中。

3　阴差阳错

20 世纪 60 年代末的时候，美国的核电发展进入一个非常奇怪的阶段：一方面，各电力公司纷纷布局核电业务，核电供应商接到的订单大幅增加；另一方面，公众的质疑声却与日俱增，担心核电厂的安全以及辐射照射危害。在此起彼伏的质疑声中，尤其以应急堆芯冷却系统的有效性问题最为典型，在美国掀起了一股全民参与核电安全的大辩论。

1971 年初，在应急堆芯冷却系统的争议接近尾声之际，国会原子能联合委员会主席帕斯托雷给原子能委员会主席写信，要求对反应堆安全进行综合评估。

在此之前，为了促进核能开发，原子能委员会的官员一直向公众宣传核电的安全性，声称反应堆发生严重事故的可能性是极其低的，但一直缺乏被大家普遍接受的风险评估方法和定量的数据来证明这一点。

为了回应帕斯托雷的关切，以及有效应对公众对核安全的质疑，原子能委员会决定开展一个大型的研究项目，评估超设计基准事故的可能性及潜在的后果：什么事故能导致明显的堆芯损坏和安全壳破裂？事故发生的可能性有多大？它们带来的健康和经济后果是多少？

图 4-52 本尼迪克特

由于研究项目被寄予厚望，也为了显示客观、公正的立场，原子能委员会决定从组织外寻找一个富有声望的专家来领衔。一开始，他们找的是MIT 的本尼迪克特（如图 4-52 所示）。本尼迪克特教授在核工业界大名鼎鼎，作为一名化学家，在二战时参与过"曼哈顿计划"，在 1958 年至1968 年间担任原子能委员会反应堆安全咨询委员会的主席；而且，由于在核能领域的突出贡献，刚刚获得费米奖。面对原子能委员会抛出的橄榄枝，他犹豫再三，最后以手头工作太忙为由拒绝了，并推荐了自己在核工程系的同事拉斯缪森教授（如图4-53 所示）。

1956 年在 MIT 博士毕业后，拉斯缪森留校任教，并在放射性中心进行实验研究。1958 年，MIT 的第一个研究堆建成，同年本尼迪克特教授创立核工程系，拉斯缪森获邀加入并担任助理教授。在这个研究堆上，他开展伽马射线的光谱分析研究，来测定物质中的核素组分。后来，国际原子

图 4-53 拉斯缪森

能机构将他的研究技术应用在核武器扩散研究项目中。当原子能委员会找上门时，他正沉浸于概率和统计技术，并小有建树。

1972 年夏天，一个名为"反应堆安全研究"的项目正式启动。项目由拉斯缪森教授牵头，原子能委员会研究司副司长莱文担任合作联络人（如图 4-54 所示），组成了一个约 60 人的研究团队，前后历时近 3 年，耗资 400 万美元。研究团队里的科学家和工程师，分别来自国家实验室、工业界、原子能委员会和大学，一些是反应堆安全系统方面的专家，另一些是风险评估专家，还有一些是模拟放射性在环境中释放及辐射健康效应的后果评价专家。

图 4-54　莱文

当时的拉斯缪森及其团队成员，不会料到，他们后来的个人毁誉会与这个项目紧紧捆在一起。

4　故障树与事件树

一开始，研究团队利用故障树作为反应堆风险计算的基础，来模拟事故进程中安全功能的失效情况（如部件故障、操作失误、外部影响等），目的是演示可能导致安全功能失效的各种原因组合。

故障树分析又称失效树分析（如图 4-55 所示），是一种对复杂系统进行可靠性分析的有效方法。它采用的是演绎法，即从结果追溯到原因：功能失效置于树顶，然后从上往下，将顶事件依次分解成各级中间事件，并以适当的逻辑分支关系相连；中间层级的事件，将逐层分解直到可明确给出定量的失效率数据的底事件为止；在确定底事件发生概率的基础上，通过特定的逻辑组合，即可得到安全功能失效的概率。很显然，底事件概率（通常指部件失效率）的数据是故障树分析的重要基础，一般通过实际运行或实验等手段予以积累和收集。

比如，图 4-55 为一个简化的阀门故障树：为某一安全功能提供流量的管线上有阀门 C，上游有两个并联的阀门 A 和 B，并由泵输送流量；阀门 C 输出流量不够，要么是抵达阀门 C 的流量不够，要么是该阀门未打开⋯⋯依次将故障分解直至底事件。

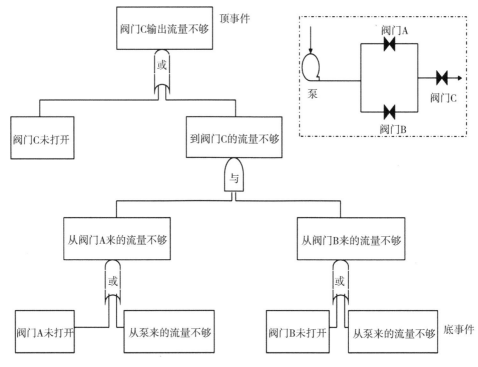

图 4-55　简化的功能（系统、部件）故障树示例

　　来自波音公司的故障树专家杨，带领 7 个反应堆专家分别对萨里核电厂 1 号机组和桃花谷核电厂 2 号机组建立了故障树模型，两座反应堆分别为压水堆和沸水堆，代表了当时的反应堆最新设计水平。虽然为几乎所有主要的安全相关系统都建立了故障树模型，但他们意识到，在现有的时间和资源限制下，要对整个电厂所有的故障树进行分析，将是一项极其复杂的工程。

　　无奈之下，拉斯缪森拍板决定利用事件树的原理来模拟事故发生的过程，以获得各种事故序列的清晰图像。事件树的"上场"，恰好弥补了故障树的不足，才使得概率风险评价从可能变成现实。

　　事件树源于决策分析领域，考察从始发事件至最终状态的事故序列，目的是系统地获得各种事故序列的清晰图像。它采用的是归纳法，即从原因分析到结果：树的主干代表始发事件，分支代表安全功能的成功或失效，分支端点为该始发事件及后续事件组合的结果，代表着电厂的一种状态（堆芯完好或损坏）；在每个分支点上，向上分支代表成功（或功能确保），向下分支代表失败（或功能丧失）。

　　比如，图 4-56 为一个简化的失水事故序列事件树：始发事件为反应堆冷却剂系统上出现的小破口，然后依次研究顶事件，分析反应堆是否紧急停堆，高压、中压、低压应急冷却系统是否投运，最终得到堆芯是否损坏的各种事故序列。采用事件树，实际上将复杂的问题进行了简化。

概而言之，研究团队利用事件树把紧随始发事件后可能导致堆芯损坏的任一可能过程，分解成一个个独立的故障单元，直至这些故障单元的概率能够估算为止；利用故障树，来模拟这些故障单元的发生概率。

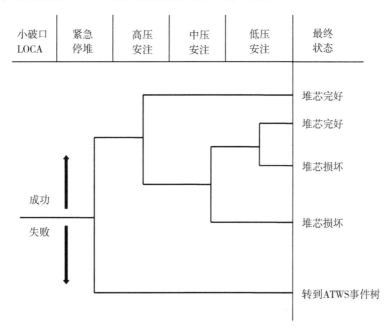

图 4-56　简化的反应堆失水事故事件树示例

5　概率风险评价

很快，另一个麻烦出现了——也是后来被批评者大肆责难的地方，由于运行经验有限，核电厂上用到的很多部件的故障率数据缺乏。于是，研究人员利用了其他工业和美国海军积累的可靠性数据，主要是一些基本部件（泵、阀等）的通用故障率。在确定部件的故障率时，还首次进行了人因失误和共因故障分析。

除了冷却剂丧失事故（LOCA）和瞬态的始发事件，研究团队还尝试估算了地震、洪水、飓风、飞机影响（未考虑飞机人为坠毁或撞击）等相关的风险。结果显示，相比于反应堆的总体风险，这些外部事件引起的堆芯损坏频率很低。

他们总共调查了超过1000个的压水堆堆芯损坏事件序列，并把这些事件序列划分为38类通用序列。利用专门开发的计算机程序计算后果后，又被分成 9 个释放类别。类似地，沸水堆的事件序列被分成 5 个释放类别。计算得到的轻水堆堆芯损坏频率的最佳估计值为 5×10^{-5}（堆·年）$^{-1}$，比人们原先认为的（通常是 10^{-6}（堆·年）$^{-1}$）要高得多。他们认为这种变化的原因，在于反应堆堆芯损坏的风险主要来源于小破口 LOCA 和瞬态，而不是人们原先认为的大破口 LOCA，而早期的风险计算低估甚至忽略了小破口 LOCA 的贡献。另外，研究人员把这种风险估计外推到 1980 年预期运行的 100 个核电机组上，得出堆芯损坏频率为 5×10^{-3} 年 $^{-1}$，即每 200 年的范围内存在发生 1 起这样事故的可能。

在模拟了事故期间反应堆里发生的情形后，他们紧接着对放射性物质在安全壳乃至环境中的释放进行响应计算。在获知释放量后，便可估计引起的后果。事故后果分析最重要的部分，是人员受照剂量的估算和相应的致死率及健康效应。

利用 1974 年预计投运的 68 个核电厂址的气象和人口数据，研究团队估算了事故对公众的辐射健康效应，包括早期致死率（1 年以内辐射照射致死）、早期患病率（需要医疗处理的人群）和长期健康效应（如多年后诱发的癌症）。另外，他们还尝试预测了严重事故带来的经济损失。

估算的结果，让人有些惊讶，事故后果远没有之前想象得那么严重，堆芯熔化并不必然等同于严重的事故后果，大多数堆芯熔化事故只产生中等的后果，只有很小一部分堆芯熔化情景会导致严重后果！

接下来，可能是最有争议的部分出现了：研究团队将核电厂的事故风险，与其他自然和人类活动的风险进行比较，指出核事故风险比其他工业活动风险小得多，反应堆是相当安全的。用来比较的其他事故包括地震、飓风、龙卷风、陨石雨、交通事故、飞机坠毁、爆炸、溃坝、火灾和导致有害化学物质释放的工业事故。从图中可以看出，和假设的 100 个运行核电厂风险最为接近的是陨石雨：每年死亡 10 个人的事件概率为 10^{-4}，每年死亡 10 000 个人的事件概率为 10^{-7}。

1974 年 8 月，原子能委员会发布了研究报告的草稿，希望获得同行们的反馈和评论；1975 年 10 月，新成立的核管会正式发布了研究报告《反应堆安全研究：美国核电厂事故风险的评价》（WASH-1400），也就是著名的拉斯缪森报告，包括执行摘要和主报告以及 11 个技术附录，厚达 3000 页。

他们没有料到，等待 WASH-1400 报告的，是一场暴风骤雨。

6 剧情反转

WASH-1400 报告刚一发表，立即引来各方的强烈关注，甚至公众和媒体也表示了浓厚的兴趣。核工业人士对之赞赏有加，认为其代表了核安全研究的最新方向；反对者则提出激烈的批评，认为风险计算方法令人难以信服，且事故后果被低估了至少一个量级，等等。

引起最大非议的，莫过于随同报告发布的执行摘要了：包括两个部分，一是概要介绍研究过程和结果，二是以问答的形式比较了核事故与其他自然或人为事件的风险（如图 4-57 所示）。反对者们认为核事故的发生频率是根据模型和输入数据分析得到的，不确定性很大，而非核事故如飞机失事的频率是统计得到的，是比较确切的，把这两者作比有失客观性……

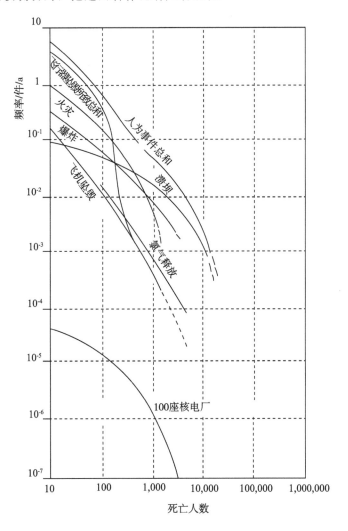

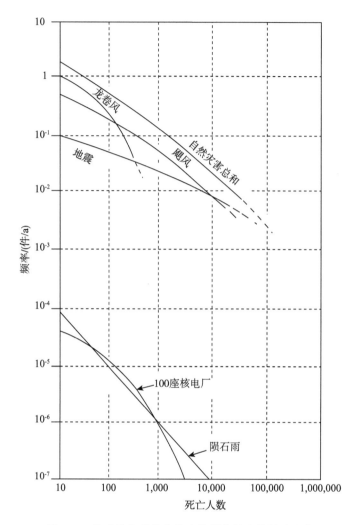

图 4-57   核事故与其他非核事故所致的人类风险比较

事实上，WASH-1400 报告除了充分强调 "核电厂是一种低风险的工业活动" 外，还向人们阐释了许多其他的重要信息：利用事件树和故障树建构了可能发生的事故序列，产生了更为准确和现实的风险结果；比较了各种事故对反应堆风险的相对贡献，发现了堆芯熔化与安全壳失效之间存在的关联作用；通过共因失效和人因失误分析，理解了辅助系统和其他非安全系统或构筑物的安全重要性；揭示了核电厂设计上的很多薄弱环节，并指明了安全改进的途径，等等。不幸的是，争论的双方，在当时没有对报告中这些信息的重要意义给予足够的重视，而把焦点放到对执行摘要的解读上去了。

在此形势下，拉斯缪森及团队成员陷入巨大的舆论漩涡。为了捍卫研究成果，作为项目的负责人，拉斯缪森教授不得不站到镁光灯前，全国各地到处飞，接受和参加很多媒体的采访、演讲和辩论，给大家解释研究采用的方法、假设、结论、局限等。他渊博的知识、风趣的谈吐给大家留下了深刻的印象，一下子成了公众人物。在国会原子能联合委员会召开的一次听证会上，拉斯缪森正给台上的议员们解释事件树和故障树时，主持人帕斯托雷不耐烦地打断了他，问还需要多长时间才能讲完。他回答道："参议员，这取决于你们有多聪明了。"众目睽睽之下，气得帕斯托雷当场休会。

1977 年 6 月，在国会的介入下，核管会邀请加州大学圣塔芭芭拉分校的刘易斯教授担纲，成立一个由外部专家组成的同行评审委员会，对 WASH-1400 报告进行仔细审查。1978 年 9 月，他们向核管会提交了一份报告，即刘易斯委员会报告。该报告认同概率风险评价方法的有效性，对拉斯缪森团队所作的开创性工作表示赞赏，尤其是利用事件树和故障树的原理描绘了一幅核电厂可能事故的清晰图像，是为重大进步；但指出 WASH-1400 报告存在重大不足，采用的每项风险数据均有很大的不确定性，不确定性因子普遍在 10～100 之间，有的甚至高达 1000，不能确定报告中给出的事故序列概率偏高还是偏低……最后，刘易斯委员会报告指责 WASH-1400 报告的执行摘要，根本不像一个报告摘要，简直就是一个支持核电的宣言书！

面对这样一个烫手山芋，核管会进退维谷。遗憾的是，他们过多地关注了来自各方的负面批评，最后持反对立场的意见占据了上风，便着手与 WASH-1400 报告"切割"，并在 1979 年 1 月 18 日发布了一个政策声明（见图 4-58）：接受刘易斯委员会报告的结论；撤销对执行摘要的认可；研究报告中关于反应堆事故总体风险的估计是不可靠的……

仅仅 2 个月后，发生的三哩岛事故，让这一切发生了逆转，因为 WASH-1400 报告正好识别出了像三哩岛事故那样的小破口 LOCA 是导致堆芯损坏的主导贡献。如梦初醒的核管会，又迫不及待地转过身来"拥抱" WASH-1400 报告了，在后来的核安全监管实践中大力推行概率风险评价这种新技术，并最终取得了丰硕的成果。

风雨之后见彩虹，三哩岛事故"拯救"了 WASH-1400 报告。作为公认的第一份完整的概率风险分析报告，WASH-1400 报告无疑是全世界范围内核安全研究历史中的重大里程碑，反映了人们对核电厂安全的认识达到一个全新的高度，标志着一门新学科——概率风险评价——的诞生，并在后来的发展应用中展现了强大的生命力。正是依赖于概率风险评价技术，人们可以定量地评价风险，找出核电厂在设计、运行等各阶段存在的安全薄弱环节，解决了一批之前未能解决的涉及多重故障的难题，极大地提高了人们认识和控制风险的能力。

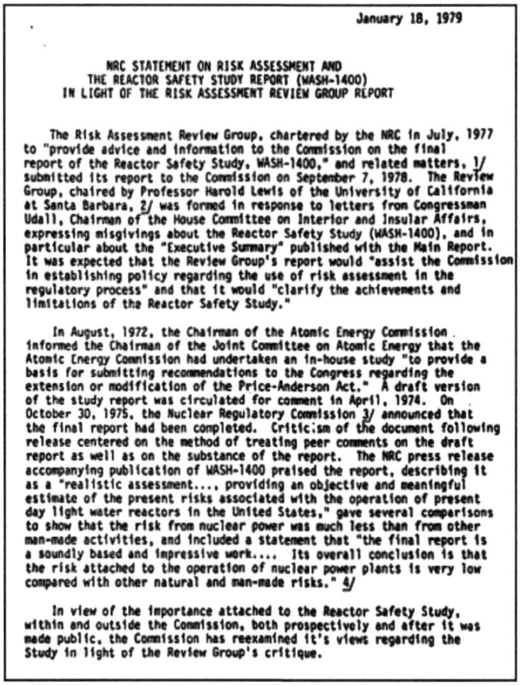

January 18, 1979

NRC STATEMENT ON RISK ASSESSMENT AND
THE REACTOR SAFETY STUDY REPORT (WASH-1400)
IN LIGHT OF THE RISK ASSESSMENT REVIEW GROUP REPORT

The Risk Assessment Review Group, chartered by the NRC in July, 1977 to "provide advice and information to the Commission on the final report of the Reactor Safety Study, WASH-1400," and related matters, 1/ submitted its report to the Commission on September 7, 1978. The Review Group, chaired by Professor Harold Lewis of the University of California at Santa Barbara, 2/ was formed in response to letters from Congressman Udall, Chairman of the House Committee on Interior and Insular Affairs, expressing misgivings about the Reactor Safety Study (WASH-1400), and in particular about the "Executive Summary" published with the Main Report. It was expected that the Review Group's report would "assist the Commission in establishing policy regarding the use of risk assessment in the regulatory process" and that it would "clarify the achievements and limitations of tha Reactor Safety Study."

In August, 1972, the Chairman of the Atomic Energy Commission informed the Chairman of the Joint Committee on Atomic Energy that the Atomic Energy Commission had undertaken an in-house study "to provide a basis for submitting recommendations to the Congress regarding the extension or modification of the Price-Anderson Act." A draft version of the study report was circulated for comment in April, 1974. On October 30, 1975, the Nuclear Regulatory Commission 3/ announced that the final report had been completed. Criticism of the document following release centered on the method of treating peer comments on the draft report as well as on the substance of the report. The NRC press release accompanying publication of WASH-1400 praised the report, describing it as a "realistic assessment..., providing an objective and meaningful estimate of the present risks associated with the operation of present day light water reactors in the United States," gave several comparisons to show that the risk from nuclear power was much less than from other man-made activities, and included a statement that "the final report is a soundly based and impressive work.... Its overall conclusion is that the risk attached to the operation of nuclear power plants is very low compared with other natural and man-made risks." 4/

In view of the importance attached to the Reactor Safety Study, within and outside the Commission, both prospectively and after it was made public, the Commission has reexamined it's views regarding the Study in light of the Review Group's critique.

图 4-58　核管会关于 WASH-1400 报告的声明

作为这一革命性研究项目的掌舵人，拉斯缪森教授最后收获了数不清的赞誉，各种荣誉纷至沓来：被后来者尊为“概率风险评价之父”，1977 年和 1979 年分别当选为美国工程院和科学院院士，1985 年获得费米奖……

今天，我们在这儿不胜其烦地还原这段一波三折的历程，权且作为对拉斯缪森教授及其团队所做卓越贡献的致敬和礼赞吧……

第五部分　殷　鉴

最早的反应堆严重事故

1 功率最大的研究堆

临时接到抢险任务的时候，28 岁的海军上尉卡特（如图 5-1 所示），后来的美国第 39 任总统，正在纽约州的斯克内克塔迪海军基地里，在里科夫领导的海军核推进项目中工作。让他有点意外的是，之前学习掌握的核污染治理专业技能，不是用在将来的"海狼号"核潜艇，而是在邻国的反应堆派上用场。

图 5-1 海军上尉卡特

卡特率领部下乘坐火车，紧急赶赴加拿大。那里的一个反应堆，发生了一起严重事故。

在第二次世界大战期间，英国和加拿大政府在蒙特利尔大学建立了一个秘密的联合实验室，在之前英国的重水研究项目基础上，主要从事重水慢化钚生产堆的设计工作。作为美国"曼哈顿计划"的一个分支，这个秘密项目由加拿大国家研究院负责，对外称为蒙特利尔实验室。所以，毫不奇怪，对于重水的研究，加拿大科学家从一开始就独领风骚。

战后，跟盟友美国和英国走的路子不一样，加拿大没有继续开展核武器研发，而是潜心于研究反应堆的和平利用，并在后来设计出一种独特的核电堆型——加拿大重水铀反应堆（CANDU）。

1945 年 9 月 5 日，作为美国之外的第一座反应堆，零功率实验堆（Zero Energy Experimental Pile，ZEEP）在加拿大安大略省的恰克河实验室首次临界。在此基础上，恰克河实验室随后设计了一座多用途研究性反应堆，国家研究实验堆（National Research Experimental，NRX），并于 1947 年 7 月 22 日建成投运（如图 5-2 所示）。

图 5-2　1945 年的恰克河实验室

　　热功率为 10 MW 的 NRX，是当时世界上功率最大的研究堆，也是最强的中子源，可以用于核燃料和材料辐照考验、中子束应用研究、同位素生产等用途，让加拿大一跃成为世界核科学研究的前沿。比如，加拿大物理学家布罗克豪斯，20 世纪 50 年代曾在这个反应堆上开展研究工作，后来因为在凝聚态物质领域的中子散射探测与分析技术贡献，获得 1994 年的诺贝尔物理学奖。

2　压力管式重水铀反应堆

　　NRX 是一座利用重水慢化、轻水冷却、天然铀作燃料的研究堆（如图 5-3 所示）。反应堆"坐"在一个叫作排管容器的大型铝桶里，直径为 8 m、高 3 m。排管容器中装有 14 000 L 的重水，上部空间填充氦气（排空容器里的空气，防止腐蚀）。在排管容器里，呈六角形垂直布置了 175 根铝制的压力管，每根压力管直径均为 6 cm。

　　绝大多数压力管里装载有燃料棒，有时根据实验需要，可插入其他辐照材料，剩下的压力管用以安放控制反应性的控制棒。另外，通过调节排管容器里重水的水位，也可以控制核裂变链式反应的速率和输出功率。在紧急状态下，可以通过快速排空重水，来达到终止裂变反应的目的。

图 5-3 反应堆大厅

装有天然铀的燃料棒，直径为 3.1 cm、长 3.1 m，大约 55 kg。燃料棒为双层铝包壳设计：在燃料棒内外层包壳之间，轻水冷却剂以 250 kg/s 高速流过，带走裂变反应释放的热量；在燃料棒外包壳与压力管之间，则是一个环形的空气间隙，空气以 8 kg/s 的速率流过，以隔绝压力管内由燃料棒产生的高温（如图 5-4 所示）。

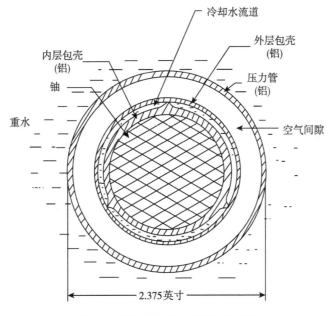

图 5-4 燃料棒和压力管截面示意图

　　反应堆一共设计有 12 根填充碳化硼的不锈钢控制棒。控制棒通过电磁装置控制，在失电状态下，控制棒将依靠重力下降，在 3～5 s 内插入堆芯底部。同时，控制棒还设计有气压驱动系统，可以在空气流的作用下快速插入堆芯，或者从底部缓慢地抽出堆芯。

　　在运行方式上，12 根控制棒被分成 2 组：一组叫作安全棒，包括 4 根控制棒，一起上下运动，通过主控室控制台上的 1 号按钮操作，旁边还布置有每根安全棒的相对位置指示灯；另一组为剩下的 8 根控制棒，由控制系统以自动序列方式提升或插入堆芯，通过 2 号按钮操作。

　　控制台上还有一个 3 号按钮，用以操作控制棒电磁装置。控制气动系统的 4 号按钮，则位于控制台不远处的墙上（如图 5-5 所示）。

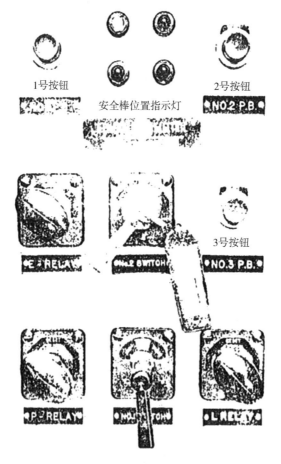

图 5-5　控制台上的中心控制盘布置图

严重事故，正是由这套控制棒控制系统的故障所引发的。

3 误操作和机械故障

1952 年 12 月 12 日，研究人员打算在 NRX 上进行低功率状态下反应性测量实验，主要目的是比较新入堆燃料棒与已辐照燃料棒的反应性大小。

值得一提的是，反应堆中每根燃料棒的冷却能力，可以单独控制和隔离。按照实验方案，新入堆的 1 根燃料棒，在低功率下无需用轻水冷却，依靠空气冷却即可带走热量，剩余的燃料棒则通过软管连接到一个临时的冷却水系统。

实验在准备过程中，反应堆处于停堆状态。这时，在主控室里，值班长通过控制台上的红色指示灯，发现 4 根安全棒提起来了。他判断是正在反应堆下部的地下室里的操纵员，错误地打开了控制棒气动系统的旁通阀，使得控制棒顶部压力小于底部，继而导致控制棒自动提升。

值班长立即给地下室打电话，要求现场的操纵员关闭阀门。放下电话后，他还不放心，离开主控室，冲到地下室，手动关闭了 4 个旁通阀，并检查了气压。

随后，在地下室的值班长，往主控室打电话，原本想让助手按下控制台上的 4 号和 3 号按钮，以便安全棒在气动系统的驱动下快速插入堆芯。然而，实际传达指令的时候，出现了口误，说成了"按下 4 号和 1 号按钮"。几秒后，他意识到说错了，赶紧再打电话，然而助手忙着去操作，并没有接电话。

主控室的助手，按照值班长的指令，在 15：07 按下了 4 号和 1 号按钮。

这样做的结果是，原本已经离开堆芯底部的 4 根安全棒，并不是预想地插入，而是继续被向上提起来了。此后，按照后来的调查分析，反应堆功率以每 2 s 翻倍的速率急剧上涨。

大约 20 s 后，助手意识到了问题，又按下了 1 号按钮，实施紧急停堆。

随后，主控室的人员以为安全棒完全插回堆芯了，因为他们看到控制台上的红色信号灯灭了。然而，事实上，只有 1 根安全棒完全插入堆芯，其他 3 根并没有插到底，只是插入到足以关闭警告信号的位置而已。

由于气动系统的故障，控制棒下插的速度比原设计的要慢得多，反应堆功率继续上涨。30 s 后，功率达到 17 MW；44 s 后，工作人员才发现异常，立即按下了紧急排空排管容器重水的按钮；功率又继续上升了 5 s，达到 80 MW 的峰值；大约 68 s 后，裂变反应才得以终止。

在此过程中，只依赖空气冷却的新燃料棒，冷却严重不足，很快发生熔化；其他通过临时冷却水系统冷却的燃料棒，也遭遇热量导出困难的挑战。部分燃料棒的内外包壳随后破孔，并破坏了压力管的完整性，所有的流体系统，包括重水、轻水、空气和氦气，整个贯通在一起了。

15：11，控制台上的氦气储罐压力表指针突然窜到最高点，暗示着排管容器里发生了氢氧爆炸。排管容器结构遭受部分破坏，厂房里到处响起了辐射警报声。

15：47，下达了撤离整个厂区的命令，人员开始撤离。

接下来，就是麻烦的污染清理工作了。

4 事故善后

为了移除堆芯的衰变热，事故后不得不继续投运冷却系统。作为慢化剂的重水，本来没有放射性，但是事故破坏了与轻水冷却剂的隔离，大约 1 万 Ci 的放射性物质，泄漏到 4000 m^3 的重水里。

携带放射性的重水，通过排管容器的破口，流到反应堆厂房的地面。当晚 18：00，地下室里已经水漫金山了。接下来的几天里，水位涨到 1 m 高，并分别流到氦气储罐和重水储罐房间里。

为了避免污染旁边的渥太华河，刚从国家研究院手里接管恰克河实验室的加拿大原子能公司，不得不临时修建了一条管线，将厂房里带放射性的水排放到 1600 m 外的一个沙池里。

幸运的是，除个别工作人员受到较高的辐射照射外，事故没有造成人员伤亡。一些气态的裂变产物，通过烟囱排放到环境中。根据随后几年里持续的辐射监测情况看，事故对环境和公众的影响，基本可以忽略。

最棘手的，就是堆芯的拆除和厂房的污染清理了。整个堆芯和排管容器，遭受严重损坏，已经无法再用了，只得整体拆除。由于遍布放射性，拆除工作不能就地实施，只能远程操作。为此，工作人员不得不事先进行反复的模拟演练（如图 5-6 所示）。拆除后的排管容器、熔化的燃料棒和其他设备，被当作高水平放射性废物埋掉处理。

图 5-6 模拟拆除排管容器

　　面对反应堆厂房大面积的放射性污染，加拿大政府力不从心，只得向美国求助。于是，包括卡特在内的 150 名美国海军专业人员和加拿大的军人、工程师、建筑工人等，组成了一支 862 人的队伍，开始实施为期几个月的污染清理。

　　在一个网球场里，加拿大按照当初的设计图纸，制作了一个 1∶1 比例的反应堆厂房模型。卡特上尉和他的部下，需要先在这个真实的模型上进行反复操作，直至熟练为止。

　　"我们身穿臃肿的防护服，以最快的速度冲进去，手上拿着扳手和虎钳。按照预先演练的那样，快速卸下沿途的门栓和螺栓，然后又快速跑出来……每次进去的时间，不能超过 90 s。"后来当上美国总统的卡特，在自己写的一本书里，简短地回忆了这段传奇的经历。

　　经过 2 年的事故清理与处理，恰克河实验室在原先的厂房里，安装了一套全新的反应堆堆芯及相关设备，在 1954 年重启运行，热功率增大到 42 MW。新的反应堆，一直运行到 1993 年才彻底停闭（如图 5-7 所示）。

图 5-7　1966 年的反应堆大厅

　　作为一个深刻的教训，这起史上最早的反应堆严重事故，给后来的反应堆安全指引了改进的方向。自此之后，安全系统的独立性和多样性、冗余的安全停堆能力等，变成了反应堆设计的基本原则。

生死只在一瞬间

1　模块化小型堆

"如果完全抽出中心控制棒，反应堆将临界，你清楚这样做的后果吗?"

"当然! 我们还经常谈论，有朝一日被派往北极的雷达站值班的话，如果苏联人打过来了，我们就快速把控制棒抽出来!"

这一幕，发生在 1961 年的春天，一个事故调查组对一名反应堆操纵员提出质询。操纵员是一名陆军士兵，他曾经运行过的反应堆刚刚发生一起严重事故。

让人意外的是，美国历史上第一起，也是唯一一起致人死亡的反应堆事故，居然发生在陆军，而不是海军或空军的反应堆上。

当美国海军和空军先后启动实施潜艇和飞机核推进项目时，陆军并不积极。作为最传统的军种，当时没有急切上马核动力反应堆的迫切性。

转机发生在 1953 年。为了提防苏联的导弹袭击，陆军研发了一套远程预警系统。苏联到美国的最短距离，是跨越地球的北极，因此美国在地球上最寒冷、最不适宜居住的地方，也就是阿拉斯加、加拿大和格陵兰岛的最北端，设立了一圈远程雷达站，日夜监视苏联的导弹动向。

在寒冷黑暗的北极圈，无论是运转设备还是操作人员取暖，都需要能源。通常的做法，是装备柴油发电机来供电、供暖。但是，运行的成本很高，向如此偏远的地区定期补给大量柴油，运输起来非常困难，有时还有危险。

陆军工程师提出了一个设想：开发一系列规模较小、结构简单、容易组装和维护的核动力发电供热站，为那些遥远的雷达站持续提供能源，就解决运输和储存易燃的液体燃料的烦恼了。

为此，陆军组建了研发办公室，开始涉足核动力项目。很快，他们提出开发三种基本型号的核电站：

第一种是固定式核电站（如图 5-8 所示），服务于燃料供应不便的偏远基地。核电站分成三四个模块，可以利用运输机或大型货车分别运到目的地，对安装场地及安装人员要求不高，几小时就可以组装就位。另外，运行、维护非常简单，一次装料可以运行 3 年以上。这种核电站，最适合远程雷达站。

第二种是便携式核电站（如图 5-9 所示），可以快速地组装和拆卸。当某个地方的任务结束，可以利用运输机或卡车运到下一个地方，重新组装使用。

图 5-8 美军在阿拉斯加的固定式核电站

第三种是移动式核电站（如图 5-10 所示），比固定式轻便，也不需要安装。利用重型卡车运到需要的地方，短时间内就能准备好并发电。这种核电站，可以为军队的移动式外科医院供应能源，甚至在帐篷车行进过程中，也可以运行。

图 5-9 美军在格陵兰岛世纪营的便携式核电站

图 5-10　移动式核电站

　　针对每种型号，陆军分别规划了高、中、低三种功率的反应堆，功率大小涵盖 100 kW 到 40 MW 不等。

　　经过对比论证，陆军认为压水反应堆结构复杂、设备众多，整个系统太重、占空间，运输和维护起来，都比较麻烦。被选中的，是沸水反应堆。

2　固定式低功率堆

　　在北极的冻土地带，加拿大和阿拉斯加北部针叶林的平原上，植物的生命，依靠浅水沼泽和几英寸厚的土壤维系。土壤的下面，常年冻结，对春天的到来毫无反应。生命在这儿几乎绝迹，只有黑暗的土地，以及冷峻的石头。

　　当陆军描述将来的反应堆要用在这样的地方时，阿贡国家实验室的研究人员，不由地打了一个冷颤。外部环境实在太恶劣了，士兵出门走几步都费劲，更别提操作设备了。反应堆必须设计得再简单不过了，一切冗余的配置，都不在考虑之列。他们没细想的是，正是这种至简的设计要求，为反应堆后来发生严重事故埋下了隐患的种子。

　　依靠在 BORAX 项目一系列实验上取得的结果和经验，阿贡实验室为陆军的远程雷达站量身定做了一款固定式核电站，叫做阿贡低功率反应堆。这个原型反应堆，建在爱达荷沙漠腹地的国家反应堆试验站里面，1957 年开建，一年之后就完工了。

　　反应堆设计采用沸水堆方案，93.2% 的高富集铀板型燃料元件，利用自然循环带走堆芯热量，热功率为 3 MW，可以产生 200 kW 的电力和 400 kW 的热能。与压水堆的圆柱形控制棒不一样，这个反应堆的控制棒设计成十字形（如图 5-11 所示）。出于设计和使用简单考虑，只有堆芯中心的一根控制棒，起到启堆、停堆和功率调节作用，周围的 4 根辅助控制棒，用作平衡堆芯各区域中子通量，达到燃料均衡"燃烧"的目的。

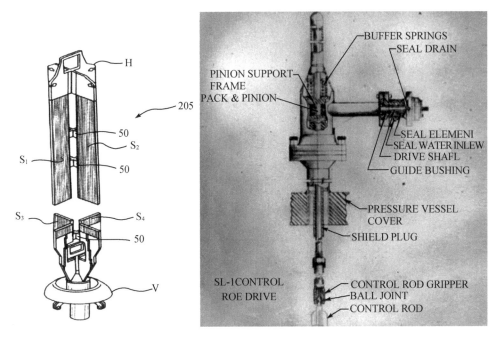

图 5-11　反应堆控制棒及其驱动机构设计示意图

1958 年 8 月 11 日，低功率反应堆首次临界，10 月 24 日输出电能。1959 年 2 月 5 日，在完成大量的实验任务后，阿贡实验室将反应堆移交给了陆军的运营合同商燃烧工程公司，承担后续的试验、验证和培训任务。随后，按照陆军的命名规则，反应堆被更名为固定式低功率反应堆 1 号（Stationary Low-Power Reactor Number One，简写为 SL-1）。

与国家反应堆试验站里的其他反应堆不一样，由于反应堆将来打算布置在北极圈，陆军希望不仅测试反应堆本身的适宜性，而是整个系统。所以，SL-1 的反应堆厂房，是一个特制的圆形钢罐，如同一个高约 14.6 m、直径为 11.6 m 的导弹发射井一样。巨大的钢罐"坐"在一个仿制的桥墩上，与地面隔离，以便阻止热量向将来的冻土地面散发。很显然，这个"发射井"和今天核电厂中的安全壳不是一回事，只是一个简易的金属竖井而已，不能经受住地震、爆炸等考验（如图 5-12 所示）。

竖井的内部布置，如同一个三层蛋糕：最下一层，是反应堆压力容器，四周辅以天然石料和砾石固定和保护；中间一层，是运行平台，与压力容器顶部连接，布置有控制棒驱动机构、汽轮发电机等设备；最上一层，是风机房，设有空气冷却的蒸汽冷凝器等设备（如图 5-13 所示）。

图 5-12　建成投用后的 SL-1

图 5-13　SL-1 剖面示意图

　　反应堆的控制室，位于一个白铁建成的简易建筑里面，紧挨着反应堆厂房。控制室的外面，有一个螺旋式楼梯与反应堆厂房的二层平台相连（如图5-14 所示）。

图 5-14　连接反应堆厂房与运行控制室的封闭楼梯

在国家反应堆试验站的众多反应堆里，SL-1 并没有什么过人之处，没有引起什么关注，原子能委员会也不太关心它。

不过，陆军的计划，仍然引起了海军和空军方面的好奇，纷纷要求派出自己的学员与陆军士兵一起，接受 SL-1 的操作培训（如图 5-15 所示）。

在第四批接受培训的人员当中，就包括两名陆军士兵，22 岁的伯恩斯和 26 岁的莱格，以及一名海军学员麦金利。

为了欢度圣诞节，燃烧工程公司在 1960 年 12 月 23 日停闭了 SL-1，并计划于来年的 1 月 4 日重新启堆。1 月 3 日 16：00，按照运行调度的安排，伯恩斯、莱格和麦金利三人准时走进控制室，与上一班工作人员完成交接班，开始晚班的工作任务。

他们的主要任务是进到金属竖井的二层平台，安装 44 根检测中子通量分布情况的新钻芯线，并将中心控制棒与控制棒驱动机构连接复位，为明天反应堆开堆做最后的准备。

不幸的是，这一次，他们再也没能走出来。

图 5-15　在 SL-1 上操作培训的士兵

3　反应堆顶部的三具尸体

1961 年 1 月 3 日 21：01，国家反应堆试验站的安全中心和附近的 3 个消防队，都从警报电台收到火灾警报代码，一长两短的蜂鸣声，意味着 SL-1 失火了。大约 9min 后，距离最近的消防队派出的一队消防人员，抵达了现场。

沙漠里的冬天，晚上尤其寒冷。反应堆竖井好好地立在那儿，没有火光，没有烟雾，消防人员只看见厂房顶部冒出一缕蒸汽，这在零下 14℃ 的天气里是正常的。

消防人员走进控制室，里面阴森森的，空无一人。房间里充斥着辐射警报的回声。随后，他们来到连接反应堆厂房的外部楼梯，可是随身携带的辐射剂量监测仪显示辐射超过了安全标准，他们只好撤离。

21：17，一名临近的材料试验反应堆的辐射防护专家来到了现场。他穿上辐射防护服，佩戴空气呼吸器，背上氧气罐，准备顺着楼梯进到反应堆竖井里。可是辐射剂量还是太高，超过了危险剂量，也不得不退回来。所有的辅助建筑里都找遍了，没看到人影。唯一没有找的地方，就是反应堆竖井了。

22：30，燃烧工程公司和陆军的项目负责人陆续抵达现场。两个辐射防护穿戴严实的处置人员，冒险进入竖井，携带的监测仪显示辐射剂量率高达 1500

rad/h（rad 为吸收剂量旧单位，即 15 Gy/h）。在这种强度的辐射环境中，待上 20 min，人的内脏器官就会受到永久性损伤。因此，他们必须争分夺秒。

在反应堆竖井的二层平台上，他们发现麦金利躺在地上，身体在动，还有呻吟。伯恩斯在旁边不远处，似乎受到巨大的外力冲击，撞到了反应堆顶部的混凝土块上，已经死了。没有发现第三个人。两人不敢在里面久待，立刻退了出去。

大家决定先救出还有呼吸的人。一组人穿上辐射防护装备，其中 2 人抬着担架，余下 3 人拿着计时秒表和辐射监测仪，一路狂跑进入事故现场。从他们进入门口开始计时，逗留时间不能超过 60 s。他们迅速把麦金利抬起，扔到担架上，往出口跑。

23：00，由于伤势过重，麦金利不治而亡。更麻烦的是，被抢救出来的麦金利的尸体，成了一颗强放射源，辐射剂量率高达 1000 rad/h。没有办法，救护车司机载着尸体朝着沙漠深处疾驰了 1 min，便拉着夜班护士弃车跑回来了。

最终，他们找到了莱格的尸体。最初的抢救人员之所以没能发现他，是因为忽略了上面。莱格就在他们的头顶，一片控制棒碎片穿过他的身体，将他硬生生地钉在天花板上，惨不忍睹。

在事前计划和模拟操作的基础上，伯恩斯残缺不全的尸体，在第二天晚上被取了出来。1 月 9 日，经过上百名事故抢救人员的协作，处置人员利用一台经过特殊改装的起重机，最终将莱格的尸体从反应堆厂房的天花板上取下来了（如图 5-16、图 5-17 所示）。

图 5-16　事故第二天早晨辐射防护人员在附近的 20 号公路上检测污染情况

图 5-17　工作人员利用远程控制装置准备收集反应堆厂房里的水样

最后，3 个人的尸体装入铅制的棺材埋葬，还有些部分不得不封在钢制圆筒里，当作放射性废物处理。

毫无疑问，3 个人在反应堆压力容器顶部操作设备时，发生了意外，引起爆炸。尽管金属竖井在设计时不具备安全壳功能，但在爆炸中还是起到了相当大的屏障作用。只有大约 50 Ci 的放射性物质泄漏到环境中，随风飘到了 160 km 远的地方。事故对茫茫沙漠里的环境，影响很小。

不过，让当时的科学家和工程师百思不得其解的是，被称为"傻瓜式"的低功率沸水堆，究竟是如何发生爆炸的呢？

4　未解的谜底

事故发生后，陆军方面聘请通用电气公司组织了几百人的技术队伍，进行后期的事故清理、去污和调查工作。当年的年底，他们把整个反应堆压力容器从金属竖井中吊了出来（如图 5-18 所示），运往专门的热室，进行详细的切割和事故分析。

经过将近 2 年的模拟研究，调查人员以毫秒为单位，推测还原了事故发生前后的情景：

伯恩斯站在堆顶控制棒调节口处，双手握住固定控制棒的钢制拉杆。作为监护人，莱格站在他的旁边；麦金利也在一旁，大概是在观摩学习。十字形的控制棒，当时处在堆芯深处的止动位置，距离堆顶尚有 2.7 m。

图 5-18 1961 年 11 月 29 日反应堆压力容器被做了屏蔽处理的起重机吊出厂房

　　伯恩斯需要做的是，将控制棒提升 2.54 cm，紧接着莱格松开并移除一个夹住控制棒的 C 形夹子，完成与控制棒驱动机构的连接。但是，在控制棒上升 2.54 cm 的时候，伯恩斯并没有停下来，继续往上抽控制棒。

　　当控制棒提升了 42.4 cm 时，反应堆达到了瞬发临界状态。伯恩斯继续快速提升控制棒到 58.4 cm，反应堆已经处于超临界状态了，在短短的 4 ms 内，功率便高达 20 GW。堆芯温度高达 2060 ℃，核燃料开始汽化。

　　0.0005 s 时，反应堆自动停堆，因为堆芯内的水变成了一个大汽穴，没有了足够的慢化剂，链式裂变反应无法维持。堆芯上部的水柱，加速向上喷发。

　　0.0034 s 时，向上喷发的水遇到反应堆顶盖，以 4536 kg 重的力量，撞击顶盖。屏蔽塞裂开，碎片以 26 m/s 的速度飞出。

　　0.1600 s 时，堆顶第一个裂开的屏蔽塞，打到了天花板上，反应堆中 2/3 的水流了出来。

　　0.8000 s 时，反应堆内的放射性物质，喷出堆内外的管道，冲向天花板。

　　4.0000 s 时，冲向天花板的放射性物质，落回到二层平台的地面上，爆炸结束。

　　不过，调查人员还有一个难以想通的问题：伯恩斯为什么猛烈地拔出控制棒，又是如何将重达 45 kg 的控制棒拔到那么高的位置呢？

　　似乎，SL-1 事故是一起人为事故。就在事故发生 2 h 前，伯恩斯的妻子把电话打进了控制室，告诉他婚姻结束了，再不许他回家，还要拿走他最后一份薪水的一半。或许，平常飙车、酗酒的伯恩斯，经受不住突如其来的打击，加上与莱格由来已久的积怨，使得他对未来丧失信心，决心以这种方式了结自己，报复同事。

　　即使是最好的工程设计，似乎也不能防范由于人类自身的弱点而造成的事故。或许，这也就是海军的里科夫坚持对反应堆工作人员进行严格心理测试的原因吧。

不过，由于 3 个当事人都在事故中遇难，事故的真正原因，始终是个谜。

在此之后，反应堆再也不敢设计得如此简单了。设计人员汲取的最重要教训，便是大家今天熟知的"卡棒准则"。后来设计的反应堆，再也无法做到仅仅依靠一根控制棒就能达到临界状态；换句话说，即使反应性价值最大的一组控制棒，卡在完全抽出位置，仍有足够的停堆能力和手段，来确保反应堆安全（如图 5-19 所示）。

图 5-19　1981 年的一张安全宣传海报：不要忘记 SL-1

温茨凯尔的大火

1　科克罗夫特的愚蠢

加装过滤器的消息传开后，工地上的工程师和工人们，一致认为这个决定极其愚蠢。

反应堆的建造已接近尾声，超过 120 m 高的大烟囱已经立在那儿了，临时要在烟囱顶部装上放射性过滤系统，谈何容易，怪不得大家怨声载道（如图 5-20 所示）。

图 5-20 温茨凯尔反应堆

二战结束后，由于美国拒绝提供核技术和核材料，英国不得不自己搞核武器，并选择了钚原子弹方案。这种方案相对简单、可行，不需要实施耗资巨大、技术复杂的铀浓缩工程，通过反应堆就可以生产出核武器材料钚。在反应堆中，铀-238 俘获中子后，转变成镎-239，它会进一步衰变成钚-239（如图 5-21 所示）。

图 5-21 铀-238—钚-239 转化示意图

设计两座生产钚-239 的反应堆的任务，便落到成立不久的英国哈维尔原子能研究所头上。反应堆选在英国西北部温茨凯尔的一座旧军工厂上，毗邻沃斯特湖，远离人口聚集区，一旦发生事故便于应急响应。

温茨凯尔反应堆的最终设计（如图 5-22 所示），部分来自于美国汉福特 B 反应堆，部分来自于哈维尔原子能研究所低功率石墨实验堆的成功经验，采用天然铀作燃料，利用带散热片的薄铝作元件包壳，石墨慢化，空气冷却。利用 8 个巨型的鼓风机，将用作冷却的空气从厂房两侧吹入堆芯，通过燃料孔道带走热量，再经过管道从烟囱排出，就无需设计、安装汉福特工厂那样复杂的液体冷却系统了。

两个反应堆的设计相同，最大热功率为 180 MW。整个堆芯由 2000 t 的石墨堆砌而成，周围用 2 m 厚的混凝土生物屏蔽将反应堆罩起来，外层再钉上钢板。

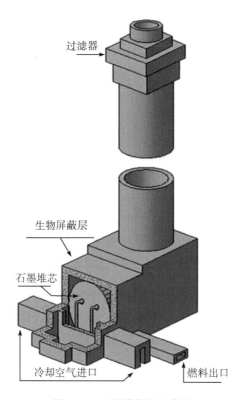

过滤器

生物屏蔽层

石墨堆芯

冷却空气进口

燃料出口

图 5-22　反应堆剖面示意图

如同一个巨大的蜂巢一样，从反应堆的前部（进料侧）到后部（卸料侧），水平布置了 3444 个燃料孔道、977 个同位素孔道。每个燃料孔道里，依次布置 21 根燃料棒，每根燃料棒 30 cm 长。整个反应堆，大约包括 70 000 根燃料棒（如图 5-23、图 5-24 所示）。

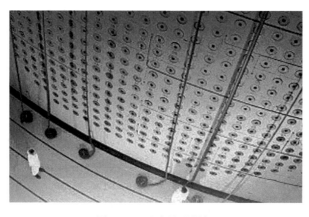

图 5-23　反应堆进料侧

图 5-24　铝包壳的铀燃料元件

　　为了尽可能减少钚-240 的生成量，燃料棒在堆芯里呆的时间不能太长，所以在运行中需要经常换料，将孔道里的燃料棒推入卸料侧旁边的水池里，在水池冷却后，再收集、转运到后处理工厂。

　　就在反应堆建设进行的热火朝天的时候，哈威尔原子能研究所的主任科克罗夫特，1951 年诺贝尔物理学奖获得者，收到了一个来自美国的信息反馈，在橡树岭 X-10 反应堆附近监测到二氧化铀。科克罗夫特爵士觉得此事非同小可，提出在温茨凯尔反应堆厂房安装过滤装置，以便过滤可能产生的放射性物质（如图 5-25 所示）。

图 5-25　科克罗夫特爵士

但是这个建议来得太迟了，除非将厚厚的混凝土厂房炸掉重建，在当时工期十分紧张的情况下，显然不是明智之举。唯一能够加装过滤设备的地方，就剩下排风烟囱顶部了。

在科克罗夫特爵士的坚持下，工程技术人员费了九牛二虎之力，将200 t重的钢材、混凝土和其他设备吊上烟囱顶部，在一片埋怨声中安上了可拆卸的玻璃纤维过滤器。私下里，他们把这个费时又费钱的工程变更，称为"科克罗夫特的愚蠢"。

令大家没想到的是，正是这个"科克罗夫特的愚蠢"，在几年后的反应堆事故中，起了大作用，拯救了英国的大片土地。

2 魏格纳效应

温茨凯尔1号和2号反应堆在1947年9月开建，分别于1950年10月和1951年6月建成投运。在反应堆旁边，还配套建设了英国第一座后处理工厂。随后，整个厂区开足马力，生产、提纯钚-239，为英国在1952年成功试爆第一颗原子弹供应了原材料（如图5-26所示）。

图 5-26　装料操作

反应堆投入运行后不久，就遇到了无法解释的堆芯温度异常升高的怪事，把运行人员吓了一跳。直到从来访的美国科学家泰勒嘴里听到"魏格纳效应"这个新鲜名词时，英国人才意识到自己对石墨的认识，还停留在100年前。

早在1943年，从匈牙利流亡到美国的物理学家魏格纳，在主持设计橡树岭X-10反应堆的过程中，研究发现了绝大多数固体在受到中子辐照时都发生物理特性变化的现象。尤其是用作中子慢化剂的石墨，被快中子轰击时，会破坏石墨的晶体结构，引起畸变，原子不能回到原来的位置，从而产生空位和间隙。这个过程导致石墨体积膨胀，传热性和电导率降低，并在错位的碳原子间慢慢积存能量，形成石墨的潜热。

后来，人们便将中子辐照引起原子发生位移的现象，称为"魏格纳效应"

（如图 5-27 所示），储存在石墨原子中的能量，又叫"魏格纳能量"。如果魏格纳能量不能及时得到释放的话，石墨温度越来越高，可能着火，并点燃易燃的燃料铀，后果非常严重。

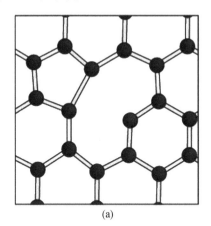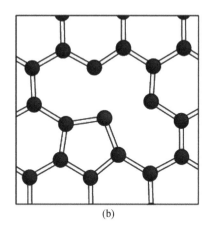

(a)　　　　　　　　　　　　　　　(b)

图 5-27　魏格纳效应示意图

（a）辐照前晶体结构；（b）辐照后晶体结构

在汉福特反应堆运行早期，美国人就为此苦恼不已，不得不经常停堆处理，影响了钚生产进度。好在他们最终摸索出一种解决办法，先小心谨慎地升高堆芯温度，再缓慢降低，可以修复石墨的晶体结构，并释放积存的能量。

这种热处理工艺，叫作"退火"。当石墨温度超过 250 ℃时，原子空隙发生重组，晶体结构又可以恢复到原初的状态，能量得到释放。

得知原委后，英国人便如法炮制，也对石墨采取退火处理工艺。不过，他们那时对魏格纳效应还不充分了解，退火的过程和结果并不十分成功。

在此期间，英国政府决定研制氢弹。由于担心美国和苏联可能在 1958 年签署《禁止核试验条约》，丘吉尔要求千方百计加快生产氢弹材料氚。

时间紧迫，来不及新建生产堆，他们便决定利用温茨凯尔反应堆，既生产钚又生产氚。在代号为"AM"的同位素孔道里，塞进了镁锂合金，通过中子辐照生产氚（即超重氢）；在代号为"LM"的孔道里，塞进了氧化铋，生产核弹触发剂（中子源材料）钋-210。

为了提高氚的产量，他们找到了一个诀窍：通过缩短元件包壳上散热片的长度，燃料的温度将升高，导致堆芯中子通量产生一个很小的增加，却很管用。这种方法之前在提高钚产量时就用过。

辐照生产氚和改变燃料元件结构的做法，引起了部分科学家和技术人员的担忧和警告。不过，在当时核弹研制任务压倒一切的形势下，安全上的忧虑，统统让位于生产进度。大胆的决策给后来的事故埋下了隐患。

第一次魏格纳能量的释放，发生在 1952 年 9 月。随后，技术人员摸索制定了操作程序。到 1956 年底，在 1 号堆上已经进行了 8 次退火处理，他们视之为常规的操作了。不过，当时的人们没有发现，一些石墨块出现了裂缝，老化效应已经初步显现，而且有几个区域的石墨在第 8 次退火时并没有充分释放能量。

在石墨中涌动的热流，在进行第 9 次退火处理的时候，终于爆发了。

3 失控的退火

1957 年 10 月 7 日 1：13，操纵员停闭 1 号反应堆，关掉主风机，准备进行第 9 次退火。当晚 19：25，反应堆开始产生热量，慢慢加热石墨。

8 日 1：00，堆芯中有两个热电偶显示温度已达到 250 ℃，正式开始释放魏格纳能量。然而，9：00 左右出现了一个反常的趋势，大部分石墨温度没有继续升高，而是下降了。

工作人员判断退火动作进行得太快了，便慢慢抽出控制棒，尝试进行第二次魏格纳能量释放。11：05 左右，如他们期望的那样，整个反应堆的温度都在上升。到当晚 17：00 时，控制室测得的热电偶温度计读数最高为 345 ℃。

然而，他们不知道的是，最高读数的热电偶温度计所处的位置，只是正常运行时堆芯温度的最高位置，却不是退火时堆芯最高温度的位置。由于镁锂合金材料的加入，改变了堆芯的中子通量分布，随之影响了温度分布。此时堆芯实际的最高温度，远远比热电偶的读数高得多。可是，那个地方，恰好没有布置热电偶。

9 日，反应堆处于停堆状态，退火似乎仍在正常进行。到下午的时候，堆芯温度突然飙升至 415 ℃。其实，实际的最高温度已远远超过这个值，不过操作人员无从得知。他们便关闭了反应堆顶部的检查口和堆底舱口，并在当晚打开了风扇挡板，吹进了空气冷却，堆芯温度随之降低了。

10 日 12：00 刚过，堆芯温度再次攀升，测得 428 ℃。同时，安装在烟囱顶部的放射性监测仪显示有辐射。工作人员才意识到出事了，怀疑有燃料棒爆裂，便启动主风机开始降温。14：30，为了定位破损燃料位置，投入远程控制的扫描装置。但是，传动装置发生故障，无法工作。

工作人员只好穿上防护服，戴上防护面罩，随身佩戴放射性剂量仪，进入厂房，来到反应堆换料侧，移开换料塞进行检查。让人恐怖的事情发生了，燃料孔道里已经一片通红。

后来的调查分析认为，位于 2053 孔道里的镁锂合金，在不断升高的温度下可能率先发生爆裂和燃烧。燃烧随后蔓延，并点燃了周围的石墨和铀金属，温度高达 1300 ℃。实际上，反应堆在"文火"状态下，已经燃烧了将近两天。

厂里立刻组织工人们进入反应堆厂房，站在脚手架上，利用手中的长钢棒，极力将孔道里燃烧的燃料棒推出去，落进卸料侧的水池里。但是，很多燃料棒燃烧肿胀，卡在孔道里，根本推不动。当钢棒抽回时，已经被烧得通红，上面滴着熔化的铀（如图 5-28 所示）。

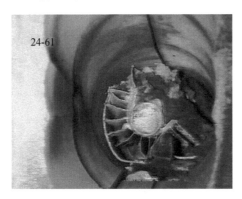

图 5-28　严重熔化的燃料棒

随后，他们尝试利用二氧化碳灭火。从旁边新建的卡德霍尔核电厂运来 25 t液体二氧化碳，用了将近 1 h 的时间，利用泵送入反应堆。但是，没有起到什么明显的效果，火势太大了，空气被倒吸入排气管道，咆哮的火苗从任何可能的地方捕捉氧气。

处置人员一筹莫展，没有人清楚应该怎么办才好。现场的副经理提出用水灭火，但风险很大。熔化的铀及铀氧化物与水反应，释放出氢气，搞不好爆炸的话，可能将整个屏蔽厂房轰掉；同时，将水注入堆芯，替换其中的空气，是否会引起反应堆重新临界，也是个未知数。然而，如果不尽快灭火，听任堆芯温度继续升高的话，整个反应堆陷入熊熊火海，最后发生爆炸，后果同样不堪设想。

没有办法，处置人员决定孤注一掷。11 日 9：00 前后，工作人员利用临时布置的水管，将水注入堆芯。幸运的是，反应堆没有发生爆炸，火很快熄灭了。为了确保安全，注水作业持续了将近 24 个小时。

到 12 日反应堆彻底冷却下来的时候，厂房里四处流淌着放射性的水。1 号反应堆已经彻底毁了，出于安全考虑，2 号反应堆也被迫关停。

等待它们的是漫长的退役过程。

4　掩盖的原因

反应堆里的大火，燃烧了三天三夜。大量带有放射性的裂变产物，通过烟囱释放，随风扩散到英国甚至欧洲。好在科克罗夫特爵士力排众议加装的过滤装置起作用了，大部分的放射性物质被过滤阻挡，避免了英格兰北部陷入一场放射性生态灾难。

不过，过滤装置对释放的放射性惰性气体和挥发性碘不起作用。据事后估计，大约 20 000 Ci 的碘-131、600 Ci 的铯-137、80 Ci 的锶-89 和 9 Ci 的锶-90 等放射性物质，释放到环境中。

释放到环境中的放射性物质，最危险的大概属于碘-131 了，虽然半衰期只有 8 d，但很容易聚集在人的甲状腺以及乳制品中。为此，在接下来的一个月里，政府不得不收购了周边地区所有的牛奶，稀释后倒进了爱尔兰海里（如图5-29 所示）。

图 5-29　牛奶处理

没有人在这场火灾中身亡。事故对环境的影响有限，除了牛奶供应限制外，政府没有对周边地区实施疏散撤离。按照后来国际原子能机构发布的国际核事件分级准则，温茨凯尔火灾和 1979 年的三哩岛事故一样，被确定为 5 级，影响范围较大的事故。一个 2010 年的研究报告指出，对于参加事故清理所涉及的人员，尚未发现有明显而重要的长期健康效应。

直至今天，关于这场火灾的具体原因，仍有待深入研究。不过，根本原因，绕不开工程技术不过关这个重要因素，以及政府当局以安全质量为代价，换取进度和节约开支。

然而，1957 年 10 月 25 日，英国首相麦克米伦和美国总统艾森豪威尔在华盛顿举行会谈，并签署了《共同目的宣言》，美英核合作得以恢复，美国公开承认了英国核力量的地位。温茨凯尔火灾发生后，英国首相担心，美国国会如果知道事故是由政府为发展氢弹而鲁莽决策引起的话，可能会否决即将进行的会谈，便阻止向外公布事故的真实情况。

在官方最初公开的事故报告中，温茨凯尔事故系由工作人员判断失误所致。结果，在公众眼里，冒着生命危险灭火的人们，变成应为大火负责的人。无怪乎，当时指挥现场处置的副经理看到这个报告后，破口大骂：这群官僚，简直就是混蛋！

无论如何，这起英国史上最严重的核事故发生后，世界上再也没有修建利用空气冷却的石墨堆了。而发生于 30 年后另一起更严重的核事故，则彻底葬送了石墨反应堆的前途。

没错，更严重的核事故，便是切尔诺贝利事故。

一根蜡烛要了核电厂的半条命

1 别具一格的电厂

让田纳西河流域管理局十分沮丧的是，自家投资兴建的第一座核电厂，投运不久便摊上了大事。

如前所述，1966 年田纳西河流域管理局在阿拉巴马州阿森斯市的田纳西河畔规划建造一座核电厂。在 20 世纪 50 年代以前，电厂厂址所在地长期作为一个渡口（ferry）使用，所以他们把这个电厂命名为布朗斯费里核电厂。

在起初的规划中，布朗斯费里核电厂（如图 5-30 所示）包括 2 台沸水堆，电功率均为 1063 MW。1967 年 5 月 1 日，1、2 号机组同时开建。仅仅过了一个月，田纳西河流域管理局便决定在 2 号机组旁加建一模一样的 3 号机组，并在次年 7 月正式动工。

图 5-30 建造中的布朗斯费里核电厂

3台机组均为通用电气公司设计的BWR-4型沸水堆，机型与2011年发生严重事故的日本福岛第一核电厂的2号至5号机组一样。核电厂采用MarkⅠ型双安全壳配置，在由干井和湿井构成的主安全壳外，建造了一个反应堆厂房，又叫二次安全壳，将主安全壳、应急冷却系统、乏燃料水池以及换料作业区等包裹在内。

布朗斯费里核电厂的所有机组共用一个换料作业平台，其反应堆厂房跟其他沸水堆核电厂略有不同，是一个巨型的钢筋混凝土结构，将3台机组全部罩在一起，连成了一个整体。

作为一个内陆核电厂，布朗斯费里核电厂在建造过程中正好赶上了1969年美国《国家环境政策法案》的出台，为了控制向周围水体中排放二回路冷却水的温度，不得不加装冷却装置。和经常看见的高大的冷却塔不一样，这个核电厂采用很多机械通风冷却塔组合使用的方式。所以，不管是反应堆厂房，还是冷却塔，布朗斯费里核电厂的外观都是别具一格的（如图5-31所示）。

图 5-31　布朗斯费里核电厂远景

1、2、3号机组相继在1973年10月、1974年8月和1976年9月并网发电。这个核电厂建成之时，可谓风光无限，不仅是当时世界上最大的核电厂，也是第一座单机功率超过百万千瓦的核电厂。

值得一提的是，1、2号机组共用一个主控室，在主控室的下方是电缆间，作为连接主控室与各个厂房及系统的桥梁纽带，那里汇集了成千上万的电线和电缆,为主控室提供监测、控制反应堆所需的各种电力(如图 5-32 所示)。

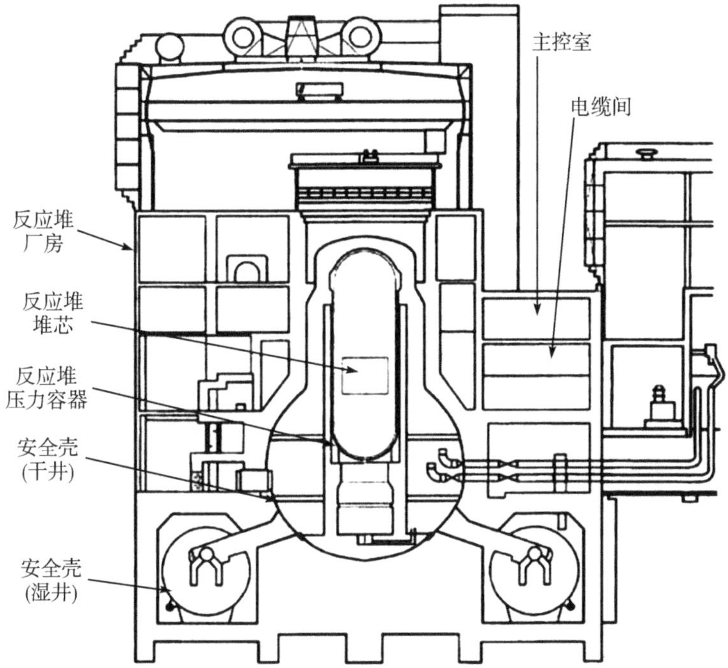

图 5-32 反应堆、主控室与电缆间的相对位置示意图

在原设计中,反应堆厂房应保持轻微的负压,以防止在反应堆运行或事故情况下放射性物质释放到周围环境中。所以,为了维持负压的要求,需要对反应堆厂房与周围设施的连接或贯穿处进行密封处理。

到 1975 年 3 月的时候,1、2 号机组已经投入商运,3 号机组即将建造完工。作为一体化的反应堆厂房,为了满足密封性的要求,之前已在 2、3 号机组之间做了临时的隔离处理。一旦 3 号机组投运的话,隔离措施就可以取消。为此,核电厂决定对 1、2 号机组的厂房泄漏率进行试验。试验结果表明,需要进一步降低泄漏率,才能满足将来 3 台机组同时运行情况下反应堆厂房的负压要求。

布朗斯费里核电厂制订了系统的计划,主要包括检查并识别所有的漏点、对漏点进行封堵、测试并确认封堵效果。在当时,检查空气泄漏的方法有好几种,比如通过烟雾装置、肥皂溶液或蜡烛,尤其在光线不太好的区域,利用蜡烛火焰的偏转方向,可以很好地判断泄漏是否存在。至于使用哪种检漏方法,核电厂并没有作统一的规定,由负责实施的工程师自己决定。

在此过程中,使用蜡烛明火检漏被大家广泛使用,也没有出现什么纰漏,直到用在电缆间里酿成了大祸。

2 蜡烛惹的祸

3月22日，6名工作人员来到电缆间，对与反应堆厂房相连的电缆槽进行检漏和封堵作业（如图5-33所示）。

图5-33 电缆间

他们被分成3组，每组包括1名技术工程师和1名电工。到中午12:15的时候，其中1名工程师发现与1号机组反应堆厂房相连的电缆槽上方有一个孔洞（如图5-34所示）。原来，由于设计变更的缘故，部分电缆被抽出来，破坏了原先的密封。

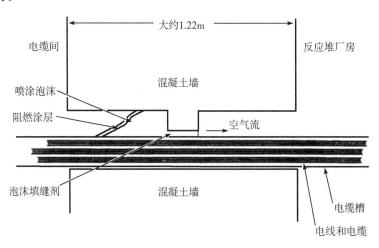

图5-34 电缆槽贯穿反应堆厂房示意图

工程师点燃一根蜡烛，靠近孔洞观察。因为反应堆厂房的负压设计，电缆间一侧的压力略高一点，蜡烛的火焰随即从水平方向吸进了孔里，说明存在明显的空气流动。一旁的电工够不着那个孔洞，工程师索性代劳作业，让电工递上两块弹性聚氨酯泡沫塑料，用力塞了进去。

在正常的封堵作业步骤中，对漏点填充聚氨酯泡沫后，随后应在内外表面喷上阻燃涂层进行防火处理，再进行检漏。然而，在布朗斯费里核电厂，工作人员嫌麻烦，为了提高效率，采用的做法是对单个漏点仅作封堵，待发现足够数量的漏点后，再对这些封堵的漏点进行批量的防火处理。

为了检验封堵的效果，那个工程师采用同样的方法，再次点燃蜡烛抵近观察。和几分钟前发生的情形一样，蜡烛的火焰再次从水平方向吸进孔里，说明泄漏仍然存在。所不同的是，这一次，火焰不但吸了进去，而且点燃了刚塞进去的聚氨酯泡沫。点燃的时间，在中午 12：20 左右。

工程师见状，赶紧知会一旁的电工。接过电工递过来的手电筒，他用手电筒拼命击打聚氨酯泡沫。但是，易燃的聚氨酯一旦燃起来，便嘶嘶作响，扩散极快，手电筒根本无济于事。电缆间里的另一名工人听到呼声后，立刻拿过来一些铺垫织物，企图盖住火焰，仍然无济于事。

随后，其他人把电缆间里的几个 CO_2 灭火器和干粉灭火器拿过来，还是没能成功灭火，火势继续向周围的电缆蔓延。大约在 12：35，也就是起火 15 min 后，电缆间的人员疏散警报声响起，提示固定式 CO_2 灭火系统即将启动。但是，灭火系统并没有自动启动，原来按照安全隔离的程序，由于之前有人在电缆间作业，所以灭火系统的电源被切断了。

接到通知赶到现场的助理总值班工程师，在确认电缆间所有人员撤离后，手动接通了灭火系统的电源，在 12：40 向电缆间自动喷洒 CO_2。整个救火过程中，固定式 CO_2 灭火系统一共被手动启动了三次，在停闭的间隙，电厂消防人员提着 CO_2 灭火器和干粉灭火器冲进去灭火。

13：30，接到求援电话赶来的阿森斯市消防人员，一同加入了灭火战斗。14：00，赶到现场的阿森斯市消防局长建议用水灭火，但遭到电厂厂长的强烈反对。厂长担心，一旦向电缆间喷水的话，很可能引起电缆短路，将给主控室操纵员停闭和冷却反应堆带来无法预测的后果（如图 5-35 所示）。

在电厂内外消防人员的齐心协力下，电缆间的大火终于在 16：20 被扑灭了。不过，更大的火势，在混凝土墙的另一边，等着他们。

图 5-35　电缆间熔化的铝导管

3　投鼠忌器的救火

火势顺着电缆槽里的电线和电缆，在孔洞里向内的气流作用下，很快蔓延到反应堆厂房里（如图 5-36 所示）。

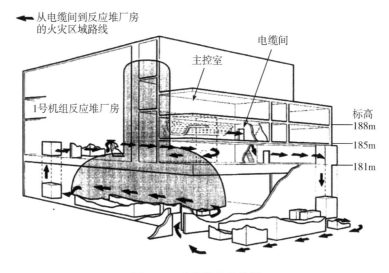

图 5-36　火势扩散路线图

12：30，电缆间起火 10 min 后，赶到反应堆厂房里的 2 名工人发现，火已经在距离二层地面约 6 m 高的电缆托架上烧起来了。他们找到一架梯子，1 名工人爬上梯子，靠近火焰，利用干粉灭火器灭火。没过一会，他便感到呼吸困难，不得不退下来。干粉灭火剂虽然暂时压住了火焰，但由于现场的温度很高，不久火又复燃了。

随后赶到现场指挥的另一名助理总值班工程师，拿着干粉灭火器亲自登上梯子灭火，不过见效甚微，随后又改用CO₂灭火器。很快，厂房里烟雾弥漫，肉眼已经无法看清火焰位置，而且无法接近了。现场的人员都没有佩戴呼吸器，不得不撤出来。

13：45，在电厂人员的带领下，阿森斯市的7名消防员进入反应堆厂房。大约在13：00，由于大火烧坏了电缆，厂房里的照明突然熄灭，他们只能凭借应急照明和手电筒的微弱光线灭火。而且，从12：45起，厂房的通风系统就丧失了，直到16：00才恢复运行。现场到处是烟雾，不仅严重影响了视线，还必须佩戴呼吸器，这给消防人员的灭火作业带来很大的困难。

16：30，在电缆间的火扑灭后，电厂的总值班工程师来到反应堆厂房指挥救火。随后，他们在厂房的内外两侧分别设立了应急直流照明，并在现场腾出了一个立足点，一次能够容纳3名消防员用干粉灭火器灭火。

17：45，总值班工程师指挥把一根直径40 mm的水带搬进反应堆厂房的3楼，打算用水灭火，但厂长担心用水会影响反应堆的停堆安全，没有同意。15 min之后，阿森斯市消防局长再次提出同样的建议，也被否决。

19：00，反应堆厂房里的火势仍未得到完全控制。电厂厂长在确认反应堆已基本处于稳定状态后，不顾田纳西河流域管理局公共安全委员会的反对，同意用水灭火。消防员拿起为电气火灾专门设计的喷雾水枪，但因喷射距离太短，未能凑效。随后，他们试图使用消防车带来的水枪，又与电厂的水带不匹配，刚接通水源，水枪便脱落了。他们管不了那么多了，索性把水带直接塞进电缆托架里。

很快，在水的浸没下，反应堆厂房里的大火在19：45扑灭了。不过，此时距离那根蜡烛点燃的火焰，已过去了7个多小时。

大火烧毁了电缆、电缆托架、电缆导管，熔化了一些空气管线的焊接接头（如图5-37所示）。造成的损害，主要集中在反应堆厂房的1号机组侧，电缆间里的损毁范围有限，最远到起火点北边1.5 m处。

图 5-37　反应堆厂房里被烧毁的电缆

大火总共烧毁了 1611 根电缆，其中的 628 根电缆与安全相关。正是这些烧毁的安全相关的电缆，给反应堆的安全停堆带来挑战。

4 深刻的教训

电缆间起火 20 min 后，主控室便失去部分监控信号，并接二连三地出现各种异常的仪控信号。

首先，在处于满功率运行状态下，1 号机组的 4 台余热排出泵和 4 台堆芯喷淋泵毫无征兆地自启动；随后，2 台再循环泵自动停运。为安全起见，操纵员在 12∶51 手动紧急停堆。大约在 9 min 后，2 号机组自动紧急停堆。

在随后的停堆冷却过程中，烧毁的电缆导致很多设备（如泵、阀门、送风机等）电源丧失，继而造成 1 号机组应急堆芯冷却系统不可用、2 号机组应急堆芯冷却系统部分不可用。在此情况下，操纵员只好利用远程操作，通过手动开启压力释放阀、冷凝器增压泵和控制棒驱动系统泵等可用的设备来维持 1 号机组的堆芯冷却，导出放射性衰变热。

幸运的是，经过操纵员的有力干预，2 台机组最后均得到安全停堆和有效冷却，也没有造成超出正常运行水平的放射性物质释放。

作为三哩岛事故之前美国最严重的核电厂事故，布朗斯费里核电厂的这场大火，让成立不到 3 个月的核管会饱受指摘。在反核人士的眼里，"一根小小的蜡烛，在瞬间就粉碎了核工业界关于反应堆安全系统可靠性的结论"。

在此之前，消防专家一直把水作为优选的灭火剂，火灾保险协会也曾建议核电厂建立基于水的灭火系统。试验和实践表明，由于能快速抑制和冷却燃烧，水一直是最理想的灭火剂；即使对于电气领域的火灾，若使用非水的灭火途径不成功的话，就应该立即使用水灭火。

如果在布朗斯费里核电厂火灾的早期阶段，就利用水灭火的话，那么大火的持续时间、造成的损失及对反应堆安全系统的挑战，都将大大减少。后来的研究也证明，在对喷雾水枪进行性能改进后，用水雾去对付电缆火灾，是完全可行的。

可惜，核工业界不同意这种观点。秉承着水和电"势不两立"的陈旧观念，他们担心水会引起电气设备短路，甚至影响反应堆的安全系统。最要命的是，作为美国核管会的前身，原子能委员会根本没把火灾当作一个核安全问题来考虑和监管。

这场大火，让监管部门和核工业界如梦初醒，开始高度重视核电厂的防火安全，深刻地影响了后来的核电安全监管。在此之后，各国加强了反应堆应对火灾风险的研究，包括火灾的预防、探测和抑制。1980 年 11 月，美国核管会颁布了法规 10 CFR 50.48《防火》及 10 CFR 50 附录 R，对核电厂的防火设计提出了更加严格而明确的要求。

布朗斯费里核电厂的1、2号机组，在经过长达18个月的修复与整治后，在1976年9月恢复运行。不过，好景不长，由于存在严重的管理和安全问题，田纳西河流域管理局不得不在1985年3月"自愿"停闭整个核电厂。随后，便是长期的整改，2、3号机组分别在1991年和1995年重新投运。

1号机组的命运更惨，经过22年漫长的等待后，终于在2007年6月恢复运行。算起来，在其原先40年的运行执照有效期里，停运的时间竟然长达30年。如此遭遇，在全世界的在运核电厂里，只怕再也找不出第二座了……

三哩岛风云

1 二回路上的小故障

按捺不住内心的好奇，在电影上映一周后，丹顿到影院观看了轰动一时的《中国综合症》（如图5-38所示）。其实，电影跟中国没有任何关系。

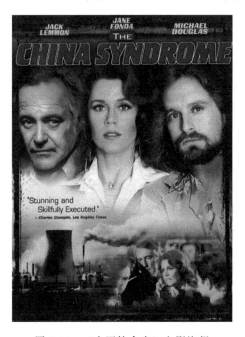

图5-38 《中国综合症》电影海报

这是一部典型的好莱坞惊悚电影，讲述的是一名电视台女记者和随行的摄影师，无意中拍到了加州某核电厂控制室发生故障，并且酿成严重事故的情景，后来他们历经艰辛逃脱追捕，终于将真相公诸于世的故事。

"那个仪表的读数，是错的。"电影院里，他对身旁的妻子说。

令他意想不到的是，一周过后，他被派遣到三哩岛核电厂事故现场，几乎置身于和电影里同样复杂的漩涡之中。

20 世纪 60 年代末，在宾夕法尼亚州首府哈里斯堡的东南边约 10 英里处，毗邻萨斯奎哈纳河的三哩岛上（因距离上游的小城米德尔敦 3 英里而得名），美国公用事业总公司投资兴建了一座核电厂（如图 5-39 所示）。核电厂采用巴布科克·威尔科克斯公司（简称巴威公司）最新设计的压水堆方案，一共 2 台反应堆机组，分别于 1974 年 9 月和 1978 年 12 月相继投入商业运行，由其子公司大都会爱迪生公司负责运营。

图 5-39　三哩岛核电厂

除了输出功率略有差别外，2 台机组设计一样，反应堆冷却剂系统采用 2 个环路设计，每个环路均由 1 台蒸汽发生器、2 台主冷却剂泵、管道和阀门等组成，并共用 1 台稳压器来控制系统的压力。它们和反应堆压力容器一起，全部安置于钢筋混凝土制成的安全壳内（也叫反应堆厂房），如图 5-40 所示。

核电厂里的很多技术人员，尤其是主控室的操纵员和值班长，在加入大都会爱迪生公司之前，都在里科夫的核潜艇项目上干过。比起其他核电厂的操作人员，他们对反应堆的运行更熟悉，也更为自信。

2 号机组正式投运 3 个月以来，虽然出现过一些故障，但都不是什么大问题，一切都在运行人员掌控之中。不过，1979 年 3 月 28 日凌晨出现的一个故障，加上后续一连串的判断和操作失误及设备故障，却让反应堆失控了，最终演变成严重事故。

事故是由二回路上的一个小故障引发的。

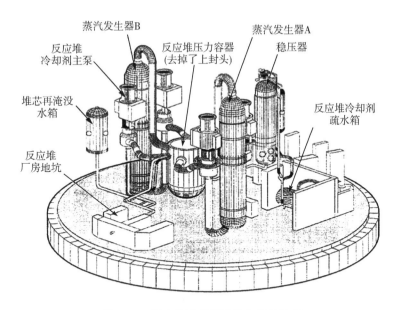

图 5-40 反应堆冷却剂系统布置示意图

事发前，2 号机组正以 97% 满功率运行，1 号机组处于停堆换料过程中。大约在事故前的 11 个小时里，2 号机组运行值班长一直在汽轮机房，现场监督 7 号除盐器的维修工作。除盐器的主要作用，是利用离子交换树脂净化二回路给水。

维修的主要任务，是把除盐器中失效的离子交换树脂，传送至树脂再生箱。他们把空气和水灌进一条树脂传送管路，以冲碎阻塞管路的树脂结块。然而，由于一个逆止阀的故障，水漏进了控制除盐器前后阀门的气动系统。

事实上，水漏进除盐器阀门控制系统的问题，在此之前至少发生过 2 次。假如大都会爱迪生公司当时把问题彻底解决了，后面的事故或许永远不会发生了。

这个问题，导致除盐器前后的隔离阀全部关闭，紧接着引起在运的两台冷凝器泵中的一台和两台冷凝器增压泵脱扣，此时为 28 日 4：00：36。

大概在冷凝器泵脱扣后 1 秒钟，主给水泵和汽轮机脱扣，三哩岛事故由此为起点，正式开始。

此后的几秒钟、几分钟、几小时、几天里，一系列看似偶然的因素——设备故障、设计缺陷、判断失误等——交织在一起，酿成了美国商用核电史上最严重的事故。

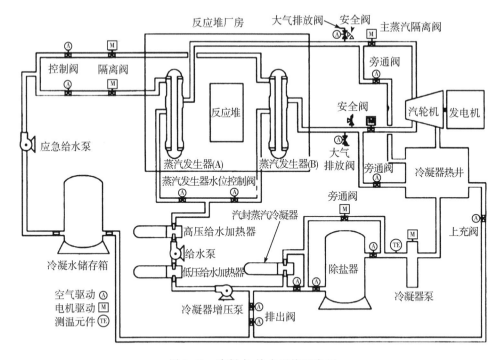

图 5-41　冷凝水-给水系统示意图

2　小破口，大事故

反应堆在运行，主给水泵和汽轮机脱扣导致二回路给水丧失，降低了冷却剂系统的热量导出率，一回路冷却水温度上升，体积随之膨胀，导致冷却剂压力和稳压器水位快速升高。

大约在汽轮机脱扣 3 秒后，反应堆冷却剂压力超过了稳压器上部的先导式释放阀设定的起跳值（15.5 MPa），释放阀自动开启，一回路的水和蒸汽，经由一条泄压管线释放到位于安全壳内的疏水箱里（见图 5-42）。

不过，这仍不足以降压，冷却剂压力继续升高。在事故开始后 8 秒钟左右，由于冷却剂压力高信号，反应堆保护系统自动动作，触发紧急停堆，控制棒快速插入堆芯，核裂变链式反应随即停止。

至此，正如原初设计要求的那样，核电厂响应正常，一切都在自动控制之中，没有什么大不了的。

不过，第一个问题很快便出现了。随着稳压器释放阀开启和反应堆紧急停堆，一回路压力下降，大约在 13 秒压力降至 15.21 MPa；按照预先的设定，释放阀本应在此时关闭，防止冷却剂持续流失和压力下降。不幸的是，大概是机械故障的缘故，释放阀卡住不回座了（又叫卡开故障）。

事实上，稳压器释放阀卡开的故障，不是第一次出现。

大概在18个月前，也就是1977年9月24日，同样由巴威公司设计的戴维斯贝斯核电厂，就上演过几乎同样的情形。当时，也是由于二回路给水中断，反应堆保护停堆，稳压器上的先导式释放阀自动开启，随后发生卡开故障；控制室里响起各种警告信号，操纵员判断失误，不适当地关闭了高压安注系统。

幸运的是，大约在22分钟后，操纵员识别发现了释放阀卡开故障，立即关闭了上游的隔离阀，并恢复了安注系统。由于补救措施不算太晚，加上反应堆当时只在9%满功率状态下运行，所以没有造成严重后果。

事后，核电厂对事件进行了调查，但没有认识到它的重要性，也没有采取措施解决困扰操纵员的信号混乱问题。随后，巴威公司的一个安全专家意识到了问题的严重性，在起草的一份备忘录中，措辞强烈地指出：上述故障若发生在一个满功率运行的电厂，如果操纵员错误地停止了应急堆芯冷却系统，将会导致非常严重的后果。

图 5-42　稳压器上部的先导式释放阀

遗憾的是，这份备忘录没有在巴威公司内部引起足够的重视，戴维斯贝斯核电厂事件的教训，自然也就没有反馈到其他核电厂了。

由于稳压器释放阀持续开启，蒸汽继续流失，冷却剂压力继续快速下降，一个反应堆安全分析中最常分析的事故，冷却剂丧失事故（Loss of Coolant Accident，LOCA）出现了。正是这个操纵员毫不知晓的小破口LOCA，引发了后面的大事故。

在此过程中,主控室的控制面板上一个"要求稳压器释放阀开"的指示灯熄灭。这个指示灯并不表示阀门的实际状态,代表的真实意义是:灯亮,要求释放阀开启;灯灭,则要求释放阀关闭。

要命的是,操纵员当时错误地理解了指示灯的意义,认为释放阀已经关闭了。实际上,稳压器释放阀一直开启着。在此状态下,一回路的冷却剂通过卡开的释放阀持续流失,时间长达 2 小时 22 分之久。

另外,操纵员未能及时识别出释放阀故障,还有另一个原因。事发之前,反应堆其实存在一个持续的内漏过程,冷却剂通过稳压器上的释放阀或安全阀泄漏到疏水箱,但通过操纵员的调节控制,稳压器水位和冷却剂压力被保持在正常范围。持续而缓慢的内漏,导致泄压管线上的温度一直很高,从而在事故发生过程中给操纵员造成了一种麻痹,没有从泄压管线的温度高指示中发现异常。

3　堆芯水太多了

在反应堆紧急停堆后 1 秒钟以内,裂变产生的热量接近于零,但堆芯里的裂变产物,通过放射性衰变过程,仍会继续加热冷却剂。虽然这部分热量仅占正常运行时的 6% 左右,仍然是巨大的,必须及时带走,以免堆芯过热。

在主给水泵脱扣 1 秒以内,三台辅助给水泵(应急给水泵)自动启动,并在 14 秒左右达到正常的出口压力。

这时,第二个问题出现了。辅助给水管线上的电动隔离阀,在两天前的检修活动中,可能由于疏忽而没有复位,隔离阀一直处于关闭状态,辅助给水自然也就无法抵达蒸汽发生器了。

主控室的控制面板上,并没有显示辅助给水流量的仪表,操纵员只能通过泵的运行和阀门的开启状态,来推断辅助给水是否进入蒸汽发生器。

要命的是,控制面板上的隔离阀按钮,恰好被一个设备停役标牌遮盖住了,使得操纵员未能及时发现隔离阀处于关闭状态。直到 8 分钟后,操纵员才发现问题,并打开了隔离阀,辅助给水流量才得以建立(见图 5-43)。

随着稳压器释放阀卡开和堆芯热量被蒸汽发生器带走,反应堆冷却剂系统压力和温度下降,稳压器水位也下降了。在事故开始 41 秒时,操纵员开启一台补水泵给系统添水,大约 1 分钟时稳压器水位开始上升了。1 分 45 秒左右,由于辅助给水流量未建立,蒸汽发生器被烧干了;冷却剂重新被加热、膨胀,导致稳压器水位进一步上升。

图 5-43 控制面板上被警告标牌遮挡的信号灯

事故后 2 分钟，由于释放阀持续卡开，反应堆冷却剂系统压力急剧下降，应急堆芯冷却系统中的 2 台高压安注泵自动启动，将含硼水注入系统。然而，由于系统压力持续降低，使得冷却剂温度并没有下降而是保持不变。

大约在高压安注泵投运 2 分 30 秒（即事故后 4 分 30 秒）后，稳压器的水位很高，但是系统压力又下降的反常现象，把操纵员搞糊涂了。当时的控制室没有显示堆芯冷却剂装量的仪表，操纵员只能从稳压器水位来间接判断堆芯水位。既然稳压器水位高，操纵员便认为堆芯水位也足够高了。

结果，第三个问题出现了。从稳压器不断上升的水位，操纵员错误地判断高压安注过量了。为了避免整个冷却剂系统充满水，便关闭了一台高压安注泵，并调低了另一台高压安注泵的流量。

之前的培训告诉他们，务必要避免一回路系统"水密实"，也就是不能全部装满水；一旦"水密实"了，一回路系统不管是超压还是欠压，都难以控制，有可能毁坏反应堆。

这个时候，操纵员们忧虑的不是发生 LOCA，而是担心系统里的水太多了。

事实上，事故开始 5 分 30 秒后，反应堆冷却剂达到饱和点，气泡开始在系统中形成，并逐渐将堆芯里的水排挤至稳压器，使得稳压器水位越来越高。

由于系统排出的水多于补充的水，加之产生气泡，堆芯传热过程开始恶化，反应堆堆芯正走向裸露，危险即将来临。

4 堆芯熔化

大约在凌晨 4：11，主控室出现了安全壳地坑水位高的报警信号，清晰地表明反应堆冷却剂系统出现了泄漏或破裂（如图5-44所示）。

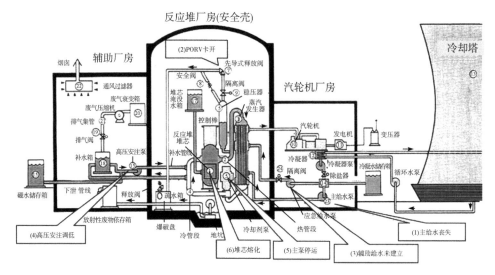

图 5-44　三哩岛核事故进程中的关键 6 步

　　水和蒸汽混合在一起，从稳压器释放阀泄漏出来，流进疏水箱里，导致疏水箱压力上升；疏水箱释放阀间歇性开启，将冷却剂排入安全壳地坑内。

　　4：15，疏水箱释放阀排放能力不足，在压力上升至 1.34 MPa 时，疏水箱上的爆破盘破裂，使得更多的放射性水进入地坑，并从地坑通过泵被打到辅助厂房的放射性废液贮存箱里。在此过程中，安全壳内的温度和压力均快速升高，操纵员打开了安全壳冷却和通风系统。

　　5 点刚过，4 台主泵开始剧烈振动。这种迹象表明，反应堆中的水沸腾，变成了蒸汽，主泵入口出现汽水两相流，引起主泵汽蚀现象，汽蚀导致振动。

　　这个时候，第四个问题出现了。由于担心剧烈的振动损坏主泵或冷却剂管路，操纵员在 5：14 关掉了 2 台主泵；27 分钟后，又关掉了剩余的 2 台。

　　主泵的停运，导致先前建立的冷却剂强迫循环停止，并使得系统中的蒸汽和水分离，又破坏了操纵员期待的自然循环冷却，堆芯裂变产物产生的余热，已经没有任何导出途径了。

　　6 点左右，反应堆内燃料棒的包壳因内部气压过高而穿孔，使得放射性气体逸入冷却水中。冷却水及蒸汽仍在流失，堆芯顶部裸露，高热使得燃料棒包壳材料锆合金与蒸汽反应，产生氢气。氢气在反应堆压力容器上部累积，还有一部分经由稳压器上部的释放阀，流入疏水箱。

　　直到 6：22 左右，抵达主控室的另一个值班长，从一回路系统压力和冷却剂温度的异常现象，判断出先导式释放阀至少未关死，便指令立即关闭了上游的电动隔离阀。据事后分析，在最初的 100 分钟内，超过反应堆冷却剂系统总装量三分之一的蒸汽和水通过释放阀流失了。

冷却剂终于停止流失了，但为时已晚，堆芯已经发生了破损。由于堆芯已裸露且无有效的冷却途径，堆芯损坏趋势继续恶化。

在事故后 150～160 分钟，堆芯温度已足够高，燃料元件和结构部件发生熔化，部分熔化的堆芯材料流入堆芯底部。在整个堆芯损坏期间，操纵员完全不清楚堆芯的真实状况。

7：00 左右，电厂启动了厂区应急，并在大约 24 分钟后升级为总体应急，应急控制中心设在旁边的 1 号机组主控室内。

7：20，安全壳厂房辐射剂量已高达 8 Sv/h，且监测仪表读数迅速升高并超量程。操纵员启动高压注水泵，再次为堆芯注水，但只持续了 18 分钟。260 ℃的水涌入 2760 ℃的堆芯，堆芯燃料立刻像玻璃一样破裂，堆芯发生坍塌。

8：26，操纵员再次启动高压注水泵，直至 10：30 冷却剂才重新覆盖堆芯。但由于堆芯上部存有汽腔，自然循环冷却模式始终无法建立。

为了给反应堆降压，操纵员在 13：38 重新打开了稳压器上的隔离阀，并大幅调低了高压安注流量。这样一来，再度造成冷却水流失及堆芯裸露；降压操作一直持续到 15：08，期间堆芯裸露程度至今不明。

接下来的几个小时里，操纵员只能通过高压安注和间歇开启稳压器隔离阀的"充水-排水"模式，冷却反应堆。当晚 19：50，系统里的蒸汽消失得差不多了，操纵员才敢恢复一台主泵运行，建立了一条堆芯强迫冷却循环通道，事故进程得以终止。

4 月 27 日，几乎在事故发生整整一个月后，冷却剂系统内的自然冷却循环，才最终建立，反应堆进入"冷停堆"状态。

假如，上述事故进程中出现的 4 个问题，其中任何一个或几个被避免的话，很可能不会酿成堆芯熔化的严重事故，而只是造成堆芯轻微损伤而已。

可惜，历史不能假设，无法重演。

5 氢气爆炸的恐惧

3 月 28 日的早晨，在事故处置的关键场所，核电厂的主控室里（如图 5-45 所示），出现了数不清的声光报警信号。然而，据当事的操纵员回忆，正是这些信号，让他们痛苦不堪。

在事故开始后的 14 分钟里，超过 800 个的声音、灯光报警，让主控室俨然成了一棵巨大的"圣诞树"。每一个报警，都通过一个刺耳的高音喇叭发出声音。这些报警，没有优先级规定，颜色编码没有逻辑性，搞得他们既紧张又有些无所适从。

图 5-45　1979 年 4 月 3 日主控室情景

　　更要命的是，主控室里没有提供可以发现堆芯异常的仪表，没有提供重要参数的直接显示，没有提供重要设备的实际状态显示。

　　可以想象，置身于这样的环境，操纵员面对的是一种"朦胧"的场景：看不到现场设备，听不到现场设备，对事故现场没有真实感觉，多数情况只能基于知识的判断和临机处置的能力了。

　　正是这种"朦胧"的感觉，以及严重缺乏事故处置的模拟演练，使得操纵员在实际的事故处置中判断失误，频频出错，并给随后的公众撤离决策带来了极大的不确定性。

　　28 日 13：50 左右，主控室仪表显示反应堆厂房产生一个压力脉冲，并听到重击声。他们判断是堆芯发生熔化后，锆水反应产生的氢气在安全壳里聚集并燃爆的结果。

　　为了防止压力容器发生爆炸，操纵员只能通过定期开启稳压器上的排气阀来释放氢气。但是，关于氢气在反应堆压力容器及反应堆厂房里是否会爆炸的问题，在随后的几天里，始终困扰着事故应对各方。

　　两天里，根据美国核管会地区办公室的建议，宾夕法尼亚州几次召开新闻发布会，向公众发布了一系列应急响应建议：起初是 10 英里范围内的掩蔽措施，后来是关闭学校并撤离 5 英里范围内的孕妇和学龄前儿童。为了预防放射性物质大规模释放到环境，当地政府紧急在哈里斯堡一个仓库里，储备了 25 万瓶的碘化钾（防护放射性碘）。

　　28 日起，全国各地的记者蜂拥而至（如图 5-46 所示）。在州政府的协调下，核电厂给现场的记者们都配备了辐射监测仪，但个个仍然提心吊胆。一名记者说，如果辐射是紫色的，而不是看不见的，他会觉得稍微轻松些。另一名资深的战地记者更是忧心忡忡，"在战场上，你担心可能被击中，而在这里，可恶的事情是担心你已经被击中。"

THE UNTHINKABLE

图 5-46　1979 年 4 月 3 日《洛杉矶时报》上关于氢气爆炸的漫画

最麻烦的，还是关于氢气爆炸的猜测和传闻，就像瘟疫一样在空气中四处传播。周围的很多居民，由于缺乏必要的认识和了解，甚至把氢气爆炸和氢弹联系在一起，经过媒体的放大，进一步加剧了公众的恐惧。

一种核技术已经失控的愤怒情绪，弥漫在三哩岛周围。由于担心受到放射性危害，核电厂周围 15 英里范围内超过 39％的公众，在事故后几天里选择了撤离，共涉及 5 万个家庭 144 000 人。

事故发生后，作为核管会反应堆监管司司长，丹顿一直在华盛顿郊区的总部应急响应中心里（如图 5-47 所示），密切监控着事态的发展。但是卡特总统认为必须派遣一个联邦政府官员去现场负责，结果白宫直接绕过了核管会主席，选上了他。

图 5-47　1979 年 3 月 29 日在核管会应急响应中心的丹顿

　　3 月 30 日，作为美国总统的全权代表，丹顿乘坐直升机抵达三哩岛核电厂。到现场一看，简直一片混乱，便临时接管了指挥权，并与白宫建立了专线联系，每天向总统汇报两次。

　　在随后召开的新闻发布会上（如图 5-48 所示），丹顿展现了出色的专业素养和娴熟的沟通技巧，给记者和公众留下了深刻的印象。除了必要的核专业术语外，他讲的都是大家听得懂的通俗语言。专业的知识、坦诚的态度、务实的作风、和气的话语，极大地缓解了大家的焦虑与恐惧，很大程度上消减了公众对电厂与政府的怀疑。

图 5-48　1979 年 3 月 31 日在米德尔敦新闻发布会上的丹顿

在他的指挥下，一帮专家一起会商研究，随后几天里采取办法驱散了氢气。危险度过了，反应堆确实没有发生爆炸，因为压力容器里已经没有足够的氧气了。

4月1日，在事故状况还不十分明朗的情况下，美国总统携夫人抵达三哩岛事故现场，视察了主控室，并召开了新闻发布会（见图5-49）。这位曾在里科夫手下干过的前海军上尉，以前学过用过的核工程知识派上了用场，卡特在现场的表现相当专业。此举进一步稳定了民心，对驱散公众心理的阴霾起到很大的作用。

由于事故后期处置中的出色表现，之前一直默默无闻的丹顿，一下子成了公众人物，获得了全国民众的一致赞扬。尤其是当地的州长，后来的司法部长索恩伯格，对他更是赞誉有加，称之为三哩岛危机中的英雄。

后来，丹顿成为第一个造访切尔诺贝利核事故现场的美国政府代表，晚年还去过日本福岛核事故现场。

图5-49　1979年4月1日卡特夫妇在丹顿、
宾州州长陪同下参观主控室

6 "唯一"的受害者

三哩岛事故，造成 2 号机组堆芯严重损坏，超过 47% 的核燃料发生熔毁，约 20 t 的二氧化铀堆积在压力容器的底部（如图 5-50 所示）。

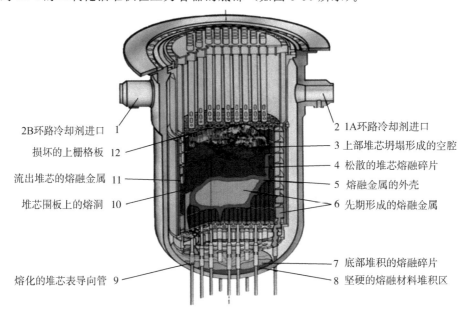

图 5-50　2 号机组堆芯最终状态

幸运的是，在整个事故过程中，反应堆压力容器保持完整。《中国综合症》电影中那样恐怖的情景并没有发生。至于熔融的堆芯熔穿安全壳的混凝土底板，穿透地球抵达距离美国万里之遥的中国，更是无稽之谈了。

由于堆芯发生了熔化，大量放射性物质被释放至反应堆冷却剂系统，继而逃逸至反应堆厂房和辅助厂房。然而，得益于安全壳良好的屏蔽和密封作用，最终释放至周围环境中的放射性物质非常少。

比如，事发当时反应堆中存有约 6600 万 Ci 的碘-131，释放到环境中的量只有 14～15 Ci；逃逸至环境中的半衰期更长的放射性锶和铯，数量就更少了，根本探测不出来。

事故没有造成任何人员伤亡，释放的放射性物质对公众的辐射健康影响，微乎其微。经估算，核电厂周围 80 km 范围内 200 万居民实际接受的辐射剂量，最大为 0.7 mSv，平均约为 0.015 mSv。而当时该区域公众受到的天然辐射照射年平均剂量为 1.25 mSv 左右，健康检查拍一张胸部 X 片接受的剂量大约 0.06 mSv（如图 5-51 所示）。

图 5-51　直升机进行环境辐射巡测

事故对公众健康的影响，主要是精神方面的。事故发生后几天里，事故进程及原因的不确定性、处理过程的混乱、事故危险程度的矛盾信息以及媒体的推波助澜，让三哩岛附近的居民承受了巨大的精神压力（如图 5-52 所示）。

图 5-52　当地的一家人前往撤离中心

事故造成的严重后果，主要体现在经济方面：巴威公司再也没有售出反应堆，从此退出了核电供应市场；事故的处理及清理工作，既繁杂又耗时，且花费昂贵，到 1993 年底清理工作完成时，共耗费近 10 亿美元。

更糟糕的是，三哩岛事故进一步加剧了公众对核技术的恐惧和核安全的不信任，激起了全国范围内的反核浪潮。当年的 5 月 6 日和 9 月 23 日，华盛顿和纽约先后爆发了规模庞大的反核游行；1982 年 6 月 12 日，在纽约中央公园更是爆发了史上规模最大的反核示威活动，参加人数达 100 万之巨。

另一方面，核工业界的大佬，则纷纷站出来声援核电。其中影响最大的，莫过于被誉为"氢弹之父"的泰勒了。

1979 年 7 月 31 日，为了向公众证明核电的安全性和可靠性，泰勒在《华尔街日报》署名了一个横跨两页的广告（如图 5-53 所示）：

"I was the only victim of Three-Mile Island."

图 5-53　泰勒的广告

"5 月 7 日，三哩岛事故几周后，我专程到华盛顿，驳斥拉尔夫·内德和简·方达有关核电不安全之不实宣传（两人是当时反核运动的领衔人物，前者是一位政治家，后者是刚主演了《中国综合症》的好莱坞明星）。吾已年届 71，一天工作 20 小时，力所不逮，翌日心脏病发作。可以说，我是这次事故的唯一受害者……"

结果，第二天的《纽约时报》发表了一篇社论，批评泰勒的广告是由德莱赛工业公司，也就是三哩岛事故中那个故障阀门的生产商赞助的。

如美国著名的核科学家温伯格所言，三哩岛事故"终结了美国的第一核纪元"，成为美国核电发展史上的一个分水岭。在各种因素的作用下，美国核电建设几乎戛然而止，前后共有100多台核电机组订单被取消，此后陷入长期的低迷期。

另一方面，三哩岛事故，无疑也成为世界反应堆安全演变史上的一个里程碑。它彻底改变了核工业和监管部门对反应堆安全的认识和态度，堆芯熔化不再只是技术专家们进行安全分析时的假想事故，而是需要直面的真实场景了。

痛定思痛，核工业界和监管当局以此为契机，进行了重大而深刻的变革。美国各电力公司出资成立了核电运行研究所，作为核工业界内部的"警察"组织，帮助成员单位更安全地运行核电厂。

核管会进行了大刀阔斧的机构重组与监管改革，实施了庞大的三哩岛行动计划，把工作重心从审批新建电厂转移到监管在运电厂上来，全面推行驻厂监督员制度，加强信息交流与经验反馈，改进应急响应，开展严重事故研究；对操纵员培训与执照考核提出更严格的要求，责令反应堆供应商改善人机接口，优化工作环境、主控室配备安全参数显示系统等。

凡此种种，构成了三哩岛事故留下的宝贵遗产，影响至今……

切尔诺贝利的灾难

1 奇怪的警报

罗宾逊从来没有想过，自己会以这种方式被世人所知。

1986年4月28日的清晨，作为瑞典福什马克核电厂的核工程师，他跟往常一样，早早来到电厂的咖啡屋，吃过早饭后，准备进入厂区上班。意外的是，在通过辐射检测门作例行检查时，警报声响了。

"我还没进入辐射控制区呢！"罗宾逊感到莫名其妙。

他暂时置之不理，先来到自己的工作岗位，查看整个电厂的放射性监测情况，并无异常。等他返回时，大门口已经排起了长队，辐射警报声一片，此起彼伏。

他从门口一个同事处借来一只鞋子，径直来到放射性分析实验室，把它放到高纯锗探测器上。分析的结果，让他永生难忘，鞋子已被辐射高度污染了，上面存有很多之前在电厂检测不到的放射性核素。

可能，某个地方爆炸了一枚核弹。当时的罗宾逊，脑子里冒出这样恐怖的想法。

意识到事态的严重性后，他赶紧跟领导汇报。按照指示，他又对电厂的烟囱排放情况进行了复核，也没有异常。

突然，电厂响起了提示人员撤离的警报声。电厂进入了应急状态，绝大部分人有序撤离了现场。罗宾逊和其他同事，对辐射监测系统进行了反复检查，除了环境辐射水平比平常高出许多外，仍然没有发现问题出在哪里。

上午，其他电厂也发生了类似的异常状况。结合当天的风向情况，核安全监管当局把注意力转移到了瑞典之外的东南方。从地图上看，只有苏联在这个方向上有一座核电厂。他们判断，应该是这座核电厂出事了。

随后，瑞典外交人员通过正式渠道，向苏联询问是否发生了核事故。得到否定的答复后，瑞典方面不甘心，提出严正交涉，准备向国际原子能机构提交官方警报。

终于，纸包不住火，苏联方面才不得不承认，确实发生了核事故。出现在瑞典国土上的辐射异常，"罪魁祸首"正是来自于 1100 千米外的切尔诺贝利核电厂！

当晚 21：02，在莫斯科电视新闻中，苏联当局发布了一条时长仅有 20 s 的通告，语焉不详地介绍了核事故的情况。此时，距离事故的发生，已过去将近三天时间。

苏联的通告，引起世界哗然。29 日凌晨，美国临时调整一颗军事侦察卫星轨道，航行到切尔诺贝利核电厂区域的上空，事件的真实情况第一次出现在西方世界的眼前。他们吃惊地看到，一个反应堆的屋顶已经掀掉了，炽热的烟气从里面源源不断地冒出来……

2 致命的缺陷

在之前的文章讲过，苏联在 1954 年建成投运了世界第一座核电厂——奥布宁斯克核电厂。它采用高功率管道型反应堆（Reaktor Bolshoy Moshchnosti Kanalniy，RBMK）设计，轻水作冷却剂、石墨作慢化剂，故又称为轻水石墨反应堆，可用于发电和产钚双重用途。这种既含有石墨又含有水的堆型设计，可谓一个危险的技术集合体：在事故情况下，冷却剂水有可能发生蒸汽爆炸，而慢化剂石墨又可能发生燃烧着火。

自 1973 年起，苏联共建成投运了 17 台 RBMK 型核电机组，包括俄罗斯 11 台、乌克兰 4 台和立陶宛 2 台。其中，位于乌克兰首都基辅以北 105 km 的切尔诺贝利核电厂的 4 台机组，属于 RBMK-1000 型，在 1978 年至 1984 年间相继投运，供应给乌克兰 10% 的电力（如图 5-54 所示）。

图 5-54　切尔诺贝利核电厂

　　一方面，类似于当时美国的沸水堆，RBMK 采用二个回路设计，作为冷却剂的水，从堆芯底部向上流动带走堆芯热量，并在上部沸腾，再经汽水分离器分离后，蒸汽进入汽轮发电机组发电；另一方面，又类似于加拿大重水铀（CANDU）反应堆，在切尔诺贝利核电厂，冷却剂流通过 1661 根垂直的压力管（直径 9 cm）流经堆芯，铀-235 富集度为 2% 的二氧化铀燃料元件置于压力管中（正常运行时管内压力约 7.1 MPa），7 m 高的堆芯由作为慢化剂的石墨块填充包围（见图 5-55）。

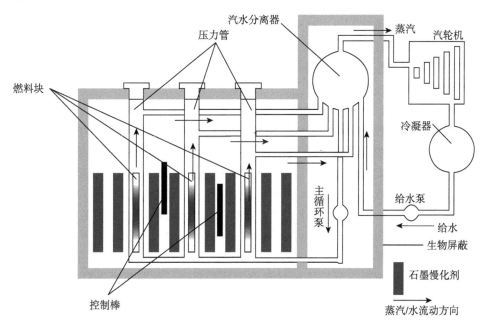

图 5-55　RBMK 示意图

概括起来，RBMK 设计具有如下三个优点：

（1）堆芯功率密度较低，具有抵御电源丧失事件甚至全厂断电事故的独特能力，若断电时间在 1 h 之内，预计不会出现堆芯损坏；

（2）跟加拿大 CANDU 堆一样，反应堆可实现不停堆换料，理论上具有较高的机组可用率；

（3）由于采用石墨作慢化剂的设计，使得反应堆可以使用在常见的轻水反应堆中不能使用的低富集度或天然铀燃料。

然而，相比其优点，RBMK 设计在安全上却存在三个致命的缺陷：

（1）危险的正反应性空泡系数。

众所周知，相比于快中子，热中子更容易引起核裂变反应。因此，在中子慢化剂的作用下，快中子变为热中子后反应性更大，而中子吸收剂（如控制棒、硼溶液等）的加入，则会降低反应性。在核电厂的运行过程中，常利用这两种机制来控制反应堆的功率。

如果冷却剂是液体，当反应堆堆芯温度升高时，冷却剂可能沸腾，沸腾导致反应堆里产生空泡；另外，在冷却剂丧失情况下，也可能产生空泡。液体在作为冷却剂的同时，也可作为中子吸收剂或中子慢化剂；无论哪种情形，反应堆里的空泡数量都将影响反应性。因此，反应性空泡系数是指冷却剂空泡份额变化所引起的反应性变化。

一个负的反应性空泡系数，意味着当由于冷却剂沸腾或丧失而导致反应堆里的空泡数量增加时，反应性随之降低；反之，当空泡数量减少时，反应性随之增加，从而形成一个负反馈效应，具有内在的稳定性。例如，在压水堆和沸水堆中，轻水既作冷却剂，又作中子慢化剂，在设计成"欠慢化"堆芯的前提下，具有负反应性空泡系数。

相反，一个正的反应性空泡系数，意味着当由于冷却剂沸腾或丧失而导致反应堆里的空泡数量增加时，反应性随之增加；反应性增加致使功率增加和温度升高，堆芯产生更多气泡，反应性进一步增加，从而形成一个正反馈效应，具有内在的不稳定性。例如，当液体冷却剂同时作为一种中子吸收剂的情况，空泡容量增大，液体随之减小，中子吸收减弱，则反应性增大。

在 RBMK 中，堆芯被设计成"过慢化"，起慢化作用的主要是石墨而非轻水，轻水主要承担堆芯冷却作用，同时轻水的中子吸收作用亦不可忽略。正是这种特性，使得反应堆具有正反应性空泡系数。

好在高功率情况下反应性燃料温度系数是负的，致使综合各种效应后的功率系数是负的，反应堆是内在安全的；而在低功率运行情况下，由于正反应性空泡系数的更大贡献，致使功率系数变为正值，反应堆运行非常不稳定，在温度升高时存在输出能量在极短时间内达到危险水平的倾向。因此，为了规避这种风险，在切尔诺贝利核电厂的运行规程中明确规定，应避免在低于20％满功率水平下运行。

（2）落后的控制棒设计。

不同于轻水堆，在RBMK的控制棒设计中（如图5-56所示），起中子吸收作用的部分由碳化硼组成，而其尾端部分由石墨组成，延伸部分中空且充满水。因此，当控制棒插入反应堆的前几秒钟里，石墨端取代延伸段的水，反而大大增加了核裂变的速度，输出功率随之增加，而不是预期的降低；只有当起中子吸收作用的碳化硼部分进入堆芯后，反应性才减小，功率随之下降。

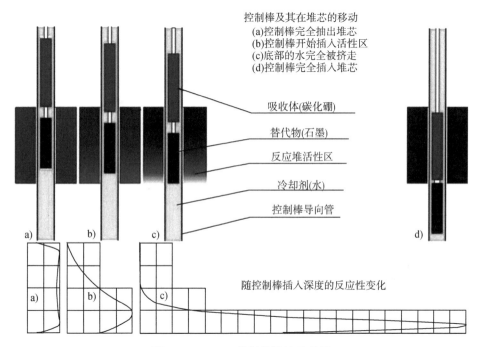

控制棒及其在堆芯的移动
(a)控制棒完全抽出堆芯
(b)控制棒开始插入活性区
(c)底部的水完全被挤走
(d)控制棒完全插入堆芯

吸收体(碳化硼)

替代物(石墨)

反应堆活性区

冷却剂(水)

控制棒导向管

随控制棒插入深度的反应性变化

图 5-56 RBMK 控制棒设计示意图

另外，控制棒的插入速度较慢，某种程度上加剧了控制棒开始下插时的负面效应。比如，在与之类似的CANDU堆中，通过快速插入控制棒将反应堆功率由100％降至10％花费时间为2 s，而在RBMK中将功率由100％降至20％，却需要10 s！

（3）工业级别的反应堆厂房。

采用石墨作慢化剂，导致反应堆体积非常大，高达71 m，要建造一个轻水堆上标准配置的承压防漏的安全壳将耗费巨资。为了降低成本，也出于对反应堆安全的盲目自信，苏联在设计RBMK时在反应堆周围配置了一个仅相当于常规工业级别的密闭厂房，而不是真正意义上的安全壳（如图5-57所示）。

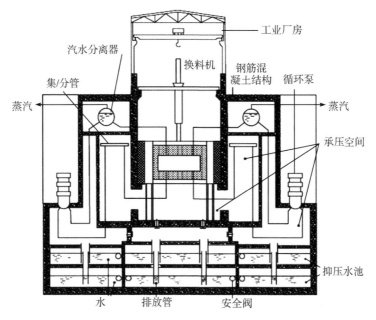

图 5-57　切尔诺贝利反应堆厂房示意图

石墨慢化剂被置于一个直径约为 13 m 的不锈钢容器里，容器里充满了氮气和氦气的惰性气体，以防止石墨着火；除上部外，容器四周再包覆一层混凝土结构作为生物屏蔽；堆芯底部设置有一个大型水池，以便对任何一根堆芯进口压力管破裂情况下释放气体进行冷凝。堆芯上部及其压力管道的出口部分，置于不承压的密闭厂房里，即使在反应堆运行时，工作人员可进出其间实施换料操作。

正是由于缺乏真正的安全壳设计，事故情况下大量放射性物质在极短的时间内从堆芯上部损坏的密闭厂房释放至环境，造成严重的辐射环境影响。

当然，在切尔诺贝利事故下，因为估算的爆炸释放能量远大于大多数安全壳所能承受的压力，即使设计有承压防漏的安全壳，也很可能不能阻止放射性物质的释放。

3　危险的试验

具有讽刺意味的是，史上最严重的核事故，却由一个为提高核电厂安全的试验所引发。

试验的目的，是为了测试在汽轮发电机组跳闸及丧失厂外电源情况下，在备用柴油发电机提供应急电源前，依靠汽轮机的转子惰转能为反应堆安全系统（尤其是主泵）供应多长时间的电力。提供过渡电力的时间越长，对应急柴油发电机越有利（可降低发电机的快速启动要求）。事实上，早先在切尔诺贝利核电厂 3 号机组上做过该试验，但由于在试验过程中电压下降太快而未成功。于是，电厂安排在 4 号机组停堆检修前，利用特制的发电机励磁调节器重做试验。正是基于这个原因，当时的试验人员把它看成一个简单的电力试验，而未充分考虑可能给反应堆安全带来的不利影响。

4 月 25 日凌晨 1：00，4 号机组处于满功率（热功率为 3200 MW）运行状态。得到试验的许可后，反应堆操纵员在 1：06 开始缓慢降功率，历经 12 个小时后，即 13：05 时反应堆功率降至 50％；此时操纵人员切除了 7 号汽轮机，反应堆产生的蒸汽热量全部由 8 号汽轮发电机组带走。

14：00，为了避免应急堆芯冷却系统（ECCS）自动触发，操纵员作出了违反运行规程的第一个动作：切除 ECCS。试验人员本准备继续将功率降至 30％，以便正式开始试验，但由于基辅工业区的电力需求仍然很高，当地电力部门的调度人员要求电厂推迟试验。

于是，4 号机组在 50％功率且切除 ECCS 的情况下又运行了 9 个小时，直至 23：00。事后分析，试验被长时间推迟，加剧了现场试验人员的不耐烦，导致后面操纵员几次严重违反运行规程，一意孤行要将反应堆调整到可试验状态。

23：10，得到许可后，电厂人员降功率继续准备试验。零点刚过，值班长阿基莫夫刚从上一个运行班组接过反应堆控制权，电厂的副总工程师迪亚特诺夫作为试验总负责人（如图 5-58 所示），也在主控室里。

图 5-58 迪亚特诺夫

不幸的是，在降功率过程中，操纵员犯了一个错误，忘了重置功率调节器，26 日凌晨 00：28 时，反应堆功率一下子掉到 1％（热功率为 30 MW），反应堆几乎要停堆了！

急剧的功率下降，导致裂变产物氙-135 产量的快速累积。氙-135，不只是一种简单的放射性气体，更重要的是它还是一种中子吸收剂，就如海绵吸水一样，可源源不断地吸收中子，加剧了反应堆的停堆趋势。在反应堆专业术语中，由于氙-135吸收中子而导致反应性下降的现象，俗称"氙毒"。

同时，在如此低的功率下，压力管中的冷却剂几乎全部变成液态水，而没有沸腾了；如前所述，冷却剂中的空泡容量减少，由于正反应性空泡系数的作用，液态水变成和氙-135一样的中子吸收剂了，进一步向堆内引入了负反应性。

试验不可能在如此低功率而且不稳定的条件下进行。此时，值班长阿基莫夫和在场的高级操纵员托图诺夫一致认为应该终止试验（如图5-59所示）。但是，经验丰富的副总工程师迪亚特诺夫却信心满满，独断专行，命令阿基莫夫继续进行试验，否则当场解除他的职务。

（a）　　　　　　　　　　　　（b）

图 5-59　值班长和高级操作员

（a）阿基莫夫；（b）托图诺夫

胳膊拧不过大腿，阿基莫夫只得给操纵员下指令，继续试验。1：00，为了克服氙-135和液态水的中子吸收效应，操纵员作出了违反运行规程的第2个动作：几乎拔出了所有的手动控制棒。

在当时的运行规程中，明确规定，没有来自电厂总工程师的特别批准，反应堆的运行反应性裕量不能低于30根等效控制棒。据事后分析计算，至1：22：30时，反应堆的运行反应性裕量已低至等效8根控制棒，反应堆必须马上紧急停堆了，然而运行人员继续试验。

1：03，反应堆热功率增加到7%满功率（200 MW），已无法进一步提升功率，操纵员作出了违反运行规程的第3个动作：决定偏离试验程序，在此低功率下继续进行试验。本来，试验大纲中规定，汽轮机惰转试验的前提条件是反应堆功率维持在700～1000 MW功率水平上，但他们认为在低功率下堆芯更容易得到冷却，不易过热，更安全。

在 1：03 和 1：07，操纵员作出了违反运行规程的第 4 个动作：分别投运反应堆一回路上剩余的 2 台主循环泵（共 8 台），准备立即进行试验。低功率下过多循环泵的投运，加大了堆芯冷却剂流量，会造成主泵叶轮损坏和因气蚀而产生振动。

更严重的是，过多的流量使得冷却剂条件已接近饱和。此时，汽水分离器的蒸汽压力和水位已降到紧急状态以下，尽管反应堆已很不稳定，但操纵员仍想执行试验，于是作出了违反运行规程的第 5 个动作：旁路了来自汽水分离器的水位和蒸汽压力停堆信号。至此，基于热量参数的反应堆保护系统已失效，反应堆正步入危险的边缘。

1：19 时，为了恢复汽水分离器的水位，给水流量的供应已提高到初始流量的 4 倍。这降低了反应堆冷却剂的进口温度和压力管内的蒸汽产生量，由于正反应性空泡系数的作用，再一次向堆芯引入了负反应性。为了响应负反应性的引入，短短 30 s 内，自动控制棒被全部抽离堆芯，操纵员也尝试抽出手动棒；但是操纵员再次响应过度，自动控制棒又开始插入堆芯了。

1：22 时，反应堆参数已接近稳定，试验人员决定开始真正的汽轮机惰转试验了。为了在一次试验不成功后能够快速再次试验，操纵员作出了违反运行规程的第 6 个动作：旁路了来自汽轮机截止阀的保护停堆信号。这是一个不计后果的危险操作，导致反应堆丧失了自动紧急停堆的可能性，反应堆已处于危险的边缘了。

1：23：04，试验正式开始。反应堆的不稳定状态在主控室控制面板上没有任何显示，而且所有参与试验的人员似乎并未意识到危险。

汽轮机截止阀被关闭，汽轮机被隔离，惰转产生的动力开始给 8 台主循环泵中的 4 台供应电力。随着另外 4 台主泵的停运，堆芯冷却剂流动变缓，燃料开始升温，水中气泡增多，由于正反应性空泡系数的作用，反应堆功率急剧升高。

观察到功率陡升，托图诺夫立即向阿基莫夫报告。1：23：40，阿基莫夫按下了紧急停堆 AZ-5 按钮（如图 5-60 所示）。但是，为时已晚，由于之前的违规操作，手动控制棒和停堆控制棒几乎都提到了堆顶，要花费 6 秒钟才能起到停堆作用，再加上控制棒的设计缺陷（尾端由石墨构成），在短短 4 秒钟内，反应堆功率就升高至满功率的 100 倍左右！

大约在 1：24，厂外的观察者报告看到了两次爆炸。它们都是蒸汽爆炸，而非核爆炸：在功率剧增的第一个阶段，燃料即开始熔化和汽化，导致压力管中压力急剧升高和沸腾水中的裂变碎片过热，随即发生第一次蒸汽爆炸，容纳燃料的压力管几乎全部被炸裂；随后，在高温情况下，燃料、石墨、管道金属材料、水和蒸汽之间发生类似水煤气的反应，生成大量爆炸性的氢气和一氧化碳，导致第二次蒸汽爆炸。

两次爆炸后，反应堆被彻底摧毁了（见图 5-61）。然而，灾难才刚刚开始。

图 5-60　1 号机组主控室的紧急停堆按钮（上排中间为 AZ-5 按钮）

图 5-61　爆炸后的反应堆

4　艰难的善后

几乎在反应堆失控的同时，爆炸产生的巨大能量首先掀翻了 1000 t 的钢制盖板和换料机，再将很不坚固的反应堆厂房顶部炸开一个洞，氧气的大量引入导致石墨发生大火。

在爆炸和火灾的双重作用下，大量混杂着石墨、裂变碎片等的高放射性物质直冲云霄，在来自黑海的西北风作用下，扩散至欧洲各地，尤其给乌克兰、白俄罗斯、俄罗斯三个苏联加盟共和国造成大面积的环境污染。

（1）灭火。

面临的首要任务，是灭火。蒸汽爆炸导致高温的堆芯碎片和强放射性石墨，散落到反应堆厂房里的一些工作间、除气站和汽轮发电机厂房的房顶上。除了堆芯石墨砌体发生剧烈燃烧外，4号机组多处冒起了大火，且汽轮机厂房上的火势直接威胁到临近3号机组的安全，形势迫在眉睫。

为了灭火和阻止放射性物质的扩散，在事故后的10个小时里，消防人员利用应急辅助给水泵将冷却水打入堆芯。但这一措施并未凑效，巨大的火势没有得到遏制。

4月29日，苏联驻西德大使馆人员向瑞典及西德政府询问扑灭石墨大火的方法。两个国家均无良策，建议苏联去找有经验的英国人请教，因为1957年发生的温茨凯尔反应堆大火就是石墨引起的。

从4月27日至5月5日，苏联军队出动30多架直升飞机，轮番向燃烧的反应堆空投了总计6000多吨的沙包、黏土、铅、白云石和硼的混合物，试图抑制火灾和吸收辐射，并防止堆芯重返临界。

行动虽然闷熄了堆芯燃烧的熊熊火焰，但堆芯上部覆盖的沙子、黏土和铅等重物质构成了一道热屏蔽层，导致热量无释放渠道，堆芯温度继续升高。

随后，应急人员不得不利用鼓风机往堆芯下部的空间源源不断吹送氮气，才基本解决了燃料温度的问题，并降低了反应堆厂房的氧气浓度，阻止了石墨的继续燃烧。直到5月6日，火灾和放射性物质的释放才得以基本控制，堆芯里将近一半的石墨被燃烧殆尽。

（2）冷却。

在此过程中，出现了另一个更为紧急和棘手的状况：由燃料元件和其他结构材料形成的极高温度堆芯熔融物在堆底流淌，有可能熔穿反应堆下方的混凝土底板，导致熔融物向下渗透；反应堆下方设置有两层用于应急冷却的水池，若堆芯熔融物接触到水，可能引发新的蒸汽爆炸，后果不堪设想。

为此，在现场救援专家团的建议下，苏联当局决定"两条腿走路"：

一方面，两名电站工程师和一名消防员，自愿潜入充满超高浓度辐射水的地下室，找到并开启泄水阀，排空了抑压水池里的水。当然，由于高强度辐射，不久后他们就牺牲了。

另一方面，从5月12日起，苏联当局召集了上万名矿工，从地下挖掘一条长达近100多米的隧道，进入反应堆下方，再挖出足够的空间，安装液氮冷却装置，利用加压的液氮对堆芯底部进行冷却。这项工作持续到6月底结束，最后用混凝土填充反应堆下方空间，以巩固反应堆厂房结构并阻止熔融物向下渗透。

（3）撤离。

爆炸发生后，远在莫斯科的苏共领导人和核专家得到的信息，只是"反应堆发生火灾，但没有爆炸"，因此响应迟缓。距离核电厂最近的核电小镇普里皮亚季的人们，和往常一样生活，全然不知巨大的灾难已经发生。

事故当天，苏联成立了一个事故调查组，至晚上抵达现场时，已有 2 人死亡、52 人送医。此时，调查组才有足够的证据判定反应堆被摧毁，电厂周围已出现了极高的辐射照射。

4 月 27 日早晨，也就是在事故发生整整 24 h 后，当局才发布了撤离普里皮亚季居民的行政命令；撤离命令中，只是告知居民三天后即可返回，结果事态的发展将撤离期变为永久。到下午 15：00，超过 53 000 居民被撤离到基辅周边的村庄（如图 5-62 所示）。

图 5-62　撤离普里皮亚季的车队

28 日，撤离范围扩大到电厂周边 10 km 区域，并在事故后第 10 天扩大到 30 km 区域。时至今日，电厂周围 30 km 区域仍然是隔离区。

从 1986 年至 2000 年，大约有 350 400 人从白俄罗斯、乌克兰和俄罗斯遭受严重污染的土地上撤离而重新安置。

（4）清污。

事故后 7 个月内，苏联当局便动员大批的清理者，对电厂及其周边 30 km 遭受严重污染的土地，进行清污处理。根据历史学家的说法，苏联当局之所以作出尽早清污的决策，一是想尽快回迁居民并重新耕作，二是希望打消人们对核能的恐慌，甚至尽快重启切尔诺贝利核电厂其他机组。

清理者包括电厂工作人员及应急人员，主要来自军队系统，大部分并未意识到辐射的危害，而且事先未得到良好的培训，辐射防护条件很差，很多都遭受到超过辐射剂量限值的照射（如图 5-63 所示）。

图 5-63　在 3 号机组屋顶清污的清理者

尤其是在建造遮盖损坏堆芯的"石棺"过程中，需要清理爆炸时从反应堆喷射出来落在附近建筑物屋顶和地面上的强放射性碎片，一开始利用机器人进行遥控操作，但机器人在强辐射环境下故障频发，不得不让人员冒着生命危险去清理。这些绰号叫作"生物机器人"的清理者（如图 5-64 所示），身穿厚重的铅衣，每人每次至多只能工作 40 s，不断进行轮换，强放射性的碎片清理工作持续十多天才最终完成。

图 5-64　"生物机器人"

持续的清污工作，直到 1989 年底才宣告结束。总计 600 000 余名清理者参与其中，据估计超过 300 000 的人受到大于 500 mSv 的辐射剂量照射。在发放给有功人员的切尔诺贝利勋章上（如图 5-65 所示），象征着 α、β 和 γ 射线的轨迹在一颗血滴中汇合。

图 5-65　苏联官方颁发的切尔诺贝利奖章和勋章

（5）迟到的"安全壳"。

事故得到初步处置后，为了最大程度限制放射性物质释放和尽快重启相邻的 3 个机组，苏联当局便部署建造一座钢筋混凝土"石棺"，对整个损坏的反应堆进行整体包裹（如图 5-66 所示）。

图 5-66　建造完毕的"石棺"

"石棺"从 1986 年 5 月开始设计，至 11 月建造完毕，历时 200 余天，全部使用钢筋混凝土和金属构件搭建组装而成，使用了 40 万 m³ 的混凝土及 7300 t 的金属构件。内部设计有多个通风井，以便形成适当对流；并设置了 60 多个观察孔，孔内设有射线屏蔽装置，以便透过孔观察"石棺"内部的情况。

切尔诺贝利"石棺"是人类历史上前所未有的工程，大量放射性物质造成的高水平辐射环境，给建造过程造成了极大的困难。参与建造的数十万建筑工人，无疑受到了很高剂量水平的辐射照射。无怪乎一名参与建造的工程师，后来如此回首那段艰难的经历："石棺"是忠烈祠，是墓碑，是我们的第二个陵墓。

然而，这座于仓促之间建造的"安全壳"，并不安全。由于当年仓促的建造过程、身处高强度放射性环境和数十年风雨的侵蚀作用，"石棺"多个部位已出现损坏，正遭遇结构完整性、密封性、火灾和再临界等多方面的严峻挑战，面临着坍塌和放射性物质再次泄漏的危险。

早在 1992 年，乌克兰政府就在全球范围内启动了替代"石棺"的设计方案征集活动，最终采纳了英国原子能机构的拱形结构设计方案，该设计可在场外建造、组装完成后滑移就位。

1997 年，七国集团、欧盟和乌克兰合作制订了切尔诺贝利掩体实施计划，并成立切尔诺贝利掩体基金，由欧洲复兴发展银行负责管理，为新安全掩体——也就是新"石棺"——的建造提供资金保障。该基金成立之初从各方渠道筹集到 8640 万欧元，后来由于新"石棺"建造严重拖期，总费用一路飙升，2014 年调增到 21 亿欧元。

由于各种原因，2004 年乌克兰政府才组织新"石棺"项目的国际招标（如图 5-67 所示），最终在 2007 年法国的诺瓦卡公司与另外两家工程公司组成的联合体中标。

图 5-67 新"石棺"

总体设计建造方案，是在场外建造组装两个巨大的拱形钢结构，然后拼接到一起，再通过铁轨滑移到旧"石棺"之上，将原有结构整体封闭。新"石棺"设计寿命至少 100 年，重达 31 000 t，长 162 m、高 108 m、跨度 257 m，并在拱形钢结构上安装桥式起重吊车，以考虑未来对旧"石棺"实施拆除作业。

5 沉重的代价

作为人类历史上最严重的核事故，切尔诺贝利事故让乌克兰付出了相当沉重的代价，给当事各国造成了严重的人员健康影响、环境后果和巨大经济损失，给后来的国际核能发展蒙上了一层浓重的阴影。

（1）事故定性。

事故发生后，由于苏联当局对事故细节和有关信息严密封锁，各国对事故的认识均是"雾里看花"，不得要领，只能严重依赖于苏联单方面给出的事故报告。

关于事故发生的原因，前后出现了两个不同版本的官方解释：

一个是 1986 年 8 月苏联当局在国际原子能机构（IAEA）大会上作的事故初始报告，把事故的发生归咎于电厂的操纵员。为调查事故原因，IAEA 成立了一个名叫国际核安全咨询组（INSAG）的组织，在其基于苏联提供的数据而发布的《关于切尔诺贝利事故后评估会议的总结报告》（INSAG-1）中，也完全支持了上述观点，认为灾难出操纵员严重违反运行程序所致。

另一个是 1992 年 IAEA 在其发布 INSAG-7 报告中，承认由于之前掌握的信息不够和立场偏颇所得出的错误结论，认为事故的根本原因为设计缺陷。此后，对此事故的认识，国际上基本趋于一致：由于 RBMK 致命的设计缺陷，加上试验过程中运行人员多次违反运行规程，酿成了切尔诺贝利核事故。

（2）事故定级。

切尔诺贝利事故后，国际社会对核电厂安全愈加关注，更强烈地要求及时获得有关核电厂运行及事故情况的信息通报。但由于核电厂技术的复杂性，要使公众和新闻界简单明了地获知核电厂发生的情况，是一件相当困难的事情。

为此，IAEA 联合经济合作与发展组织核能局（OECD/NEA）在 1990 年开发了一个用于快速通报核电厂事件严重程度的等级表，即国际核事件分级表（INES），并于 1992 年正式运行（见图 5-68）。

该分级表通过对核事件进行适当的分析，能够便于核能界与公众和新闻界之间更好的沟通与理解。按照 INES 分级法，切尔诺贝利事故被定为最高级：重大事故。

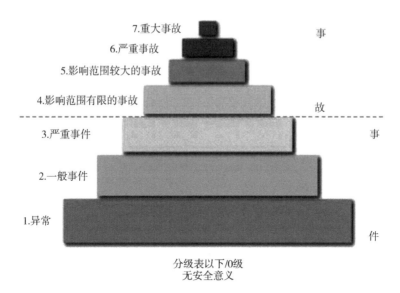

图 5-68 国际核事件分级表

（3）环境影响。

爆炸和火灾加剧了放射性的大规模释放。据估算，释放的放射性物质超过日本广岛上空爆炸原子弹释放的 400 倍，导致乌克兰北部、白俄罗斯东南部和俄罗斯西部总计约 10 万 km² 的土地受到污染。

切尔诺贝利核电厂距离白俄罗斯边境只有 16 km，加上事故后风向的因素，70％的放射性尘埃落在了白俄罗斯境内，占据了总污染区域的 60％。直至今天，乌克兰和白俄罗斯境内仍然存在污染。

随着事故后几天里变化不定的气象条件，放射性物质扩散到很多欧洲国家，甚至远在亚洲的日本和北美洲的美国，都探测到了事故释放的放射性颗粒。美国的环境辐射监测结果表明（如图 5-69 所示），在切尔诺贝利事故后三哩岛核电厂附近碘-131 的浓度，是三哩岛事故后的 3 倍。

在事故后的 10 天里，超过 40 多种不同的放射性核素从毁坏的反应堆里逃逸至环境，其中对人体健康和环境影响最重要的核素包括碘-131、铯-137 和锶-90。

根据 1990 年苏联科学家的调查报告，事故后核电厂周围 10 km 区域内放射性沉降的辐射水平高达 130 000 Ci/km²。在该区域内下风向一片大约 4 km² 的松树林，受高强度的放射性沉降影响变成了红褐色，变成了一片"红色森林"（如图 5-70 所示）。

图 5-69 在污染区域进行环境监测

图 5-70 "红色森林"

以铯-137 的浓度计算，放射性污染水平高于 5 Ci/km^2 的土地面积达 28 000 km^2，高于 15 Ci/km^2 的土地超过 10 500 km^2。

（4）健康影响。

关于事故对人体的健康效应，根据 1996 年召开的国际切尔诺贝利事故 10 周年大会的总结报告，事故造成 31 人死亡；其中，28 人由于受到过量辐射照射而在事故后 4 个月内死于急性辐射效应（值班长阿基莫夫和高级操纵员托图诺夫在 1 个月后死亡），另外 3 人死于爆炸。因事故而被苏共中央开除党籍的副总工程师迪亚特诺夫，接受的辐射剂量高达 3.9 Sv，脸部、右手和腿部受到严重灼伤，在 1987 年 8 月被判处 10 年有期徒刑，服刑 5 年后出狱，在 1995 年死于心脏病（如图 5-71 所示）。

图 5-71　1987 年电厂总经理、副总工程师和总工程师（从左至右坐席）在法庭受审

事故后参与污染清理和恢复的大量工人，受到高剂量辐射照射，大多数情况下均未配备个人剂量计，专家只能估算其辐射剂量：106 个工人受到足以导致急性辐射病的高剂量照射，事故后一年内 211 000 名清理人员受到的辐射剂量平均约为 165 mSv（见图 5-72）。

1986 年，大量儿童由于饮用了受碘-131 污染的牛奶，甲状腺受到了不容忽视的辐射照射。根据联合国原子辐射效应科学委员会 2008 年发布的报告，除了儿童甲状腺癌发生率有十万分之几例的增加外（大部分的儿童甲状腺癌均能治愈，截至 2005 年乌克兰、白俄罗斯和俄罗斯三个国家受污染的地区共有 15 名儿童死于甲状腺癌），事故后 20 年里尚未发现可归因于辐射的总癌症发生率和死亡率增加的科学证据，也未发现直接与辐射照射相关的非恶性疾病增加的任何科学证据。事故对公众造成的健康效应，更多的来自于心理影响，如焦虑、沮丧和身心机能紊乱等。

（5）核电的寒冬。

切尔诺贝利灾难，给当时的乌克兰、白俄罗斯和俄罗斯三个苏联的加盟共和国造成了巨量的经济损失。由于当事各国的计划经济体制及 1991 年苏联解体后持续的高通货膨胀水平和不稳定的汇率等因素，只能对事故造成的经济损失进行估算，但毫无疑问其数量惊人。据白俄罗斯政府的估计，事故在 30 年里给白俄罗斯造成的损失在 2350 亿美元以上。

事故后复杂的人员安置和漫长的环境修复等工作，给乌克兰和白俄罗斯带来了沉重的财政负担，如白俄罗斯在 1991 年花费在事故处理上的预算占到整个国家预算的 22.3%，随后逐年递减到 2002 年的 6.1%，据估计到 2003 年花费的经费就超过 130 亿美元。

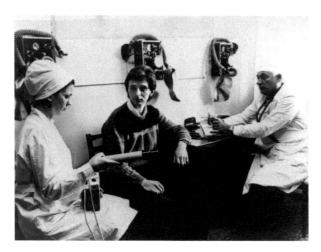

图 5-72　工作人员定期接受辐射剂量检测

切尔诺贝利灾难，彻底葬送了石墨反应堆的前途。事故前拟建的近 10 台核电机组被全数取消，由于其安全性能上的巨大缺陷，此后石墨堆不再兴建。事发时已开建的切尔诺贝利 5 号和 6 号机组在 1989 年彻底停建，毗邻 4 号机组的 1 号、2 号和 3 号机组，分别于 1996 年、1991 年和 2000 年停役，整个核电厂宣告关闭。

切尔诺贝利灾难，标志着此后长达十几年核电寒冬期的到来。该事故对全世界核电支持者而言，不啻以一记响亮的耳光，严重削弱了公众对核电的支持及对核安全的信心。

美国和欧洲爆发了声势浩大的反核运动，电力公司纷纷取消核电订单。自 1986 年至 2002 年，美国和西欧（除法国外）再没有开工建造新核电厂，直至 21 世纪初化石燃料价格高涨及全球变暖效应显现后，各国才纷纷重启核电厂建造计划。

（6）核安全无国界。

切尔诺贝利灾难，证明了地球上任何一处发生的核事故，其影响都是世界性的，一损俱损，"环球同此凉热"。

某种程度上而言，切尔诺贝利事故是美苏两个大国长期对峙局面下苏联的封闭体制造成的，长期游离于国际核安全主流之外，固步自封引致反应堆带有先天性的致命缺陷。

1989 年 5 月 15 日，为了跨越国界和意识形态的限制，来自 144 个运营核电厂的电力企业代表齐聚莫斯科，通过了世界核电营运者协会（WANO）章程，建立了一个新的国际组织，致力于通过成员间的同行评估、经验反馈、运营者之间的交流及良好实践的推广与分享等手段，进一步提高全球核电厂的安全和绩效。

更重要的是，切尔诺贝利灾难让安全与文化"联姻"，直接催生了安全文化。在此之前，核安全是一个技术问题、技能问题；从此以后，核安全不只是一个技术问题、技能问题，也是一个管理问题，更是一个文化问题。

在 IAEA 的大力倡导与支持下，各国核工业界对安全文化进行了深入的研究与探索，取得的安全文化成果也逐渐向其他领域渗透。时至今日，各方已意识到，安全是核工业的最高价值，安全文化是核能可持续发展的基石。

福岛核电厂在劫难逃

1　隐患早就埋下

当一切尘埃落定之后，为了开展棘手的事故清理任务，东京电力公司将日常业务大量分包给承包商，其中就包括东北企业株式会社。1980 年，名嘉幸照在福岛县创立了这家为核电厂提供维修服务的小公司。在此之前，他想过各种办法从东京电力公司承揽业务，却从没想过有朝一日会参与收拾这么大的烂摊子。

更早之前，作为通用电气（GE）公司的一名设备工程师，名嘉幸照参与过福岛第一核电厂 1 号、2 号和 6 号机组的部分设计工作。至少从 1985 年前后起，他和一些 GE 公司日本同事就有一个忧虑，"为什么将应急柴油发电机和直流电源设备设置在汽轮机房的地下室里？如果一个地震破坏了楼上的管道，万一水流下来的话，可能会威胁地下室里的电源呀。"

和他们有同样忧虑的还有运行这座核电厂的不少中层人员。不过，一向唯美国马首是瞻、以保守决策著称的东京电力公司管理层，要求必须严格按照 GE 公司的图纸施工。

这样的情形，在后来一再上演。在福岛第一核电厂 3 号、4 号和 5 号机组的设计和建造过程中，核岛供应商名义上为东芝和日立公司，但作为 GE 公司的学徒，他们的角色主要是学习、消化美国人的设计和承制主设备。

当东芝公司的反应堆设计师们提出同样的忧虑，也就是设置在地下室的发电机存在水淹的风险时，再次遭到业主东京电力公司的无情拒绝。于是，6 台机组的发电机和直流电源设备，几乎全部设置在汽轮机房的地下室里。"业主说我们还没有资格提出质疑，在一些极端的情形下，哪怕是 GE 公司设计图上的一颗螺栓型号，也不能改变。"从东芝公司退休多年的市来忠晴回忆起来，有些悲愤。

20 多年后的一场大地震，让他们的忧虑变成了挥之不去的梦魇，尽管淹没发电机房的洪水，不是来自于管道破裂泄漏出来的冷却剂，而是一望无边的海水。原来，GE 公司早期在美国本土设计的大批沸水堆机组，大多位于内陆的大江大河边上，根本没有把抵御自然灾害的设计重心放在海啸上面。后来，通用电气公司把这种设计原原本本移植到了日本。

在电厂设计中，配置了足够的应急发电机，它们就如同套娃一样，构成了核电厂里的微型"发电厂"，一旦厂外电源丧失，便快速为诸多关键安全设备提供应急电力。在福岛第一核电厂，一共配备了 13 台应急柴油发电机，其中 10 台利用海水冷却，3 台利用空气冷却。当大地震来临后，由于厂外电源的丧失，除 4 号机组的 1 台处于维修保养外，12 台应急发电机全部按照预先设定的程序自动启动。

不幸的是，水下大规模的断层移位，引发了日本有观测史以来最大规模的海啸（如图 5-73 所示），席卷了沿途的村镇，摧毁了道路、铁路、电力供应线、电信交通网络等基础设施，造成长达 250 英里的海岸线被淹。海啸在福岛第一核电厂引起的巨浪，最高达到 15 m。

图 5-73　2011 年日本海啸实景

当初，核电厂在选址和设计时，基于 1960 年智利海啸的评估，设定的设计基准海啸高度为 3.1 m，因此海水取水泵位于海平面以上 4 m 处，1 号至 4 号机组和 5 号至 6 号机组的厂坪标高分别 10 m 和 13 m。2002 年，根据重新评估确定的海啸设防水平，防波堤被加高到 5.7 m，并对低处的海水泵进行了密闭处理。

15 m 高的滔天巨浪轻松地越过防波堤，汹涌澎湃地冲向核电厂，席卷了沿途的海水泵、电机、滤网和其他设备。大量海水通过人员出入门、设备舱口、空气天窗和走廊通道，浸入汽轮机房。位于 1 号至 4 号机组汽轮机房地下室里的 6 台海水冷却应急发电机，全部遭水淹而停运；2 号和 4 号机组的 2 台空气冷却应急发电机，位于 4 号机组反应堆厂房西南方的共用乏燃料水池厂房里，虽然没有被水淹，但由于配电盘遭水浸没而导致功能丧失。

5 号和 6 号机组由于厂坪较高，5 台应急发电机幸免于难，不过由于海水系统泵被水淹，其中 4 台海水冷却发电机由于得不到冷却而被迫停运，只有 6 号机组的 1 台空气冷却发电机（位于柴油机房的一层）得以继续正常运行，为 5 号和 6 号机组乏燃料水池的冷却提供动力（如图 5-74 所示）。

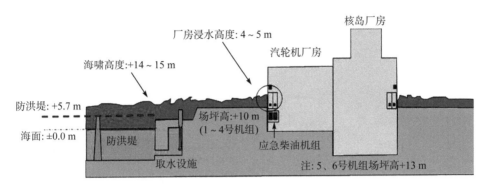

图 5-74　海啸袭击福岛第一核电厂示意图

更糟糕的是，1 号、2 号和 4 号机组的直流电源，也由于配电盘或蓄电池或电缆被水淹而失效。至此，当第二波海啸袭击核电厂后，3 号机组很快失去了厂内外所有的交流电源，也就是陷入全厂断电的可怕状况；更可怕的是，1 号、2 号和 4 号机组不但失去了所有的交流电源，而且还相继丧失了直流电源，陷入一片漆黑。

如同一个人没有手脚、眼睛或耳朵变成残废一样，一座核电厂，失去了所有的电源，便彻底瘫痪了。

2　氢气控制百密一疏

作为世界上较早发展核电的国家，日本在核能发电方面算得上历史悠久。1954 年，日本就制定了《原子能基本法》，着手推进核能开发利用；最开始的时候，从英国引进一种使用天然铀燃料、石墨慢化、二氧化碳冷却的镁诺克斯反应堆技术，1966 年建成并投运东海核电厂，正式开启了核能发电之路。随后，美国向日本推销更经济的轻水堆技术，日本从 20 世纪 60 年代末开始，陆续引进西屋公司的压水堆（PWR）和通用电气公司的沸水堆（BWR）技术，在 20 世纪 70 年代新建了一批核电厂。2011 年，日本共有 30 台 BWR、24 台 PWR 机组运行，仅次于美国和法国，可谓名副其实的核电大国。

作为最早一批"吃螃蟹"的电力公司之一，东京电力公司从 1967 年起在福岛县兴建自己的第一座核电厂（如图 5-75 所示），后来陆续建成投运了 6 台机组，成为世界上核电装机容量最大的核电厂之一（如表 5-1 所列）。

图 5-75　福岛第一核电厂

表 5-1　福岛第一核电厂机组一览表

机组	建造 时间	商运时间	电功率/ MW	反应堆类型	安全壳类型	核岛供应商	"3·11" 地震前状态
1	1967.09	1971.03	460	BWR-3		GE 公司	运行
2	1969.05	1974.07	784			GE 公司	运行
3	1970.10	1976.03	784	BWR-4	Mark I	东芝公司	运行
4	1972.09	1978.10	784			日立公司	停堆换料
5	1971.12	1978.04	784			东芝公司	停堆换料
6	1973.05	1979.10	1100	BWR-5	Mark II	GE 公司	停堆换料

电厂的 6 台机组沿着海岸线由南向北依次排开，以便机组间共用部分辅助设施。在每台机组反应堆厂房靠近反应堆顶部的区域，均布置有乏燃料水池，以方便装卸料；另外，在 4 号机组的西面还有一个共用的离堆乏燃料贮存水池，在 1 号和 5 号机组中间建有一个乏燃料干式贮存厂房（如图 5-76 所示）。

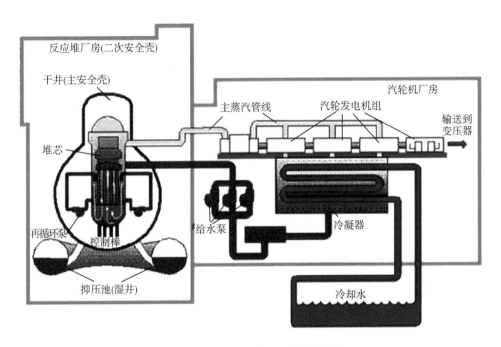

图 5-76　BWR-3/4 核电厂系统示意图

　　沸水堆核电厂通常为双安全壳配置，最外层的反应堆厂房又叫二次安全壳，将主安全壳、应急冷却系统、乏燃料水池及换料作业区等包围其中，主安全壳则由干井、湿井及干井与湿井之间的连通管道组成。湿井也叫抑压池，内装有 4000 t 左右的水，具有抑制压力升高功能，当反应堆压力容器的压力和温度过高时，可以打开主蒸汽安全释放阀直接把蒸汽排放到湿井内冷凝（如图 5-77 所示）。

　　在发生严重事故情况下，当堆芯冷却不足时，燃料包壳材料锆合金将过热，锆水反应会产生氢气。另外，氢气也可能通过冷却剂的辐射分解和严重事故情况下堆芯与混凝土的相互作用产生，但锆水反应是氢气产生的主要来源。

　　在设计之初，通用电气公司考虑了氢气聚集和爆炸的风险，在干井与湿井的气空间内充满氮气，保持主安全壳的惰性环境，以控制其中的氧气浓度在 4% 以下。同时，安装有易燃气体控制系统，配置了氢气复合器，以一种可控的方式消解氢气。并且，还考虑了通过执行抑压池排气来释放氢气的渠道。

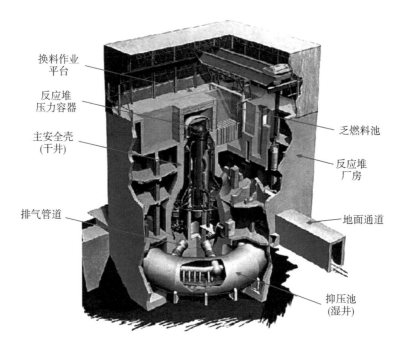

换料作业
平台

反应堆
压力容器

主安全壳
(干井)

排气管道

乏燃料池

反应堆
厂房

地面通道

抑压池
(湿井)

图 5-77　Mark I 型安全壳示意图

　　然而，让设计和运行人员没有想到的是，在发生全厂断电的情况下，主安全壳的卸压排气系统和氢气复合器可能无法正常工作，堆芯冷却恶化后产生的氢气，也就不能如当初设想的那样消解或释放了，通过各种渠道泄漏，最后聚集到反应堆厂房换料作业平台区域，发生爆炸并掀开了上部的钢架结构。

　　这一切，都肇始于 2011 年那场突如其来的大地震。本来，这年 2 月，福岛第一核电厂 1 号机组刚刚获得日本核安全监管部门的批准，可以再延续运行 10 年，东京电力公司打算在 3 月 26 日举办运行 40 周年的庆典，并正在筹备扩建 7 号和 8 号机组。

　　天有不测风云，一场 9 级大地震以及引发的大海啸，让这一切化为泡影。

3　劫数已定

　　3 月 11 日，福岛第一核电厂 1 号至 3 号机组以额定功率运行，4 号至 6 号机组处于停堆换料状态。当地时间 14：46，日本有地震记录以来最强的地震降临，持续时间长达 3 分钟，最后导致日本本州岛向东移动了 2.4 m。

　　震中位于宫城县以东太平洋海域，距离福岛第一核电厂大约 150 km。地震引起的地面震动加速度，大大超过了反应堆保护系统设定的阈值，引起该区域内 4 座核电厂的 11 台在运机组全部自动保护停堆。

地震破坏了福岛第一核电厂的外部供电线路，6路外电源全部丧失。按照运行规程要求，各机组的厂内应急柴油发电机自动投入运行，向反应堆安全重要的系统和设备供电，以有效导出堆芯衰变热而防止堆芯过热。至此，大地震虽然给核电厂带来了严重破坏，造成厂区道路和建筑物内部抬高、下沉或垮塌，但各机组的响应与控制还算差强人意，基本按照人们事先预计的方向发展。事后的检查与分析表明，地震没有对各机组的反应堆关键系统或设备造成明显损坏，充分显示了核电厂优良的抗震性能。

然而，地震发生大约41 min后接踵而至的七波海啸，相继向核电厂袭来，整个厂区很快陷入一片汪洋。灾难，才刚刚开始。

（1）1号机组。

最先遭受挑战的，是1号机组（如图5-78所示）。15：35，第二波海啸来袭，大量海水涌入厂区，2分钟后海水浸湿、淹没了应急柴油发电机组及交流和直流配电系统，机组丧失了所有的交流和直流电源，主控室失去了照明、显示和控制手段，操纵员成了"瞎子"。由于失去所有电源和最终热阱，堆芯冷却条件逐渐恶化，据事后分析，燃料元件大约在18：10开始裸露，堆芯在18：50前后开始损坏。

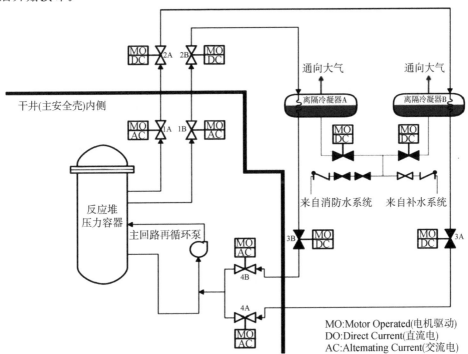

图 5-78　1号机组的隔离冷凝器系统

18：18，直流电源部分恢复，操纵员利用主控室开关打开阀门，再次投运了隔离冷凝器系统。

23：50，临时发电机接通，用于主控室的部分照明、干井压力仪表供电。安全壳绝对压力超出设计压力，准备为安全壳排气卸压。但在伴随着余震、完全黑暗等的极端环境下，安全壳卸压操作并不顺利，直到 12 日 14：30，也就是在事故发生将近 24 h 后，安全壳卸压才成功，排气烟囱冒出了白色烟羽。

12 日清晨 5：46，抢险人员利用消防泵，通过堆芯喷淋系统将淡水从一个消防储水箱注入反应堆。至 14：53 淡水耗尽时，经消防系统向反应堆注入淡水总计达 80 t。

12 日 15：36，反应堆厂房发生氢气爆炸（如图 5-79、图 5-80 所示），破坏了厂房上部的钢结构，放射性物质释放至环境，也破坏了准备用于注入海水的临时电缆、发电机、消防车等，对机组后续的恢复行动造成很大的干扰。

图 5-79　1 号机组氢气爆炸远景

图 5-80　1 号机组反应堆厂房爆炸后情形

（2）2 号和 3 号机组。

2 号和 3 号机组的情形（如图 5-81 所示），也好不到哪里去。第二波海啸的侵袭，让 2 号机组丧失了所有的交流和直流电源（如图 5-82 所示）。不过，得益于堆芯隔离冷却系统（RCIC）或高压冷却剂注入系统（HPCI）的运行，堆芯冷却一直维持到 14 日 13：25，基于反应堆压力容器的低水位，操纵员判断 RCIC 在事故发生近 71 个小时后失效。据事后分析，2 号机组的燃料元件大约在 14 日 17：00 开始裸露，堆芯在 19：20 前后开始损坏。

15 日 6：00 前后，2 号机组反应堆厂房环形区域传来一声巨响。据事后分析，巨响为主安全壳组成部分的湿井结构破坏所致，因为主安全壳的干井压力随后便快速下降了。但湿井破坏是否由氢气爆炸引起，至今未能得到确认。湿井的破坏，导致大量放射性物质泄漏出来，厂区内外的辐射水平监测数据表明，整个事故期间大部分放射性物质的释放发生在 15 日，即主要来自于 2 号机组的湿井破坏所致的释放。

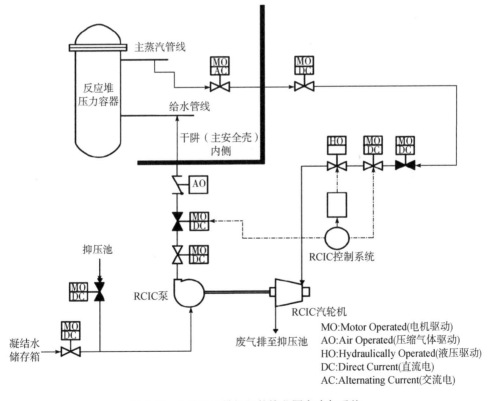

图 5-81　2 号至 6 号机组的堆芯隔离冷却系统

图 5-82 抢险人员利用汽车蓄电池，
为应急冷却系统提供操作阀门用的直流电源

3 号机组由于第二波海啸的袭击，在 11 日 15：38 失去了所有的交流电源，正常的主控室照明丧失，不过残存的部分直流电源可以提供应急照明和指示，RCIC 和 HPCI 仍然可用。13 日清晨 2：42 前后，由于丧失所有的注入水源，HPCI 被迫停运，直流电源亦基本耗尽。据事后分析，3 号机组的燃料元件大约在 13 日 9：10 开始裸露，堆芯在 10：40 前后开始损坏。

13 日 9：25，向 3 号机组堆芯注入淡水，随后由于水源耗尽，在 13：12 改为利用消防泵注入海水。

14 日 11：00 前后，3 号机组反应堆厂房发生氢气爆炸（如图 5-83、图 5-84 所示），破坏了厂房上部的钢结构，氢气和放射性物质释放至环境。

图 5-83 3 号机组氢气爆炸远景

图 5-84　3 号机组反应堆厂房爆炸后情形

据事后的分析，在 1 号至 3 号机组，由于堆芯熔化，产生大量氢气，在巨大压力的作用下，主安全壳上部的盖子被顶起，氢气流进了反应堆腔室，随后再顶开上部的屏蔽塞，进入位于反应堆厂房 5 层的换料操作平台。在 3 号机组，氢气还可能通过主安全壳上的设备转移舱口泄漏出去。在换料操作平台上方的钢结构侧面，有一个气压保护板。或许是由于相邻的 1 号机组在 12 日发生的氢气爆炸，冲开了 2 号机组的气压保护板，使得氢气、蒸汽和放射性物质混合在一起流出厂房，这可能是 2 号机组反应堆厂房上部没有发生氢气爆炸的主要原因（见图 5-85）。

（3）4 号、5 号和 6 号机组。

地震发生前，4 号、5 号和 6 号机组均处于停堆换料阶段，且 4 号机组堆芯所有的燃料组件已移出至乏燃料水池。在 11 日下午海啸侵袭电厂后，4 号机组失去了所有的电源，由于堆芯无燃料，故操作员主要关注于稳定 3 号机组的情况。

然而，15 日 6：00 前后，几乎跟 2 号机组发出的巨响在同一时刻，4 号机组反应堆厂房燃料操作大厅的氢气爆炸，让现场的抢险人员大出意外，因为乏燃料水池尚有足够的水冷却乏燃料，不至于让池水过热使燃料的锆包壳与水反应产生氢气（见图 5-86）。

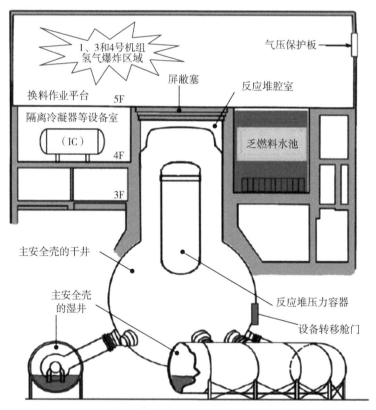

图 5-85 氢气泄漏、爆炸位置示意图

图 5-86　4 号机组爆炸后的情形

　　事后分析，最可能的原因是，3 号和 4 号机组共用一个排气烟囱，而且在全厂断电情况下，4 号机组的备用气体处理系统管线被打通了，在对 3 号机组安全壳进行排气卸压时，排气管线里的氢气并没有完全流向烟囱，部分氢气通过备用气体处理系统管线回流到 4 号机组反应堆厂房，最终在厂房上部聚集发生爆炸（如图 5-87 所示）。

　　由于 5 号和 6 号机组厂坪标高较高，地震及海啸侵袭后损失相对要小。12日早上，工作人员将 6 号机组可用的 1 台空气冷却应急柴油发电机的电力，成功导向 5 号机组，并在 13 日使用凝结水补给系统向堆芯注入冷却剂。随后，工作人员恢复了余热导出系统，并在 20 日成功地将两个机组的堆芯水温降至 100 ℃以下，达到了冷停堆状态。

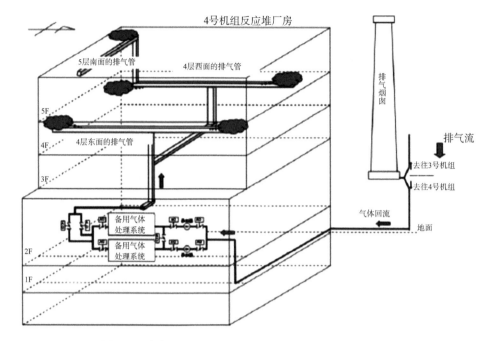

图 5-87　氢气从 3 号机组流向 4 号机组的可能路线示意图

4　既是天灾，也是人祸

　　毫无疑问，高强度地震和大规模海啸重创了福岛第一核电厂。强震破坏了厂外供电线路，并损毁了厂区基础设施，大规模海啸引起的巨浪远远超出了电厂的设计基准，侵没了应急电源供应系统，导致厂内外电力长时间丧失和最终热阱丧失，最终酿成了迄今唯一的多机组熔化的严重事故（如图 5-88 所示）。一座以发电为使命的工厂，最后却因为失电而报废，实在是一个莫大的讽刺（如表 5-2 所列）。

　　事故发生两周后，通过向反应堆持续不断地注水，1 号至 3 号机组基本趋于稳定；在 7 月建成并投运新的水处理装置后，各机组得以通过循环水冷却。2011 年 12 月 16 日，1 号至 3 号机组已达到冷停堆状态，正式标志着事故状态的结束。等待 1 号至 4 号机组的，是随后长达几十年的退役命运。日本的核电强国梦，也就此破灭。

　　事故后，日本政府和有关机构基于堆芯状态诊断结果或环境监测结果，对放射性物质的大气释放量进行了评估。2011 年 8 月 24 日，根据国际核与辐射事件分级表准则，日本政府将福岛核事故最终确定为 7 级。虽然事故级别与切尔诺贝利事故相同，但根据监测与估算结果，福岛核事故释放的放射性物质相当于切尔诺贝利核事故的十分之一。

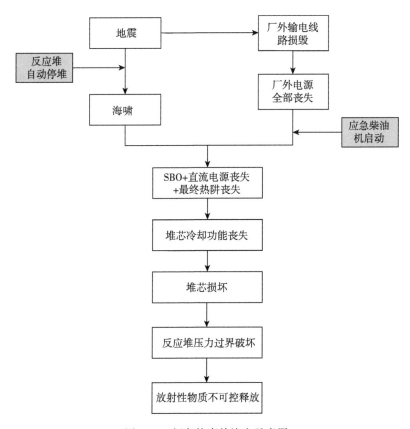

图 5-88 福岛核事故演变示意图

表 5-2 1号至3号机组主要事故序列表（以 3 月 11 日 14：46 地震发生为起点）

功能丧失或补救措施	1 号机组	2 号机组	3 号机组
交流电源丧失	+51 min	+54 min	+52 min
堆芯冷却丧失	+1 h	+70 h	+36 h
堆芯水位下降到燃料元件上部 *	+3 h	+74 h	+42 h
堆芯开始损坏 *	+4 h	+77 h	+44 h
反应堆压力容器损坏 *	+11 h	不确定	不确定
利用消防泵向堆芯注入淡水	+15 h	/	+43 h
氢气爆炸	+25 h（换料作业平台）	+87 h（抑压池，尚未得到确认）	+68 小时（换料作业平台）
利用消防泵向堆芯注入海水	+28 h	+77 h	+46 h
恢复厂外供电		+11～15 天	
恢复淡水冷却		+14～15 天	
* 东京电力公司利用 MAAP 程序分析的结果			

在这次核事故中，由于各机组安全壳基本发挥了良好的放射性屏障作用，加上及时的公众撤离与疏散行动，无人遭受急性辐射照射，无人死于核事故。2013年5月底，联合国原子辐射效应科学委员会召开会议，讨论了《福岛核事故评估报告》；该报告指出，福岛核事故所致日本国民遭受的甲状腺集体剂量和全身照射集体剂量分别约为切尔诺贝利核事故的1/30和1/10，因事故造成的多数日本人在第一年及随后几年的额外辐射剂量小于天然本底辐射剂量，可归因于此事故造成的未来癌症统计数据不会有很大变化。

事故后，诸多日本机构和国际组织对事故进行了研究。很明显，事故的直接原因，是地震及海啸的侵袭导致各个机组丧失了所有的冷却手段。根本原因，可以说是核电厂应对海啸威胁的能力严重不足。

不过，把"罪魁祸首"仅仅归咎于天灾，似乎远远不够。为调查事故和汲取教训，日本国会成立福岛核事故独立调查委员会，并在2012年7月发布了调查报告。它严厉地批评了日本政府、监管机构和东京电力公司在组织管理、安全文化、应急响应及监管法规等方面存在的重大缺陷，认为核安全监管部门几乎遭到了电力公司的"绑架"，导致了监管的重大失职；并且，国会调查委员会近乎于"谴责"了东京电力公司太快地把事故归因于海啸，认为事故明显是"人祸"，是一起"日本制造"的灾难，"其深层次的原因，可以追溯到日本文化根深蒂固的传统：我们条件反射性的服从，我们不愿意质疑权威，我们热衷于'坚持程序'，我们的集体主义，我们的孤立性"。

凡是过往，皆是序章（代后记）

1　致敬

1939 年 1 月 2 日，当意大利人费米携带妻女乘坐邮轮抵达纽约港的时候，肯定不会想到，这一次辗转几国的举家避难，不仅对他的家族影响深远，更是影响了世界核科学的格局。在此之前，欧洲是世界核科学的中心，二战爆发前，由于纳粹德国的迫害，大批犹太裔科学家相继逃亡到北美大陆，美国一跃成为核物理学研究的重镇。

稍早之前，匈牙利人兹拉尔德远涉重洋，也是在纽约港上岸，随后在哥伦比亚大学谋得一席安身之地。在他的四处奔走之下，美国启动"曼哈顿计划"，开始研制核武器。1942 年 12 月 2 日，费米带领一批顶尖的核科学家，在芝加哥大学体育场的看台下，成功建成投运了世界第一座核反应堆，引领人类步入原子能时代。

20 世纪 30 年代至 40 年代，是核物理学实现突破的时期。在这个特殊时期，一个费米的作用，抵得上一千个资质平平的物理学家。美国之所以能在很短的时间内研制成功核武器，除了强大的工业技术实力外，很重要的一个原因是吸引了一大批像费米一样的科学天才，譬如魏格纳、兹拉尔德、津恩、惠勒、奥本海默、纽曼……

通常，在顶尖科学家完成了某一学科基础领域的突破之后，历史的接力棒很快就会交到无名工匠手上，也就是一大批具备足够的专业技术能力，能够将这种崭新的技术应用于解决实际问题或满足不同需求的工程师。核能民用乃至商业化的历程，正是如此。主导当今世界核电的绝大部分技术，均是依赖于一大批杰出的工程师在 20 世纪 50 年代至 60 年代实验、试验、开发和应用的，完成商业化部署的时间基本控制在 15 年左右。

当然，民用核工程技术能在如此短的时间内实现重大突破，离不开冷战的推波助澜，在国家的政策、人才、资金支持和干预下，美国开发了压水堆和沸水堆，英国开发了气冷堆，加拿大开发了重水堆，苏联开发了 RBMK 和 VVER 反应堆……在此过程中，比如美国、苏联和英国的核能商业化，就直接受益于国防核工业的研发储备。我国在 20 世纪 80 年代探索核能民用的实践中，同样以庞大的核军工体系为坚强后盾，以自力更生、自主创新为主，辅以引进、消化、吸收和再创新的策略，才逐渐奠定了当今核大国的地位。

今天，我们深情回望核能早期的澎湃岁月，为的是向那些伟大的先驱和孜孜不倦的探索者致敬。

2 致哀

即使处在今天这样一个信息爆炸的时代，作为核能的重要载体，也就是反应堆，在人们眼中仍然充满了神秘感。关于它的作用机制、工作过程及由此产生的放射性，人们看不见、摸不着、闻不到、听不清，所以才觉得既神奇无比又神秘莫测。因为这种神奇性和神秘性，从它诞生的那一天起，核能便争议缠身，毁誉参半。

确实，在核能身上，汇集了很多矛盾之处：一方面，它是人类公敌，可以制成可怕的超级炸弹，摧毁过美丽的城市，杀戮过成千上万的生灵，甚至有些幸存者由于辐射影响而长期饱受病痛折磨；另一方面，它是光明使者，可以源源不断地生产出清洁能源，点亮过无数的街区，为社会发展奉献不竭的动力。一方面，它是魔鬼，如果使用不当、防护不周，释放的放射性可能造成重大环境污染，还可能辐射致癌；另一方面，它是天使，广泛应用于医疗领域，多少癌症患者通过辐射治疗而得以康复……恐怕没有哪一种工业活动，会像核能这样，长期以来"制造"着人们的二元对立情绪：支持、拥抱的人，为之眉飞色舞，歌颂她为神派来的助手，安全又清洁；反对、排斥的人，向来谈核色变，诅咒她是潘多拉的魔盒，危险而肮脏……

公允地说，上述种种截然对立的标签，均有失偏颇。不过，因为核能的军用出身和核技术独特的放射性特质，要让人们对核能持有对其他技术同样客观而公正的态度，似乎是不可能的。譬如，虽然核事故发生的概率极低，真实发生的严重核事故通常也不涉及死亡多少人，但要说服大多数公众像对待商业航空一样承认核工业是安全的，就是一件极为困难的事情。

正是由于核技术的特殊性及人们的苛责态度，核能从业者在探索和应用核能的过程中，从来不敢有丝毫的马虎和大意，穷尽一切技术和管理手段来确保核安全。毋庸置疑，在70多年的核电发展历程中，如何进一步提高安全性始终是核电厂改造升级和核技术更新换代最重要的考量因素。

正所谓"智者千虑，必有一失"，尽管核工业界再三保守和谨慎，仍不幸发生了三哩岛、切尔诺贝利和福岛核事故等影响深远的事故，不同程度地重创了人们对核电的信心，在不同时期改变了各国乃至世界的核电发展版图。这些事故让人类付出了巨大的代价，教训惨痛，深刻诠释了"核安全无国界"的真谛，我们都是彼此的成就者和葬送者。另一方面，这些事故也迫使人们痛定思痛，携起手来完善和改进核电安全管理和技术措施乃至安全文化，不断提升反应堆安全达到新的高度。

今天，我们沉重地回顾核能发展中遭遇的争议与事故，为的是向那些曾经付出的代价和做出的牺牲致哀。

3 致未来

相比于人类上百万年来对大自然的探索历程，人们探索、应用核能的过程实在短暂，不过是历史长河里的瞬间而已。若以 1942 年费米领导的 CP-1 为起点，迄今不过 70 余年，积累的核电运行经验尚不到 18 000 堆·年。在一些西方悲观人士眼里，核电发展的光辉岁月已经完结，再加上 2011 年福岛核事故的沉重一击，世界核电将从此一蹶不振，乃至逐渐退出能源供应市场。

不过，西方不亮东方亮，21 世纪的世界核电格局在悄然之间发生着"世界看亚洲、亚洲看中国"的变化，以中国、印度、韩国为代表的一批核电新兴国家，正在抓住难得的历史机遇，主动扛起核能复兴的大旗，为国家发展、世界和平和全球气候变化积极担当。

保守，似乎是核电的天然属性；继承，在核电领域尤为重要。由于核安全的绝对重要性，今天核电行业里的绝大部分技术创新，都属于微创新，或者是在汲取教训基础上的"打补丁"式改进，或者是经过充分的工程验证的成熟技术再应用。其实，今天大家谈的很多问题或者探索的核技术，都曾在不远的过去发生过、热闹过。事实上，不少国家投入巨资研究的熔盐堆、超高温堆、浮动堆和快堆等先进反应堆概念，在 20 世纪 60 年代至 70 年代，在那些核电先发国家里，都实打实地研究、试验（实验）过，并先后建造了不少示范或验证性质的设施。这些并不时髦的堆型能否在今后大放异彩，现在武断地下定论为时尚早，我们拭目以待。

安全性与经济性，在决定某种技术的前途面前，就如同一枚硬币的两面，既相互制约，又相互促进。这一点，在核电行业似乎更加突出，无论是当今得到成熟应用的核电技术，还是正在研发的新兴核技术，能否拿到通向未来的入门券，关键要看其能否实现安全性与经济性的最佳平衡，而这始终是最大的挑战。

看过往，致未来。